Technische Handbibliothek

herausgegeben von

Prof. Dr. **Hans Lorenz,**
dipl. Ingenieur,
Direktor des Instituts für technische Physik an der Universität Göttingen.

Band II:

Schifferer, Dr. Anton, Prakt. Betriebskontrolle eines Mälzerei- und Brauereibetriebes.

München und **Berlin.**
Druck und Verlag von R. Oldenbourg.
1901.

Praktische Betriebskontrolle

eines

Mälzerei- und Brauereibetriebes

von

Dr. Anton Schifferer
Bierbrauerei A. Schifferer in Kiel.

Motto: Die blofse Empiric erschöpft und wiederholt sich, die Wissenschaft führt zu einem stetigen Fortschritt, und ihr gehört die Zukunft.
(Max von Pettenkofer.)

München und Berlin.
Druck und Verlag von R. Oldenbourg.
1901.

Seinem Vater

in Dankbarkeit zugeeignet

vom Verfasser.

Inhalt.

A. Einleitung.

Es ist in der Fachlitteratur wiederholt und mit Recht darauf hingewiesen, dafs das zeitliche Zusammenfallen, welches zwischen der Entwickelung des deutschen Braugewerbes zu einer blühenden Industrie und dem Eingreifen wissenschaftlicher Forschung in dasselbe existiert, nicht zufällig, dafs dieser Aufschwung der Brauerei vielmehr nicht zum geringsten Teil mit bedingt war durch das Bestreben, sich von den Fesseln der Empirie zu befreien und sich die Resultate wissenschaftlicher Forschung zu Nutze zu machen.

Die auf diese Erkenntnis sich stützende Bewegung datiert in ihren Anfängen aus den dreifsiger Jahren; ihr späterer Ausbau zeigte sich äufserlich in der Gründung von Fachzeitschriften, Brauerschulen und den mit diesen zum Teil verbundenen wissenschaftlichen Stationen für Brauerei. Auf diese entfällt heutzutage naturgemäfs der gröfste Teil der Arbeiten, die für die einzelnen Mälzereien und Brauereien zu leisten sind

durch die Untersuchung der Rohmaterialien vor ihrem Ankauf und bei ihrer Abnahme,

durch die Aufdeckung der Ursachen von Betriebsstörungen und Beseitigung derselben,

durch die laufende Betriebskontrolle und die hierdurch zu schaffende Prophylaxis gegen Betriebsstörungen.

Infolge dieser stetig anwachsenden Arbeitslast werden die Stationen von den einzelnen Betrieben mehr in Anspruch genommen, als es im Interesse der Allgemeinheit wünschenswert erscheint; bei einer gröfseren Entlastung wären die Stationen in der Lage, sich in höherem Grade der Erforschung allgemein interessanter Fragen zuzuwenden, als es heute geschehen kann.

Diese Erwägung dürfte nicht ohne Einfluſs sein auf die bejahende Beantwortung der Frage, ob für Mälzereien und Brauereien die Einrichtung eigener Betriebslaboratorien ratsam ist. Aber mehr noch als die obige Veranlassung müssen die folgenden Reflexionen den Wunsch aufkommen lassen, sich in den Besitz solcher gut eingerichteter und sachgemäſs geleiteter Institutionen zu setzen:

1. Bei dem Ankauf von Rohmaterialien und den Lieferungsabnahmen wird der Wert der Analysenresultate sehr oft bedingt durch die Schnelligkeit, mit der dieselben geliefert werden können.
2. In noch höherem Maſse gilt dieses von der Aufdeckung der Ursachen von Betriebsstörungen und von der Beseitigung derselben.
3. Eine gründliche und dauernde Prophylaxis gegen Betriebsstörungen ist nur zu schaffen durch eine regelmäſsig geübte und gründliche Betriebskontrolle. Diese ist ohne Betriebslaboratorium schwer oder doch nur unter erheblicherem Kostenaufwande durchzuführen.
4. Durch eine an der Hand eines Betriebslaboratoriums durchgeführte Betriebskontrolle werden Betriebssicherheit und Geschäftsrentabilität, soweit diese vom technischen Betriebe abhängig sind, gewährleistet.
5. Ein sachgemäſs geleitetes Betriebslaboratorium sammelt Material, welches als Unterlage dient für Schluſsfolgerungen, deren Ergebnisse in erster Linie dem dazu gehörigen Betriebe zu gute kommen, des weiteren aber auch der Allgemeinheit zu nützen im Stande sind.

Diesen Erwägungen verdanken die leider erst in relativ geringer Anzahl in den Mälzereien und Brauereien bestehenden Betriebslaboratorien ihre Entstehung. Zum Teil wohl im Hinblick auf die Leiter derselben haben diesen eine Anzahl Gelehrte und Fachleute, in Ergänzung der zahlreichen über Mälzerei und Brauerei vorhandenen Lehrbücher, Werke[1]) in die Hand gegeben, welche ausführlich die Untersuchungs- und Berechnungsmethoden enthalten, welche für die Betriebslaboratorien in Frage kommen können.

Hierbei gilt meistens als stille Voraussetzung, dafs der Leser in der Lage ist, sich der Methoden im Anschlufs an die Praxis und zum Nutzen für dieselbe richtig zu bedienen, d. h. die Arbeiten am gegebenen Platze einzusetzen, die Betriebskontrolle als solche richtig anzuordnen.

Hierin liegt eine nicht zu unterschätzende Schwierigkeit; die des Betriebskontrolleurs harrenden Aufgaben können bei der Mannigfaltigkeit des Mälzerei- und Brauereibetriebes nicht schematisiert werden; andere lokale Verhältnisse erfordern oft eine andere Versuchsanordnung, eine andere Art der Betriebskontrolle. Hieraus ergibt sich die Folgerung, dafs es für einen mit der Kontrolle eines Mälzerei- und Brauereibetriebes betrauten Beamten nicht ohne Nutzen ist, möglichst viele derartige Verhältnisse, die für diese in Frage kommenden Kontrollanordnungen und die damit verbundenen Untersuchungsmethoden kennen zu lernen.

---

[1]) Es seien von diesen, ohne dafs das Verzeichnis Anspruch auf Vollständigkeit erhebt, genannt:

Jörgensen, die Mikroorganismen der Gärungsindustrie. — Klöcker, Gärungsorganismen der Alkoholgärungsgewerbe. — Lindner, Mikroskopische Betriebskontrolle in den Gärungsgewerben. — Marx, le laboratoire du brasseur. — Prior, Vereinbarungen behufs Untersuchung und Beurteilung des Bieres. — Stellwaag, Anleitung zur Hefereinzucht und zu mikroskopischen Untersuchungen in der Brauerei. Vereinbarungen zur Malzuntersuchung. III. Internat. Kongrefs für angewandte Chemie zu Wien 1898. — Weber, Anleitung zu den chem. Untersuchungsmethoden des Brauers. — Windisch, das chem. Laboratorium des Brauers.

Aus diesen Gedanken heraus ist die vorliegende »Praktische Betriebskontrolle eines Mälzerei- und Brauereibetriebes« entstanden, ein Abbild der praktischen Verhältnisse, wie sie in dem von dem Verfasser geleiteten Betriebe bestehen. Unter diesem Gesichtswinkel sind die dem Texte eingefügten Zahlenbeispiele und positiven Resultate zu betrachten; dort, wo für die Ausführung einer Untersuchung mehrere Apparate oder Methoden existieren, hat lediglich das täglich im Betriebslaboratorium Geübte Aufnahme gefunden; diese Blätter bilden daher lediglich ein Referat des Bestehenden und Geschehenen.

Dieselben wollen deshalb kein Lehr- oder Handbuch sein, sondern sie haben es sich zur Aufgabe gesetzt, durch Beschreibung bestehender Verhältnisse anregend zu wirken, sie wollen zeigen, wie es in einem der vielen Mälzerei- und Brauereibetriebe gemacht werden kann bezw. gemacht wird, um sich die Vorteile zu sichern und zu Nutze zu machen, welche die wissenschaftliche Forschung dem Mälzer und Brauer zur Verfügung stellt. Dafs die Möglichkeit hierzu aber kein Privilegium der Grofsbrauereien bilden darf, sondern im Gegenteil für die mittleren und kleineren Betriebe eine zwingende Notwendigkeit darstellt, ergibt sich daraus, dafs die letzteren am meisten darauf angewiesen sind, in dem heutigen Konkurrenzgetriebe sich zu stärken, und deshalb in erster Linie die Verpflichtung haben, sich in den Besitz der Errungenschaften zu setzen, die eine gröfsere Betriebssicherheit und eine gesteigerte Rentabilität gewährleisten.

Inwieweit hierbei auf die Mitwirkung eines Betriebslaboratoriums gerechnet werden kann, einer Institution, die sich nach den gegebenen Verhältnissen billig oder unter gröfserem Kostenaufwande, auf alle Fälle aber praktisch und nutzbringend einrichten und leiten läfst, dieses an einem Beispiel zu zeigen, soll in der vorliegenden Arbeit versucht werden.

B. Die Mälzerei-Kontrolle.

I. Die Auswahl und der Einkauf der Gerste.

Bei dem Einkauf von Gerste werden die Lieferanten angehalten, Proben in einem Quantum von in der Regel $2^1/_2$ kg, nie aber unter $1^1/_2$ kg zur Begutachtung vorzulegen. Wer diese Vorschrift nicht erfüllt, wird zur Konkurrenz nicht zugelassen.

Die eingelieferten Proben werden zunächst darauf untersucht, ob die Gersten

gesund und trocken sind, d. h. ob dieselben beim Anhauchen einer Handprobe, welche nicht wieder in die Hauptprobe zurückgegeben wird, einen reinen, stroh-artigen

Geruch zeigen und beim Hineingreifen und Durchlaufenlassen durch die Finger das für trockene Gerste charakteristische

Gefühl wahrnehmen lassen. Ebenso wird der

Geschmack als Hilfsmittel mit herangezogen bei der vorläufigen Beurteilung, ob eine Gerste gesund ist oder nicht.

Eine wesentliche Beachtung erfahren ferner vom Drusche herrührende

Beschädigungen der Spitzen, etwa vorhandener

Auswuchs der Körner und eine wesentliche Verunreinigung durch fremde Samen.

Der Farbe der Gerste wird im allgemeinen wenig Gewicht beigelegt; nur dort, wo dunkle Spitzen auf Beregnung, grünlichgelbe Körner in bemerkenswerter Menge auf Unreife hindeuten, und in den Fällen, in denen die Erzeugung besonders lichter Biere in Frage kommt, gewinnt dieser Punkt an Bedeutung. Nach dieser vorbereitenden Prüfung werden diejenigen Gersten, welche in den eben berührten Punkten wesentliche Mängel aufweisen, ausgeschieden; die übrigen Proben werden den folgenden Untersuchungen unterworfen:

1. der mechanischen Analyse und zwar den Bestimmungen
   a) der Mehligkeit,
   b) der Gröſse und Gleichmäſsigkeit der Körner durch den Sortierversuch,
   c) des Spelzengewichts,
   d) des Tausend-Körnergewichts,
   e) des Hektolitergewichts,
   f) der Keimungsenergie und Keimfähigkeit;

2. der chemischen Analyse und zwar der Feststellung
   a) des Wassergehalts,
   b) der Stärke,
   c) des Stickstoffs und des daraus berechneten Proteïns;

3. der Probemälzung im kleinen.

---

1. Mechanische Analyse.

a) Die Bestimmung der Mehligkeit

geschieht vermittelst des Kickelhayn'schen Farinatoms (Figur 1).[1]) Dasselbe faſst 50 Körner, welche nach dem Zerschneiden das Innere des Kornes im Längsschnitt dem Auge behufs Beurteilung darbieten. Diese Operation

[1]) Eine genaue Beschreibung dieses Apparates gibt Kickelhayn in der Zeitschrift f. d. ges. Brauwesen 1900, S. 615 u. 616.

wird bei jeder Gerste dreimal wiederholt, aus den erhaltenen Zahlen der Durchschnitt gezogen und die Resul-

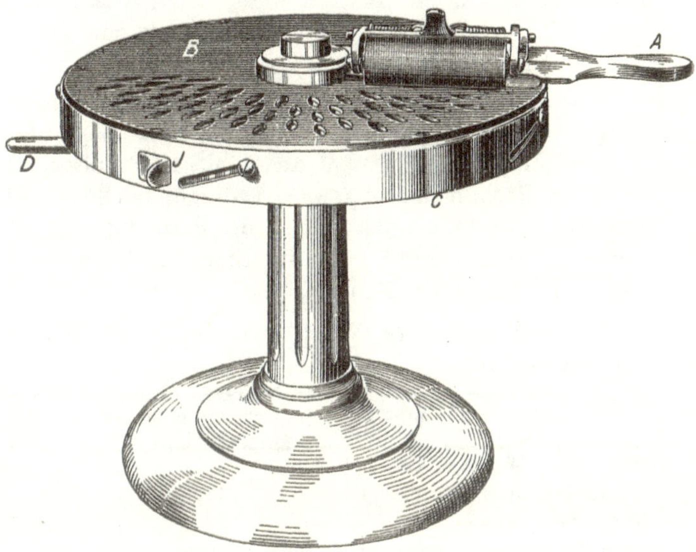

Fig. 1.

tate mit zwei multipliziert, um den prozentualen Ausdruck der Verhältnisse zu erhalten.

Beispiel: Gerste Nr. 4. Provenienz: dänische Inselgerste, Raben.

	mehlig	halbmehlig	glasig
1.	11	14	25
2.	20	10	20
3.	18	13	19
in Summa	49	37	64
Durchschnitt	16,33	12,33	21,33
in Prozenten	32,66%	24,66%	42,66%

Das so gewonnene Resultat läſst einen Schluſs auf die wirklichen, für die spätere Verarbeitung der Gerste in Betracht kommenden Verhältnisse nicht zu.[1]) Die Ausführung dieser Methode geschieht nur noch, um die Resultate einmal mit den in anderen Laboratorien erhaltenen vergleichen zu können, anderseits zur Vervollständigung des seit Jahren gesammelten Materials.

Instruktiver wird die Untersuchung auf Mehligkeit ausgeführt, indem 500 Körner mit dem Kickelhayn'schen Körnerzählapparat (Figur 4) abgezählt, 24 Stunden lang in einem Becherglase eingeweicht, darauf bei 35—40° C. getrocknet und nochmals mittels des Farinatoms geprüft werden. Den Einfluſs des Weichens und Trocknens zeigen die folgenden Zahlen:

Beispiel: Gerste Nr. 4. Provenienz: dänische Inselgerste, Raben.

	mehlig in %	halbmehlig in %	glasig in %
Vor dem Weichen und Trocknen . .	45,4	17,8	36,8
Nach dem Weichen und Trocknen . .	94,4	0,4	5,2

b) Die Bestimmung der Gröſse und Gleichmäſsigkeit der Körner durch den Sortierversuch

ist von Wichtigkeit, um die Zusammensetzung der Gerste bezüglich der Gleichmäſsigkeit schnell zu konstatieren;

---

[1]) Für den sich für diese Frage näher interessierenden Leser wird auf folgende Arbeiten verwiesen:

Grönlund, Was wissen wir gegenwärtig von der mehligen und glasigen Gerste? Zeitschr. f. das ges. Brauwesen, 1884.

Grönlund, Über mehlige und glasige Gerste. Zeitschr. f. das ges. Brauwesen, 1886.

W. Johannsen, Bemerkungen über mehlige und glasige Gerste. Kopenhagen, Landw. Versuchsstation, 1888.

Holzner, Entstehung glasiger Gerstenkörner. Zeitschr. f. das ges. Brauwesen, 1889.

L. Just und H. Heine, Mehlige und glasige Gerste. Landw. Versuchsstation, 1889.

dieses geschieht mittels des Steinecker'schen Sortierapparates (Figur 2).

Dieser wird von einem kleinen Elektromotor angetrieben, wobei die auf dem Schüttelwerk befindliche Scheibe 400 Umdrehungen in der Minute macht. Die

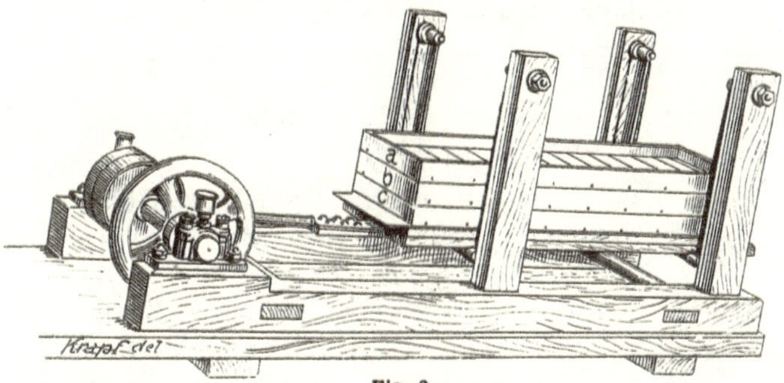

Fig. 2.

Schütteldauer beträgt jedesmal zehn Minuten, das angewandte Gerstenquantum jedesmal 400 g. Um eine gröſsere Konstanz in den Resultaten, bezw. eine sichere Unterlage für vergleichende Versuche zu erhalten, sind diese Verhältnisse genau innezuhalten. Der zur Aufnahme und zum Sortieren der Gerste bestimmte Teil des Apparates besteht aus den drei übereinander gelagerten, kastenförmigen Trieurblechen *a*, *b* und *c*. Die Schlitze des obersten zeigen eine Weite von 2,8 mm, die des zweiten von 2,5 mm und die des untersten eine solche von 2,2 mm. Unter dem letzteren befindet sich ein Einsatz zum Auffangen des Ausputzes. Die Siebe werden vor Beginn des Versuches aufeinander gelagert, in das oberste 400 g der zu untersuchenden Gerste gegeben und dann mit einem beigegebenen Deckel fest verschlossen. Nach zehn Minuten langem Schütteln werden die vier, die verschiedenen Sorten I, II, III und den Ausputz haltenden Kästen zusammengesetzt dem Apparat entnommen und der Reihe nach, von oben beginnend, auf ein auf einem Tisch ausgebreitetes Stück schwarzes Glanzpapier entleert. Jede einzelne Gerstensorte wird dann in eine vorher tarierte[1]) Schale gegeben und gewogen. Hierauf wird nach folgendem Beispiel die Gleichmäſsigkeit und Gröſse der Körner prozentual berechnet:

Beispiel: Gerste Nr. 4. Provenienz: dänische Inselgerste, Raben.

Angewandtes Quantum: 400 g.

Sorte I	=	158 g	=	39,5 %	
» II	=	176 »	=	44,0 »	
» III	=	54,5 »	=	13,6 »	
Ausputz	=	11,5 »	=	2,9 »	

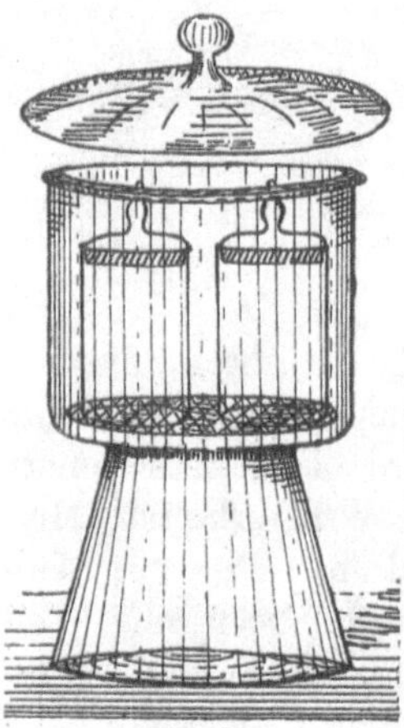

Fig. 3.

c) Das Spelzengewicht

wird auf Grund der Methode von Luff[2]) bestimmt.

Hiernach werden 50 Körner genau abgewogen und in einem starkwandigen, mit einem Kork versehenen Fläschchen, in dem sich 10 ccm 5 proz. Ammoniak befinden, in einem Wasserbade eine Stunde lang auf ca. 80° C. gehalten. Die Spelzen lassen sich jetzt leicht von dem Korn trennen; sie werden in einem tarierten Uhrglas gesammelt, im Trockenschrank (siehe Seite 16) bei 105° C. getrocknet, zum Erkalten in den Exsiccator gestellt (Fig. 3) und hinterher gewogen. Durch die Behandlung mit Ammoniak tritt ein Gewichtsverlust ein, der $^1/_{12}$ des gefundenen Gewichts entspricht und infolgedessen zu diesem addiert werden muſs.

[1]) Um das jedesmalige lästige Tarieren zu vermeiden, findet ein Satz von 9 Aluminiumschalen und 3 Aluminiumschiffchen Anwendung; jeder Schale bezw. jedem Schiffchen ist die Tara aufgeprägt und in Form eines Gewichtsstückes beigegeben. Diese tarierten Aluminiumgefäſse lassen sich mit Vorteil auch bei anderen Untersuchungen im Betriebslaboratorium verwenden.

[2]) Luff, Über eine einfache Methode z. Bestimmung d. Spelzenanteiles d. Gerste. Ztschr. f. d. ges. Brauw. 1898. — Luff, Spelzengehalt u. Beurteilung d. Gerste. Ztschr. f. d. ges. Brauw., 1898.

Beispiel: Gerste Nr. 4. Provenienz: dänische Inselgerste, Raben.

Gewicht von 50 Körnern = 2,132 g
Gewicht der Spelzen = 0,1378 »

$$\text{Spelzengewicht} = 0{,}1378\ \text{g} + \frac{0{,}1378}{12} = 0{,}1492\ \text{g}$$

oder nach der Gleichung 2,132 : 0,1492 = 100 : x

$$x = 6{,}99\,\%.$$

Diese Zahl ist auf Gerstentrockensubstanz umzurechnen nach der Gleichung:

$$(100 - 16{,}288) : 6{,}99 = 100 : x$$

$$x = 8{,}35\,\%,$$

da der Wassergehalt der Gerste 16,288 % beträgt (siehe Seite 19).

d) Das Tausend-Körnergewicht

wird bei jeder Gerste dreimal ausgeführt; aus diesen drei Bestimmungen wird das Mittel genommen.

Fig. 4.

Beispiel: Gerste Nr. 4. Provenienz: dänische Inselgerste, Raben.

1000 Körner wiegen: 1. 45,6 g
2. 45,2 »
3. 45,35 »
136,15 : 3 = 45,38 g.

Das Abzählen der hierzu nötigen Körner geschieht schnell und sicher vermittelst des Kickelhayn'schen Körnerzählapparates (Figur 4), mit dem jedesmal 500 Körner abgezählt erhalten werden. Eine genaue Beschreibung dieses Apparates gibt Kickelhayn in der Zeitschrift für das gesamte Brauwesen 1900, S. 426.

e) Das Hektolitergewicht.

Zur Bestimmung desselben gelangt die nebenstehend abgebildete Getreidewage (Figur 5) in folgender Weise zur Anwendung: Nachdem das Mefsgefäfs in den Haken gehängt ist, wird vermittelst einer Schraube der Zeiger auf den Nullpunkt des Wägebogens eingestellt. Hierauf wird der geschlossene Trichter mit der zu untersuchenden Gerste gefüllt, das Mefsgefäfs in den Teller, beide unter den Trichter gestellt und der an diesem befindliche Klappenverschlufs geöffnet. Mit der beigegebenen Rolle wird dann das Mefsgefäfs gleichmäfsig abgestrichen, letzteres wieder an dem Haken befestigt und das Hektolitergewicht an dem Wägebogen direkt abgelesen. Die Bestimmung wird dreimal ausgeführt und das Mittel als Hektolitergewicht notiert. Die Getreidewage selbst

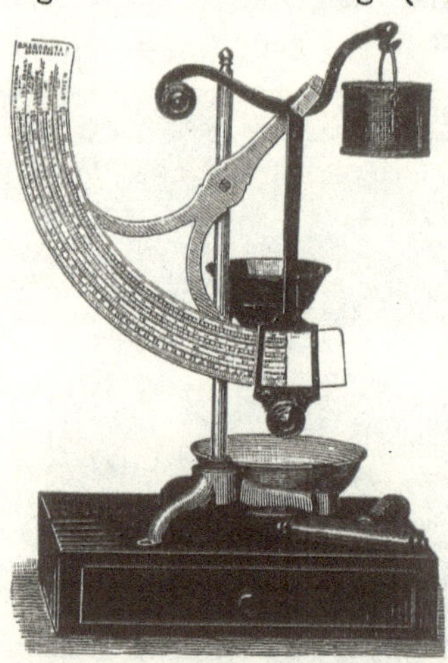

Fig. 5.

wird von Zeit zu Zeit auf ihre Zuverlässigkeit dadurch kontrolliert, daſs von dem Meſsgefäſs auf der Tarierwage (Figur 6) die Tara festgestellt, dasselbe auf die oben beschriebene Weise mit Gerste gefüllt und wiederum

Fig. 6.

gewogen wird. Da das Meſsgefäſs $^1/_4$ l hält, so muſs das gefundene Gewicht der Gerste mit 400 multipliziert die Anzahl Kilogramm ergeben, welche auf dem Wägebogen angezeigt war.

Beispiel: Gerste Nr. 4. Provenienz: dänische Inselgerste, Raben.

Meſsgefäſs mit Gerste = 297,7 g
Tara des Meſsgefäſses = 127,6 »

Gewicht der Gerste = 170,1 g × 400 = 68,04 kg.
Auf dem Wägebogen angezeigt waren . . 68,0 kg.
Die Wage stimmt.

Zur Bestimmung

f) der Keimungsenergie und der Keimfähigkeit

werden von der zu untersuchenden Gerste zweimal je 500 Körner mit dem Kickelhayn'schen Apparate (Figur 4) abgezählt. Für diese 1000 Körner wird eine Glasplatte von 300×300 mm mit angefeuchtetem Filtrierpapier bedeckt, hierauf die 1000 Körner gelegt, darauf wieder Filtrierpapier gegeben, auf dieses Datum, Zeit, Gerstenprobe vermerkt, das Papier gehörig angefeuchtet und die auf diese Weise hergerichtete Platte in ein Fach des Aubry'schen Keimapparates (Figur 7) geschoben.

Fig. 7.

Letzterer ist als Schrank konstruiert, welcher im Stande ist, 45 solcher Glasplatten zu fassen. Zu diesem Zweck befinden sich in dem Inneren des aus Weifsblech hergestellten, innen und aufsen mit Ölfarbe gestrichenen Wandschrankes 45 Seitenleisten, welche in einem Abstand von 1 cm übereinander liegen. In dem unteren und oberen Boden des Schrankes befinden sich je zwölf kleine Löcher zur Herstellung der nötigen Ventilation. Die Seitenwände und die Thür sind aus Glas. Dieser Keimkasten hängt an der Wand eines Arbeitsraumes, welcher durchschnittlich eine Temperatur von 17,5° C. zeigt.

Während der Tage nach dem Einlegen der Gerste wird ein Austrocknen der Proben durch Bespritzen mittels der Wasserspritzflasche (Figur 8) verhindert; die Proben selbst werden nach 72 Stunden zur Bestimmung der Keimungsenergie dem Schranke entnommen. Es wird zunächst die Zahl der nicht gekeimten Körner festgestellt. Die so erhaltene Zahl wird von 1000 subtrahiert, das Resultat durch 10 dividiert.

Beispiel: Gerste Nr. 4. Provenienz: dänische Inselgerste, Raben.

Nach 72 Stunden waren nicht gekeimt: 48 Körner.

Die Keimungsenergie beträgt (1000—48):10 = 95,2 %. Die nicht gekeimten Körner werden auf der Platte in den Apparat zurückgegeben, um nach weiteren 48 Stunden auf ihre Keimfähigkeit geprüft zu werden. Nach Ablauf dieser Zeit werden wiederum die nicht gekeimten Körner gezählt und dann mit den erhaltenen Zahlen genau so wie bei der Bestimmung der Keimungsenergie weiter verfahren.

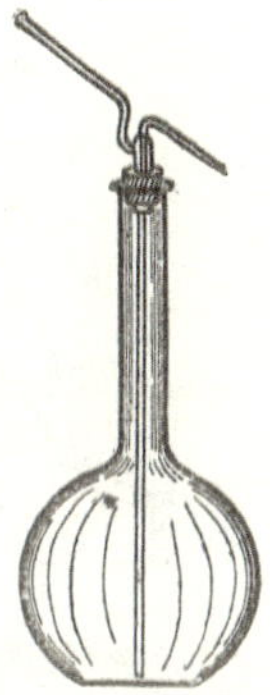

Fig. 8.

Beispiel:

Von obiger Gerste waren nach weiteren 48 Stunden nachgekeimt 20 Körner, im ganzen nicht gekeimt von der Gerste waren also 28 Körner. Die Keimfähigkeit beträgt (1000—28):10 = 97,2 %.

---

2. Chemische Analyse.

a) Zur Bestimmung des Wassers

wird der in Figur 9 abgebildete Soxhlet'sche Trockenschrank benutzt. Diesem Apparat, aus starkem Kupferblech gearbeitet, sind acht Rohre eingefügt, um die auf eine Temperatur von 105° C. erhitzte Luft über die zu trocknende, in einem ganz flachen Trockenraum befindliche Substanz zu führen. Erreicht wird dieses dadurch, daſs die acht Rohre von, durch einen Bunsenbrenner zum Sieden gebrachtem 60 proz. Glycerin umspült werden. Die Konstanz der Temperatur kommt dadurch zu Stande, daſs die Glycerindämpfe in einem

Rückflufskühler fortwährend kondensiert werden. Die erforderliche Luftbewegung wird forciert durch einen auf dem dem Rückflufskühler entgegengesetzten Ende

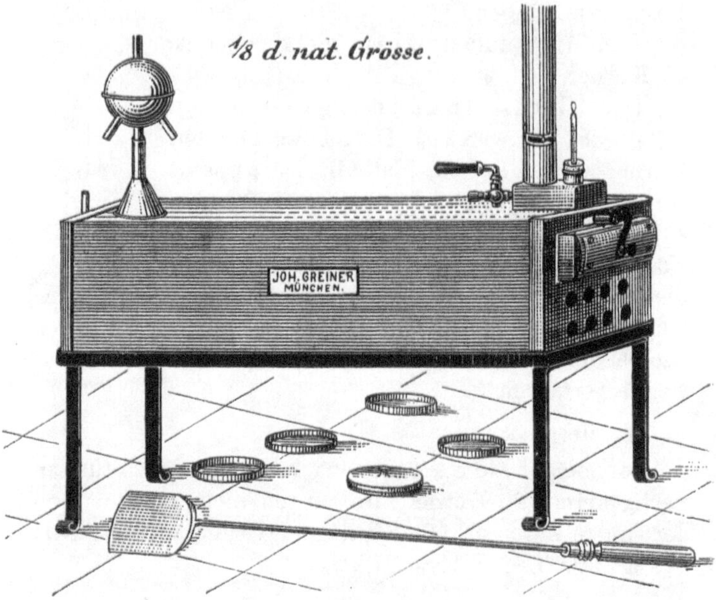

Fig. 9.

aufgesetzten 1 m langen Schornstein, in dem eine kleine Zugflamme brennt.

Die zu trocknende Substanz wird in kleinen, flachen Nickelschalen von 10 mm Höhe und 90 mm Durchmesser, welche mit einem Deckel fest verschliefsbar sind, durch eine mit einem langen Stiel versehene Nickelschaufel (Figur 9) dem flachen Trockenraum zugeführt und wieder entnommen.

Von der Gerstenprobe werden zum Zweck der Wasserbestimmung auf der Tarierwage (Figur 6) 3 g abgewogen und auf einer Mühle (Figur 10 und 11) fein geschroten. Dieselbe besteht aus einem 8,5 cm hohen und 9,5 cm breiten Holzkasten, welcher mit Hilfe eines Brettes fest auf den Arbeitstisch aufgeschraubt ist und in dem sich ein Messingbecher zur Aufnahme des Schrotes befindet.

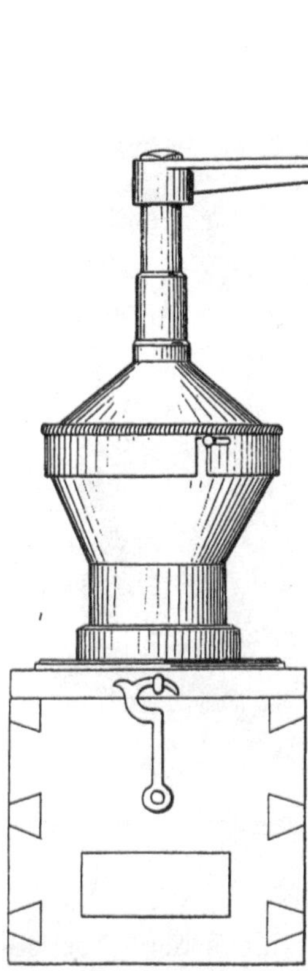

Fig. 10.

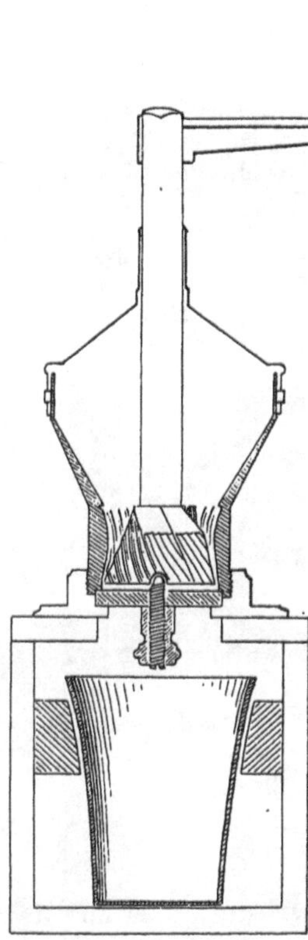

Fig. 11.

Auf dem Deckel des Kastens befindet sich eine Gewindeführung und eine zum Einstellen des Schrot-Feinheitgrades dienende Schraubenvorrichtung. Auf den Gewindeteil ist die eigentliche Mühle aufgeschraubt, ein trichterförmiger Aufsatz mit der Zerkleinerungsvorrichtung. Die Mühle ist leicht in ihre sämtlichen Bestandteile zu zerlegen, durch deren Abpinselung die zu schrotende Substanz als Schrot quantitativ wiedergewonnen werden kann.

Das mit Hilfe dieser Mühle von den 3 g Gerste gewonnene Schrot wird in einer vorher tarierten Nickelwägeschale auf der analytischen Wage (Figur 12) genau

Fig. 12.

gewogen und hierauf in dem Soxhlet'schen Trockenschrank getrocknet. Hierbei ist darauf zu achten, dafs die Temperatursteigerung eine allmähliche ist und die zum Trocknen notwendige Temperatur nach $1^1/_4$—$1^1/_2$ Stunde erreicht wird. Nach Verlauf einer weiteren Stunde wird die Schale dem Trockenschrank entnommen, mit dem Deckel fest verschlossen, in den Exsiccator (Fig. 3) gegeben und nach dem Erkalten die Gewichtsabnahme auf der analytischen Wage festgestellt. Die Ausführung der Wasserbestimmung hat stets in zwei nebeneinander verlaufenden Ausführungen zu geschehen. Die Berechnung des prozentualen Wassergehalts der Gerste aus den gefundenen Gewichtszahlen ergibt sich aus folgendem Beispiel:

Beispiel: Gerste Nr. 4. Provenienz: dänische Inselgerste, Raben.

	Bestimmung I.	Bestimmung II.
Schale mit Gerstenschrot	75,3652 g	78,2046 g
Tara der Schale . . .	72,1985 »	75,2105 »
Gewicht des Gerstenschrotes	3,1667 »	2,9941 »
Schale mit Gerstenschrot vor dem Trocknen . .	75,3652 g	78,2046 g
Schale mit Gerstenschrot nach dem Trocknen .	74,8513 »	77,7151 »
Gewichtsverlust durch das Trocknen	0,5139 »	0,4895 »

Es verloren also 3,1667 g Gerstenschrot 0,5139 g Wasser, bezw. 2,9941 g Gerstenschrot 0,4895 g Wasser.

Hieraus berechnet sich der prozentuale Wassergehalt nach folgender Gleichung:

$$3{,}1667 : 0{,}5139 = 100 : x, \quad \text{bezw.} \quad 2{,}9941 : 0{,}4895 = 100 : x$$
$$x = 16{,}228 \qquad\qquad x = 16{,}348$$

Von diesen beiden Bestimmungen wird der Durchschnitt genommen,

woraus sich der Wassergehalt der Gerste zu

$(16{,}228 + 16{,}348) : 2 = 16{,}288\,\%$ ergibt.

Ist die Differenz in den beiden Bestimmungen gröſser als 0,15 %, so überschreitet sie die Grenze des Zulässigen; die Wasserbestimmung ist also dann zu wiederholen.

Auf Grund des Wassergehaltes der Gerste erfolgt die Berechnung des Preises pro 1000 kg Gerstentrockensubstanz franko Kiel.

Beispiel: Obige Gerste mit 16,288 % Wasser kostet M. 150 pro 1000 kg franko Kiel.

1000 kg Gerste enthalten 1000 — 162,88 = 837,12 kg Gerstentrockensubstanz.

Diese kosten M. 150, folglich kosten 1000 kg M. 179,18 nach der Formel: 837,12 : 150 = 1000 : x

x = 179,18.

b) Bei der Bestimmung des Stickstoffs

werden 3 g Gerste auf der Tarierwage gewogen und auf der Mühle (Figur 10 und 11) fein geschroten; das Gerstenschrot wird in ein Wägerohr (Figur 13) durch drehende und zurückschüttelnde Bewegung gefüllt. Dasselbe gleicht einem starkwandigen Reagenzglase von 120 mm Länge und 12 mm lichter Weite, mit oben glatt geschmolzenem Rande, welches vor Benutzung gut getrocknet und im Exsiccator aufbewahrt wird. Das gefüllte Röhrchen wird mit einem Seidentuche sorgfältig abgewischt, mit Hilfe einer Drahtschleife in der analytischen Wage aufgehängt und gewogen. Das Rohr samt Inhalt wird vorsichtig in einen Stickstoffkolben (Figur 14) eingeführt, durch Klopfen mit den Fingern in diesen entleert, vorsichtig wieder herausgezogen, mit dem Seidentuche mitAusnahme des Randes wieder abgewischt und abermals mit Hilfe der Drahtschleife gewogen. Die Differenz der beiden Wägungen ergibt die Menge der angewandten Substanz.

Fig. 13.

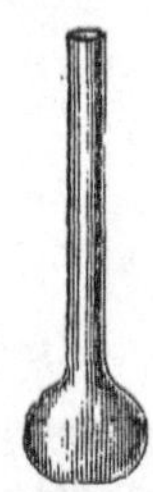

Fig. 14.

Beispiel:

Wägerohr mit Substanz und Drahtschleife .	23,4847 g
Wägerohr mit Drahtschleife nach Überführung der Substanz in den Stickstoffkolben .	20,5215 »
angewandte Substanz .	2,9632 g

Die Form des Stickstoffkolbens ist aus Figur 14 ersichtlich, der Inhalt beträgt ca. 150 ccm, der Hals besitzt eine Länge von ca. 200 mm.

Zu der im Kölbchen befindlichen Substanz werden 3—4 Tropfen Platinchlorid, eine Messerspitze voll Kupferoxyd und 20 ccm mit einem Mefscylinder abgemessene konzentrierte Schwefelsäure gegeben. Auf den Hals wird eine kleine, unten zu einer Spitze ausgezogene Glaskugel gesetzt. Auf einem mehrere Kölbchen fassenden Gestell (Figur 15) wird das Reaktionsgemisch unter dem Abzuge zuerst vorsichtig, dann stärker mittels Bunsenbrenners erhitzt. Nach $^1/_2$ Stunde werden, sobald das Kölbchen etwas abgekühlt ist, 5 g schwefelsaures Kalium und 10 ccm konzentrierte Schwefelsäure hinzugefügt; mit der letzteren werden dem Halse eventuell anhaftende Substanzpartikelchen heruntergespült. Durch erneutes Erhitzen wird der Procefs in ca. $1^1/_2$—2 Stunden beendet, äufserlich kenntlich gemacht dadurch, dafs die Flüssigkeit eine grünblaue, klare Farbe angenommen hat. Dieses Reaktionsprodukt wird mit destilliertem Wasser vorsichtig verdünnt und quantitativ in einen Kochkolben von ca. 1 l Inhalt (Figur 16) hinübergespült; hinzugefügt werden einige Stückchen Zink und 150 ccm 20proz. Natronlauge, letztere in der Weise, dafs dieselbe an dem Halse des schief gehaltenen Kolbens hinunterläuft und sich am Boden desselben ansammelt. Hierauf wird der Destillationskolben schnell und intensiv mit dem Destillationsapparat (Figur 16) verbunden, die Flüssigkeit gut geschüttelt, anfänglich gelinde und später stärker erhitzt. Das Destillat wird in einem Kölbchen, welches 50 ccm titrierter Schwefelsäure enthält, aufgefangen;

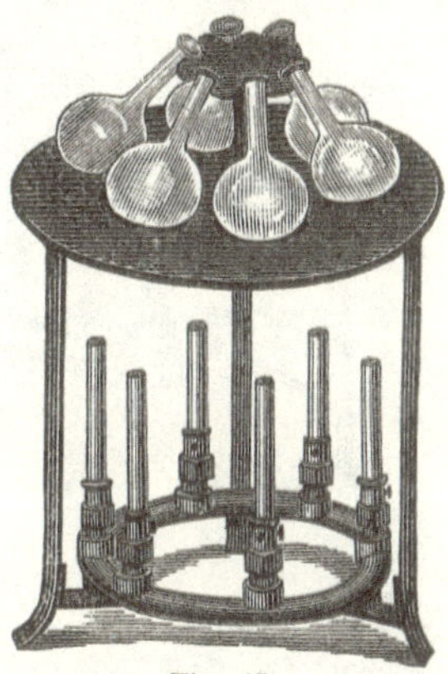

Fig. 15.

das Leitungsrohr mufs genügend in die Schwefelsäure hineinreichen. Nach 25 Minuten, vom Zeitpunkte des Kochens an gerechnet, wird das vorgelegte Kölbchen

Fig. 16.

entfernt; zuvor ist das Leitungsrohr mit destilliertem Wasser in das Kölbchen hinein abgespült. Die jetzt folgende Titration erfolgt mit empirischer Ammoniaklösung und Cochenille-Tinktur[1]) als Indikator.

Die Bereitung der vorgelegten titrierten Schwefelsäure geschieht folgendermafsen: 5,5 g konzentrierte Schwefelsäure werden in einem Becherglas auf der Tarierwage abgewogen und mit destilliertem Wasser auf 1000 ccm verdünnt. Zur genauen Gehaltsbestimmung wird eine kleine Menge chemisch reinen, trockenen kohlensauren Natriums im Platintiegel zum gelinden

[1]) Bereitung der Cochenille-Tinktur: 6 g gepulverte Cochenille werden mit 200 ccm destilliertem Wasser und 300 ccm absolutem Alkohol drei Tage lang maceriert; das Filtrat ist die Tinktur.

Glühen erhitzt; von dem Natriumsalz wird ca. 1 g auf der analytischen Wage genau abgewogen und quantitativ in ein Meſskölbchen von 100 ccm Inhalt gepinselt; dieses Kölbchen wird bis zur Marke mit destilliertem Wasser gefüllt. 10 ccm dieser Lösung werden mittels einer Normalpipette in ein auf einer weiſsen Unterlage befindliches Becherglas gegeben und mit wenigen Tropfen Cochenille-Tinktur versetzt; aus einer Bürette wird von der einzustellenden, nach obiger Vorschrift bereiteten Schwefelsäure unter fortwährendem Umrühren (die linke Hand am Bürettenhahn, in der rechten den Glasstab) tropfenweise so lange zugegeben, bis die Endreaktion erreicht, d. h. die Farbe von violett eben in gelb übergegangen und die Einfallstelle des letzten Tropfens an der Farbe nicht mehr zu erkennen ist. Dieser Versuch ist zu wiederholen, bis übereinstimmende Resultate erzielt werden.

Beispiel für die Berechnung des Titers der Schwefelsäure:

Die abgewogene Menge kohlensaures Natrium beträgt 1,1066 g und ist in genau 100 ccm Wasser gelöst; 10 ccm enthalten also 0,11066 g kohlensaures Natrium; verbraucht sind 11,7 ccm Schwefelsäure. 1 ccm Schwefelsäure entspricht 0,11066 : 11,7 = 0,00945 g kohlensaurem Natrium, d. h. der Urtiter der Schwefelsäure beträgt 9,45 mg.

Wird der Urtiter der Schwefelsäure mit 49 (Äquivalentgewicht für Schwefelsäure) multipliziert und durch 53 (Äquivalentgewicht für kohlensaures Natrium) dividiert, so ergibt sich, wieviel wirksame Schwefelsäure 1 ccm der nach der oben gegebenen Vorschrift bereiteten Schwefelsäure enthält, in diesem Falle

$$\frac{9,45 \text{ mg} \times 49}{53} = 8,73 \text{ mg Schwefelsäure.}$$

Der Titer für Stickstoff beträgt analog

$$\frac{9,45 \times 14}{53} = 2,49 \text{ mg Stickstoff;}$$

der Titer für Ammoniak

$$\frac{9{,}45 \times 17}{53} = 3{,}03 \text{ mg Ammoniak.}$$

Die Ammoniaklösung, auf welche die Schwefelsäure eingestellt wird, wird hergestellt, indem 42,5 g käuflicher 10 proz. Ammoniaklösung auf 1000 ccm verdünnt werden. Durch Titration ergiebt sich, dafs in dem vorliegenden Falle 11 ccm dieser Lösung 10 ccm Schwefelsäure neutralisieren. Da 1 ccm Schwefelsäure 3,03 mg Ammoniak entsprechen (s. oben), so enthält 1 ccm Ammoniaklösung demnach

$$3{,}03 : 1{,}1 = 2{,}75 \text{ mg Ammoniak.}$$

Durch das bei der oben beschriebenen Destillation freiwerdende Ammoniak ist ein Teil der vorgelegten 50 ccm Schwefelsäure neutralisiert. Durch Titration mit der Ammoniaklösung wird gefunden, wieviel der vorgelegten 50 ccm Schwefelsäure durch die Destillation nicht neutralisiert sind. Hieraus wird die Menge des bei der Destillation gebildeten Ammoniaks und daraus die Menge des in dem angewandten Gerstenschrot enthaltenen Stickstoffs in folgender Weise berechnet:

Beispiel: Gerste Nr. 4. Provenienz: dänische Inselgerste, Raben.

	Bestimmung I.	Bestimmung II.
Menge des angewandten Gerstenschrots . . .	2,9058 g	2,9608 g
Titer der Schwefelsäure für Stickstoff	2,49 »	2,49 »

Sättigungsverhältnis: 11 ccm kohlensaures Natrium entsprechen 10 ccm Schwefelsäure.

Vorgelegte titrierte Schwefelsäure: 50 ccm.

Verdünnt mit Wasser auf: . . . 500 ccm.

Ammoniakverbrauch		
pro 50 ccm Destillat:	4,1 ccm	4,1 ccm
» 500 » »	41 »	41 »

Gefundene freie
Schwefelsäure 410 : 11 = 37,27 ccm 37,27 ccm
Gefundene gebundene
Schwefelsäure 50 — 37,27 = 12,73 ccm 12,73 ccm
Gefundener
Stickstoff 12,73 × 2,49 = 31,69 mg Stickstoff [31,69 mg Stickstoff.
100 g Gerste
enthalten $\frac{31,69 \times 100}{2,9058} = 1090$ mg Stickstoff,

$\frac{31,69 \times 100}{2,9608} = 1070$ mg Stickstoff.

Die Gerste enthält also:

1,09 % Stickstoff bezw. 1,07 % Stickstoff.
im Mittel: 1,08 % Stickstoff.

Auf Gerstentrockensubstanz umgerechnet enthält die Gerste demnach bei einem Wassergehalt von 16,288 %:

in Bestimmung I $\frac{1,09 \times 100}{83,712} = 1,302$ %
in Bestimmung II $\frac{1,07 \times 100}{83,712} = 1,278$ %
im Mittel 1,290 % Stickstoff.

Durch Multiplikation dieser Zahl mit 6,25 wird der Eiweifsgehalt (Proteïn) der Gerstentrockensubstanz gefunden: 1,29 × 6,25 = 8,06 %.

c) Die Stärkebestimmung

besitzt für die praktische Beurteilung der Gerste hinsichtlich ihres wirklichen Wertes und des bei der späteren Verarbeitung zu erwartenden Resultates relativ geringen Wert. Ihre Ausführung erfolgt jedesmal, einmal um die erhaltenen Resultate mit denen anderer Laboratorien zu vergleichen, anderseits um Material zu sammeln, aus dem sich eventuell später auf Grund der Beziehungen des Stärkegehaltes zu einem oder mehreren der anderen Gerstenkomponenten für die Bewertung einer Braugerste neue Momente gewinnen lassen.

Zu diesem Zweck werden 3 g Gerste auf der Mühle (Figur 10 und 11) fein geschroten und dieses Schrot, nachdem es auf einem tarierten Uhrglase mit der analytischen Wage genau gewogen ist, durch einen kleinen, unten abgeschnittenen Glastrichter in ein 150 ccm fassendes Medizinfläschchen hineingepinselt und in diesem mit 100 ccm destilliertem Wasser übergossen.

In einem Dampftopf (Figur 17) wird das so hergerichtete Medizinfläschen 3 Stunden lang einem Druck von 3 Atmosphären ausgesetzt. Hierauf wird es, nachdem der Überdruck nachgelassen hat, herausgenommen und der Inhalt siedendheifs über Glaswolle, welche durch Auswaschen mit heifsem Wafser vorgewärmt ist, in eine ca. 300 ccm fassende Medizinflasche hineinfiltriert. Diese trägt am Bauch eine den Stand von 200 ccm anzeigende Marke. Bis zu derselben wird der auf der Glaswolle befindliche Rückstand mit kochendheifsem Wasser in der Weise ausgewaschen, dafs ein Teil des Waschwassers vorerst zur quantitativen Reinigung des im Dampftopf befindlich gewesenen Fläschchens benutzt wird, während der Rest direkt über den auf der Glaswolle befindlichen Rückstand bis zur Erreichung der Marke hinübergegeben wird. Das bis zu derselben reichende Filtrat wird mit 20 ccm Salzsäure vom specifischen Gewicht 1,125 versetzt und in einem Wasser-

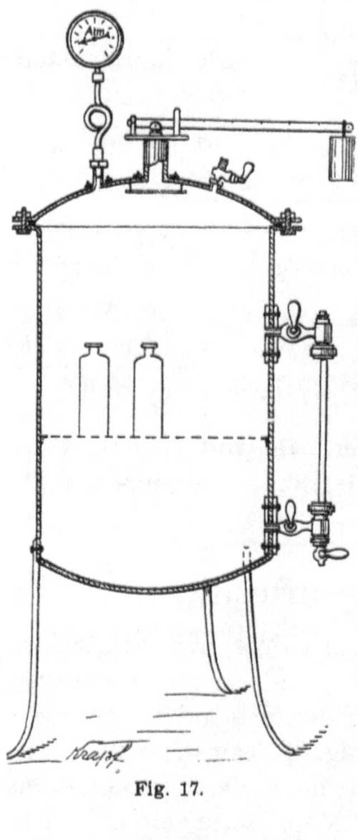

Fig. 17.

bade von nebenstehender Form (Figur 18), welches mit einem Deckel fest verschliefsbar und fast bis zum Einsatz mit Wasser gefüllt ist, 3 Stunden erhitzt. Hierbei trägt das Fläschchen eine Schutzkappe aus Blech, welche auch schon im Dampftopf Anwendung findet.

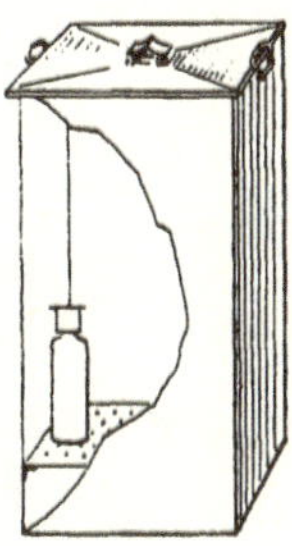

Fig. 18.

Nach dem Erkalten wird in die Flasche so viel Natronlauge gegeben, dafs die Flüssigkeit eben noch schwach sauer reagiert (ca. 17 ccm Natronlauge vom spec. Gewicht 1,33). Der Inhalt der Flasche wird nunmehr in einen Mefskolben von 500 ccm quantitativ hineingespült und mit destilliertem Wasser bis zur Marke aufgefüllt. Von dem Inhalt des Mefskolbens werden 25 ccm zur Bestimmung der jetzt in der Flüssigkeit enthaltenen Dextrose, aus welcher sich die Stärke berechnen läfst, in folgender Weise verwendet:

30 ccm Kupferlösung[1]), 30 ccm Seignettesalzlösung[2]) und 60 ccm destilliertes Wasser werden in einer mit einem Holzstiel versehenen Porzellanschale (Fig. 19) zum Sieden erhitzt und hierzu mittels einer Pipette 25 ccm der Dextroselösung gegeben. Das Ganze wird genau 2 Min. im Sieden erhalten; der hierdurch gebildete Niederschlag von Kupferoxydul wird vermittelst eines Soxhlet'schen Zuckerröhrchens[3])

---

[1]) Bereitung der Kupferlösung: 69,278 g chemisch reinen Kupfervitriols werden in Wasser gelöst und im Mefskolben auf 1000 ccm aufgefüllt. Diese Lösung wird in einer gut schliefsenden Standflasche aufbewahrt.

[2]) Bereitung der Seignettesalzlösung: 346 g Seignettesalz und 100 g reinsten Ätznatrons werden genau abgewogen und in ca. 400 ccm Wasser gelöst. Diese Lösung wird in einem 1000 ccm Mefskolben bis zur Marke aufgefüllt. Seignettesalzlösung soll nicht länger als 8—14 Tage aufbewahrt werden.

[3]) Herrichtung der Zuckerröhrchen: Nicht zu kurzfaseriger Asbest wird der Reihe nach mit Natronlauge,

abfiltriert. Dieses geschieht in der Weise, dafs das Zuckerröhrchen durch einen durchbohrten, fest anschliefsenden Kautschukstopfen, dieser wiederum auf eine Saugflasche von 1000 ccm Inhalt gesteckt und letztere mit einer Saugvorrichtung (Luftpumpe oder

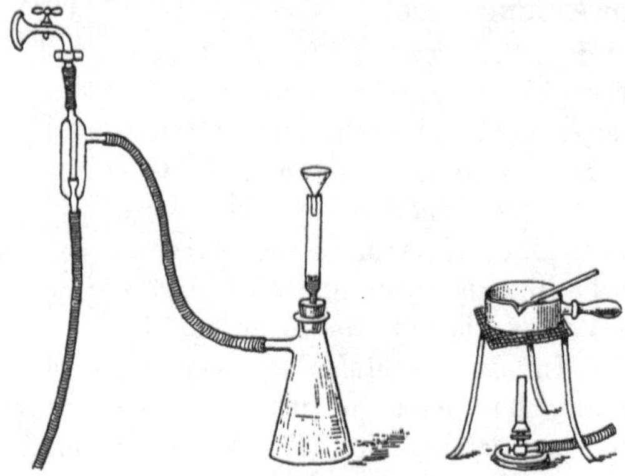

Fig. 19.

Wasserstrahlpumpe) in Verbindung gebracht wird (Fig. 19). Auf das Filtrierröhrchen wird ein unten abge-

---

heifsem Wasser, Salpetersäure und heifsem Wasser ausgekocht. Das Filtrierröhrchen wird wie zur Zuckerbestimmung (Fig. 19) an eine Saugflasche angeschlossen und am Boden mit einigen Glasperlen bezw. kleinen Glasscherben versehen, auf welche mit einem unten abgeplatteten Glasstab von dem hergerichteten Asbest eine Schicht von ca. 8 mm festgedrückt wird. Das so präparierte Röhrchen wird mit heifsem Wasser, Alkohol und Äther ausgewaschen, in der Flamme eines Bunsenbrenners bis zur absoluten Trockne erhitzt und nach dem Erkalten gewogen. Handelt es sich darum, Zuckerröhrchen nach Benutzung wieder herzurichten, so wird der Kupferniederschlag mit Salpetersäure gelöst, das Röhrchen mit heifsem Wasser, Alkohol und Äther ausgewaschen und getrocknet.

Die Röhrchen werden, bevor sie überhaupt hergerichtet werden, mit einem Schreibdiamanten mit einer laufenden Nummer versehen.

schnittener kleiner Trichter gegeben, durch welchen der Niederschlag in das Röhrchen hineinfiltriert bezw. quantitativ aus der Schale in dasselbe hineingewaschen wird. Der auf diese Weise gesammelte Niederschlag wird der Reihe nach mit heifsem Wasser, absolutem Alkohol und Äther gründlich ausgewaschen, durch Erhitzen mit dem Bunsenbrenner zu schwarzem Kupferoxyd oxydiert und im Wasserstoffstrome zu metallischem Kupfer reduziert. Diese Reduktion wird in der Weise vorgenommen, dafs das Röhrchen mit dem heifsen Kupfer-

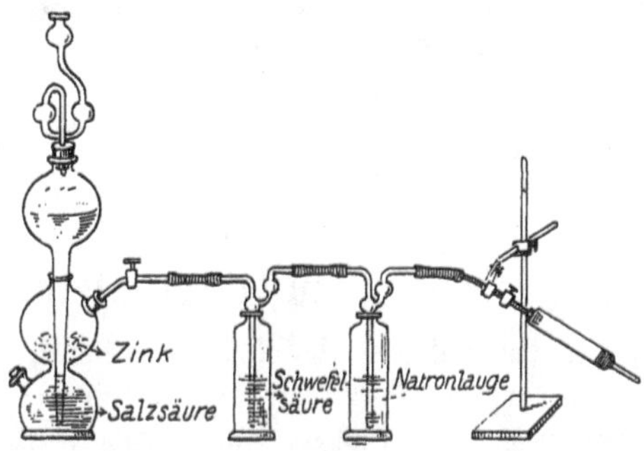

Fig. 20.

oxyd mit einem Kipp'schen Wasserstoff-Entwicklungsapparat in Verbindung gebracht und ein Strom von getrocknetem Wasserstoff unter gelindem Erhitzen hindurchgeführt wird (Figur 20). Nach Beendigung der durch eine charakteristische Rotfärbung angezeigten Reduktion wird das Röhrchen im Wasserstoffstrome abgekühlt und nach dem Erkalten gewogen. Aus der Gewichtszunahme des vor Beginn der Operation genau gewogenen Röhrchens ergibt sich die Menge des Kupfers, aus welcher nach den Wein'schen Tabellen[1]) die entsprechende Menge Stärkemehl direkt abgelesen werden kann.

---

[1]) Wein, Tabellen zur quantitativen Bestimmung der Zuckerarten, Tabelle Nr. 11.

Hieraus wird der prozentuale Stärkegehalt der Gerste wie folgt berechnet:

Wassergehalt der Gerste = 16,288 %.

25 ccm der Dextroselösung ergeben 179,5 mg Kupfer nach Tabelle 11 (Wein) . . 82,7 » Stärke.

500 ccm Dextroselösung ergeben demnach:

$$82{,}7 \times 20 = 1654{,}0 \text{ mg Stärke;}$$

da 500 ccm = 3,08 g Gerste, so ergibt sich der prozentuale Stärkegehalt der lufttrockenen Gerste nach der Gleichung:

$$3{,}08 : 1{,}654 = 100 : x$$

$x = 53{,}70\,\%$ oder auf Trockensubstanz berechnet:

$$(100-16{,}288) : 53{,}73 = 100 : x$$

$$x = \underline{64{,}14\,\% \text{ Stärke.}}$$

Die Stärkebestimmung erfolgt stets in zwei Ausführungen.

---

3. Die Probemälzung im kleinen

bildet bei der Beurteilung der Gerste hinsichtlich ihres Wertes und ihrer Brauchbarkeit in der Praxis eine wertvolle Ergänzung der bisher angeführten Daten der mechanischen und chemischen Analyse. Die Ausführung wird, wenn anders die beim Einkauf von Gerste oft eine Rolle spielenden Zeitverhältnisse es gestatten, stets angewendet. Unter Hinweis auf einige diesen Gegenstand behandelnde Arbeiten[1]) wird bemerkt, dafs diese

[1]) Römheld, Probemälzung im kleinen. Zeitschr. f. d. ges. Brauwesen, 1897. — Luff, Mälzungsversuche im kleinen. Zeitschr. f. d. ges. Brauwesen, 1898. — Schifferer und Krämer, Über planmäfsige Benutzung eines Betriebslaboratoriums beim Einkauf von Braugerste. Zeitschr. f. d. ges. Brauwesen, 1898. — Bleisch, Wieweit können Mälzungsversuche im Laboratorium zur Beurteilung von Gersten herangezogen werden? Zeitschr. f. d. ges. Brauwesen, 1899. — Luff, Wieweit können Mälzungsversuche im Laboratorium zur Beurteilung von Gerste herangezogen werden? Zeitschr. f. d. ges. Brauwesen, 1899. — Bleisch, Erwiderung. Daselbst, 398. — Luff, Nochmals über die Bedeutung von Mälzungsversuchen im kleinen. Zeitschr. f. d. ges. Bauwesen 1899, 455.

Probemälzung ein wertvolles, heute kaum durch etwas zu ersetzendes Hilfsmittel bei der Beurteilung der Gerste bildet. Die erhaltenen Resultate sind selbstverständlich nicht absolut übereinstimmend mit denen der Praxis; dieselben sind vielmehr relativ vergleichende und sind als willkommene Ergänzungen der übrigen Beurteilungsmomente heranzuziehen. Dabei haben die praktischen Erfahrungen gezeigt, dafs die Relation zwischen zwei und mehr Gersten in der Praxis mit den im Laboratorium erhaltenen übereinstimmen. Ganz besonders wertvoll erweist sich diese Probemälzung u. a., um die sogenannte »Hitzigkeit« einer Gerste aufzudecken, eine Erscheinung, die bei den nordischen Gersten nicht zu den seltenen gehört, die aber eine sonst scheinbar gute Gerste vollständig entwertet.

Die Ausführung der Probemälzung geschieht in folgender Weise:

2500 g der zu prüfenden Gerste werden in einem ca. 17 cm tiefen und 35 cm breiten Emailletopf unter beständigem Umrühren eingeweicht. Die Schwimmgerste wird mit einem kleinen Siebe abgehoben, an der Luft getrocknet und gewogen; unmittelbar an diese Wägung schliefst sich die Wasserbestimmung der Schwimmgerste. Das Wechseln des Weichwassers geschieht zum ersten Male nach dem Abheben der Schwimmgerste, in der Folge morgens und abends in der Weise, dafs mit einem, an dem in das Weichwasser hineinragenden Ende mit einem Drahtnetze versehenen Schlauche heberartig das Wasser entfernt wird, um durch Wasser derselben Qualität, wie es später in der Praxis zur Anwendung gelangt, ersetzt zu werden. Hat der Weichgrad 48—50% erreicht, so wird das Weichwasser abgehoben und das Weichgut in ein zweites, dem ersten in Form und Gröfse gleiches Emaillegefäfs hinübergegeben. Das Weichen und das spätere Wachstum der Gerste gehen in einem kellerartigen Raum vor sich, welcher sich unter dem Betriebslaboratorium befindet und während der für den Einkauf von Gerste in Betracht kommenden

Jahreszeit auf annähernd konstanter Temperatur gehalten werden kann. Die genaue Feststellung dieser Temperatur sowie der des Weichwassers erfolgt jedesmal vor und nach dem Wechseln des letzteren und wird, wie folgt, notiert:

Datum und Zeit	Temperatur der Luft des Raumes	Temperatur des Weichwassers	
		vor dem Wechseln	nach dem Wechseln
	° C.	° C.	° C.
Eingeweicht			
20. XII. 3^{30} Nachm.	8		
21. XII. 9 h Vorm.	9	13	10,5
21. XII. 6^{30} Nachm.	8	10	10,5
22. XII. 9 h Vorm.	9,5	9,2	13
22. XII. 6 h Nachm.	8,5	9	11,5

23. XII. 12 h Mittags ausgeweicht mit 49,7 % Weichgrad.

Zur Bestimmung des Weichgrades dient das in seinem ganzen Umfange mit vielen kleinen Löchern und einem Deckel verschliefsbare Kontrollgefäfs aus verzinntem Kupfer, von 70 mm Höhe und 50 mm lichter Weite (Figur 21). Auf der Tarierwage wird die Tara dieses Gefäfses festgestellt, dasselbe bis zur Hälfte mit Gerste gefüllt, mit dem durchlöcherten Deckel verschlossen und in das Weichgut hineingelegt. Aus der Gewichtszunahme, zu deren Feststellung das Kontrollgefäfs herausgenommen, stark abgeschleudert und mit Fliefspapier gut getrocknet wird, ergiebt sich der Weichgrad nach folgender Berechnung:

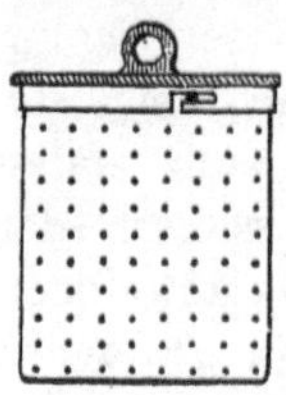

Fig. 21.

Gewicht des Kontrollgefäfses mit Gerste	128,65 g
Tara des Kontrollgefäfses	84,65 »
Gewicht der angewandten Gerste . .	44,00 g
Gewicht des Kontrollgefäfses mit Gerste nach dem Weichen	150,54 g
Tara des Kontrollgefäfses	84,65 »
Gewicht der geweichten Gerste .	65,89 g

$$44 : (65{,}89-44) = 100 : x$$
$$x = 49{,}75\,\%\ \text{Weichgrad.}$$

Das ausgeweichte Gut wird mit einem angefeuchteten Stück Fliefspapier lose bedeckt; während der Haufenführung erfolgt das Ablesen der Temperaturen vor und nach dem Wenden; dieselben werden, wie folgt, zusammengestellt:

Datum	Temperatur d. Raumes	Zeit des Wendens	Temperatur des Haufens	
			vor dem Wenden	nach dem Wenden
	° C.		° C.	° C.
Ausgeweicht 23. XII. 12 h Mittag				
24. XII.	10,5	12h Mitt.	8	7
25. XII.	9	12h »	8,9	8
26. XII.	8	12h »	8,1	7,8
27. XII.	10	12h »	9	8
28. XII	12	12h »	12	11,2
28. XII.	12,5	9h Abds.	17	15
29. XII.	8	9h Vorm.	17	15,2
29. XII.	8,2	3h Nchm.	16,5	15
30. XII.	7	10h Vorm.	16	14,9
31. XII.	8,5	10h »	16,5	15

Am 31. XII. 7 Uhr abends auf die Schwelke gebracht und 14 Stunden geschwelkt.

Das Wenden des Keimgutes wird dadurch bewirkt, dafs dasselbe abwechselnd in einen der beiden Emailletöpfe so hinübergegeben wird, dafs nach gründlicher Lüftung das oberste nach unten zu liegen kommt. Für die Beendigung des Keimens sind dieselben Merkmale mafsgebend, wie sie in der Praxis zur Anwendung gelangen. Ist dieser Zeitpunkt erreicht, so wird das Keimgut nach Feststellung seines Gewichtes auf einem grofsen Brett 12—14 Stunden unter zeitweisem Wenden abgeschwelkt. Der jetzt folgende Darrprozefs geschieht auf der in Fig. 22 und 23 abgebildeten Darre.

Dieselbe setzt sich zusammen aus dem 43 cm hohen cylindrischen Mantel mit einem Durchmesser von 53 cm, der Feuerung, der durchlöcherten Kupferplatte *a*, dem

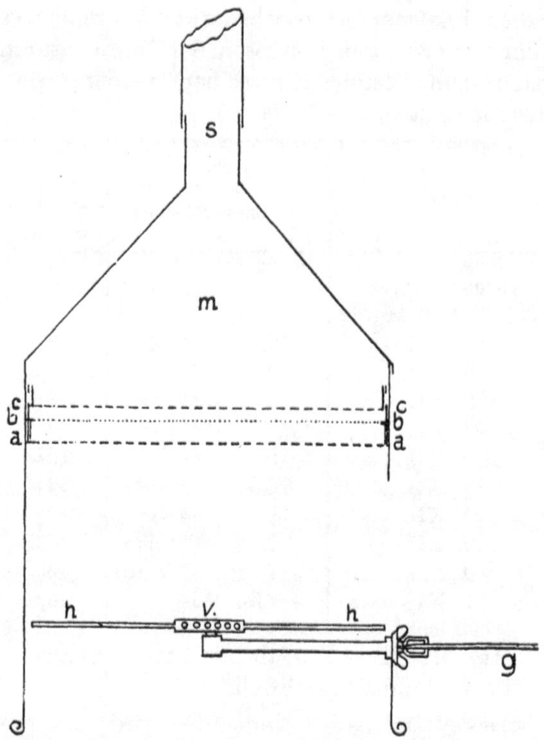

Fig. 22.

unteren Siebe *b*, dem oberen Siebe *c*, der konischen Haube *m* und dem Schornstein *s*, welcher in den des Laboratoriumsofens hineinmündet. Die Feuerung (Fig. 23), deren Entfernung von dem Darrgute beliebig geregelt werden kann, besteht aus dem Gaszuleitungsrohr *g*, dem kreisförmigen Brennstoffverteiler *v* und den strahlenförmig davon ausgehenden Heizröhren *h*. Der Verteiler und die Heizröhren sind mit kleinen Löchern versehen, durch welche das Gas mit Luft vermischt austritt und nichtleuchtende Flämmchen auf der ganzen Fläche bildet. Die durchlöcherte Kupferplatte *a* hat den Zweck, die von der Feuerung kommende Wärme gleichmäfsig zu verteilen. Das untere Sieb, welches sehr feine Maschen besitzt, dient zur Aufnahme der Malzkeime; das obere Sieb ist die eigentliche Horde und hat Maschen, so dafs

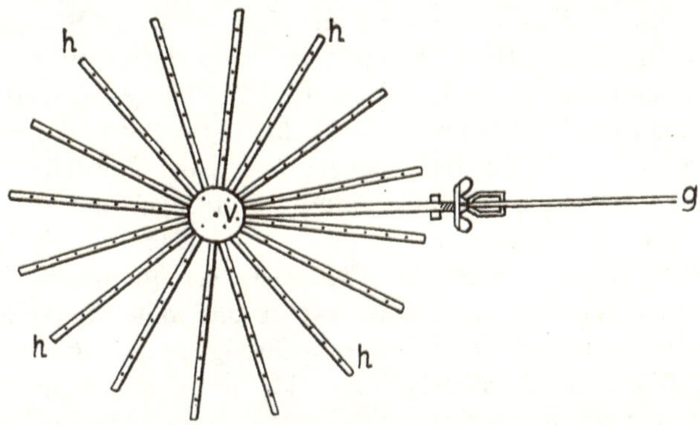

Fig. 23.

wohl die Keime, nicht aber die Körner durchfallen können. Die darüber sitzende Haube, welche an einer Stelle eine Klappe zum Hineingreifen und für das mit der Hand vorzunehmende Wenden des Darrgutes besitzt, hat aufserdem noch eine Vorrichtung zur Aufnahme des Thermometers, dessen Quecksilberkugel in das Malz hineinragt.

Die Darrordnung ergibt sich aus folgender Aufstellung:

Aufgetragen: 8 Uhr vormittags.

Temperatur im Malz:	8—9	Uhr		30° C.
Steigerung von	9—11	»	auf	35° »
	12	»	»	40° »
	1	»	»	45° »
	2	»	»	50° »
	3	»	»	60° »
	4	»	»	70° »

Steigerung von	5	Uhr	auf	80 ° C.
	6	»	»	90 ° »
	6—9	»	»	90 ° »

Nach Beendigung des Darrprozesses wird das Malz durch Aneinanderreiben zwischen den Händen und Reiben auf der oberen Horde entkeimt. Malz und Keime werden gewogen und in ihnen das Wasser (Seite 15 ff.) bestimmt. Das so gewonnene Malz wird 24 Stunden lang in dünner Schicht der Luft ausgesetzt und dann analysiert. (Seite 63 ff.) Von den hierbei gewonnenen Würzen werden 300 ccm aufgekocht, abgekühlt und durch Impfen mit Reinzuchts-Betriebshefe der Brauerei in einem Kolben im Thermostaten (Seite 124) bei 25 ° C. zur Gärung angestellt. Gärdauer 2—3 Tage. Nach beendeter Gärung wird die Gärflüssigkeit quantitativ in einem 500 ccm Meſskolben gespült und mit Wasser bis zur Marke aufgefüllt. Die Gesamtflüssigkeit wird filtriert; im Filtrat wird mittels eines kleinen, in Zehntel geteilten Saccharometers die Saccharometer-Anzeige bestimmt. Hiernach wird auf Grund der Holzner'schen Tabellen [1]) berechnet:

α) der scheinbare Vergärungsgrad,
β) der wirkliche Vergärungsgrad.

Aus den im Verlauf der Probemälzung erhaltenen Daten berechnet sich:

a) die Ausbeute von lufttrockenem Malz aus lufttrockener Gerste,
b) die Ausbeute von Malztrockensubstanz aus lufttrockener Gerste,
c) die Ausbeute von Malztrockensubstanz aus Gerstentrockensubstanz bezw. der Preis für 1000 kg Malztrockensubstanz franko Kiel,
d) die Extraktausbeute aus Gerstentrockensubstanz bezw. der Preis für 1000 kg Extrakt franko Kiel.

---

[1]) Holzner's Tabellen zur Berechnung der Malzausbeute und zur Bieranalyse.

Beispiel: Gerste Nr. 4. Provenienz: Dänische Inselgerste, Raben.

Preis M. 150 pro 1000 kg franko Kiel.

ad a) Wassergehalt = 16,288 % (Seite 19),
eingeweichtes Quantum 2,5 kg,
geputztes Darrmalz = 2,15 kg mit 8,1 % Wasser.

2500 : 2150 = 100 : x

x = 86 % Ausbeute von lufttrockenem Malz aus lufttrockener Gerste.

ad b) 2,15 kg Darrmalz mit 8,1 % Wasser = 1,9758 kg Malztrockensubstanz nach der Gleichung:

100 : 8,1 = 2150 : x; x = 174,15

2150 — 174,15 = 1975,85.

Die Ausbeute von Malztrockensubstanz aus lufttrockener Gerste beträgt hiernach 79 %; denn

2500 : 1975,8 = 100 : x; x = 79,03.

ad c) 100 Teile lufttrockener Gerste ergeben 79 Teile Malztrockensubstanz, d. h. (100—16,42) Teile Gerstentrockensubstanz = 79 Teile Malztrockensubstanz.

83,58 : 79,03 = 100 : x

x = 94,55 % Ausbeute von Malztrockensubstanz aus Gerstentrockensubstanz.

1000 kg Gerste franko Kiel = M. 150

790,3 kg Malztrockensubstanz = M. 150

790,3 : 150 = 1000 : x

x = M. 189,80 kosten 1000 kg Malztrockensubstanz franko Kiel.

ad d) 100 kg Malztrockensubstanz geben 78,74 kg Extrakt (siehe Analyse des Darrmalzes (Seite 39, Tabelle).

100 kg Malztrockensubstanz = 105,79 kg Gerstentrockensubstanz; denn

94,55 : 100 = 100 : x; x = 105,76 kg

105,76 : 78,74 = 100 : x;

x = 74,45 % Extraktausbeute aus Gerstentrockensubstanz.

1000 kg Malztrockensubstanz franko Kiel = M. 189,87.

787,4 kg Extrakt = M. 189,87

787,4 : 189,87 = 1000 : x

x = M. 241,14 kosten 1000 kg Extrakt franko Kiel.

Um von den während der Gerstenuntersuchung erhaltenen Resultaten ein klares und übersichtliches Bild zu gewinnen, werden dieselben tabellarisch[1]) nach folgendem Schema zusammengestellt:

Lfd. Nr. 10.

Bierbrauerei A.

Gerste	Nr. 4.
Provenienz	dänische Inseln.
Preis pro 1000 kg franco Kiel	M. 150.

Mechanische Analyse.

				vor dem Weichen	nach dem Weichen
Farbe	gleichmäfsig gelblich				
Bemerkungen über weitere äufsere Beschaffenheit	gesunder Geruch trockenes Gefühl	Schnittprobe	glasig	36,8 %	5,2 %
			½ glasig	17,5 %	0,4 %
Spelzengewicht	8,35 %		mehlig	45,4 %	94,4 %
Hektolitergewicht	68,0 kg	Sortierung	Sorte I	39,5 %	
1000-Körnergewicht	45,38 g		» II	44,0 %	
Keimungsenergie	95,2 %		» III	13,6 %	
Keimfähigkeit	97,2 %		Ausputz	2,9 %	

Chemische Analyse.

Wassergehalt	16,288 %	auf Trockensubstanz
Stickstoff	1,29 %	
Proteïn	8,06 %	
Stärke	64,14 %	

Malzkeime.

Malzkeime	2,84 % berechnet auf lufttrock. Gerste
Wassergehalt	17,68 %
Stickstoff	4,015 %
Protein	25,09 %

Gärversuch.

Saccharometeranzeige der Anstellwürze	8,27 %	Scheinbarer Vergärungsgrad	77,7 %
» nach der Gärung	1,85 %	Wirklicher Vergärungsgrad	63,1 %
Wirklicher Extraktgehalt	3,07 %	Alkoholgehalt	2,64 %

Prei

1000 kg Gerste . . . .
1000 » Gerstentrocken
1000 » Malztrockensub
1000 » Extrakt . . .

[1]) Die Tabellen werden in einem, dem Soennecken'schen Briefordner nachgebildeten Umschlag, welcher auf der Rückseite den Vermerk »Gersten-Analysen« trägt, eingeordnet.

Auf Grund der so zusammengestellten Daten werden aus der Reihe der zum Ankauf vorliegenden Gersten diejenigen ausgesucht, welche unter Berücksichtigung der lokalen Verhältnisse aus mälzerei- und brautechnischen Gründen am geeignetsten erscheinen, dabei aber gleichzeitig dem Betriebe mit Rücksicht auf den Finanzpunkt zu einem günstigen Einkauf verhelfen. Es wird dabei selbstverständlich der Vorteil, welchen

Schifferer Kiel.

Eingegangen am . . . . 5./10.
Lieferant . . . . Raben.

Probemälzung.

Schwimmgerste	0,22 % mit 13,50 % Wasser	Ausbeute auf lufttrockene Gerste	von lufttrockenem Malz	86,0 %
Weichdauer	68 Stunden		von Malztrockensubstanz	79,03 %
Weichgrad	49,7 %	Ausbeute auf Gerstentrockensubstanz	von Malztrockensubstanz	94,55 %
Durchschnittstemperatur des Weichwassers	10,0° C.		von Extrakt	74,45 %
Wachstumserscheinungen	normal			

Malzanalyse.

Hektolitergewicht		52,5 kg	Wassergehalt	8,31 %
1000-Körnergewicht		31,82 g	Verzuckerungszeit	10 Min.
			Farbentiefe $\frac{N}{100}$ Jodlösung	1,09 ccm
Durchleuchtung	glasig	1,6 %	Extraktausbeute berech. auf lufttr. Malz	72,2 %
	½ glasig	5,4 %	» » Malztrockensubstanz	78,74 %
	mehlig	93,0 %		
Schnittprobe	braun	— %	Maltose im Extrakt	65,55 %
	verbrannt	— %	Maltose zu Nichtmaltose	1:0,52 %

	0	unter ½	½	⅔	¾	1/1	über 1/1
Blattkeimentwickelung	—	4	14	29	30	21	2

se.

. . . .	M.	150,00
substanz . .	»	179,18
stanz.	»	189,80
. . . .	»	241,14

ein billiger Einkauf bietet, nicht zu hoch angeschlagen, sondern in erster Linie auf gutes Material gesehen und versucht, diese beiden Faktoren in Einklang miteinander zu bringen. Hierbei gilt als grundlegend, daſs bei normalen Erntejahren eine Gerste von vornherein zu verwerfen ist:

wenn sie unreif, stark beregnet, erheblich mit Auswuchs behaftet,
beim Dreschen stark beschädigt, nicht trocken und nicht gesund ist,
wenn sie bei dem Sortierversuch über 7 % Ausputz gibt,
wenn sie unter 96 % Keimfähigkeit zeigt,
wenn sie über 18 % Wasser enthält, und
wenn sie während der Probemälzung »Hitzigkeit« zeigt.

Bei den auf dieser Basis abgeschlossenen Einkäufen werden die Lieferanten angehalten, folgende Punkte zu beachten:

1. Die Gerste ist, ihren äuſseren und sonstigen Eigenschaften nach, nach Probe zu liefern. Für den äuſseren Vergleich bei der Anlieferung werden von der Gerstenprobe ca. 150 g in einer vollständig trockenen, gut verschlieſsbaren und mit einer einen entsprechenden Vermerk tragenden Etikette versehenen Flasche zurückgestellt; diese Flasche ist von Zeit zu Zeit zu lüften.

2. Die Gerste darf bei der Anlieferung nicht über 17 % Wasser enthalten.

3. Die Keimfähigkeit der Gerste auf der Tenne darf nicht unter 2—3 % der der Probe sinken.

4. Die Gerste darf nicht mehr Ausputz als 5 % zeigen; beträgt derselbe über 7 %, so wird die Gerste dem Lieferanten zur Verfügung gestellt, während zwischen 5—7 % sich ergebende Mengen in entsprechender Weise bei der Bezahlung in Abzug gebracht werden.

Beispiel: Angeliefertes Quantum 70000 kg.
Der Sortierversuch ergab 6,5 % Ausputz.
Abzugsberechtigt: 1,5 × 700 = 1050 kg.

Preis der Gerste = M. 150 per 1000 kg, daher

150 × 1,05 = M. 157,50

5. Das Hektolitergewicht mufs mit dem der Probe übereinstimmen.

6. Die Gerste darf in Übereinstimmung mit der Probe »Hitzigkeit« nicht aufweisen.

Die Erfüllung dieser Garantien wird durch

II. Die Kontrolle bei Anlieferung von Gersten

dadurch gewährleistet, dafs dem Betriebslaboratorium von dem Eintreffen der Gersten seitens des Bureaus so rechtzeitig Anzeige gemacht wird, dafs vor dem Löschen die Beurteilung auf Grund einer sorgfältig entnommenen Durchschnittsprobe erfolgen kann. Die Art der Probenentnahme richtet sich darnach, ob die Gerste per Bahn in Säcken oder per Schiff lose im Rumpf desselben angeliefert wird. Im ersteren Falle wird auf je 5000 kg ein Sack entnommen, der Inhalt dieser Säcke entleert und gehörig gemischt; von diesem Gemisch erfolgt die Entnahme einer guten Durchschnittsprobe von mindestens $2\frac{1}{2}$ kg. Bei Schiffsladungen wird zur Probenentnahme der in Fig. 24 und 25 abgebildete Getreidestecher verwendet.

Durch ihn werden den untersten und den mittleren Partien der im Schiffsrumpf lagernden Gerste Einzelproben entnommen, welche mit denen der oberen Schichten zu einer Gesamtprobe vermischt werden. Aus dieser wird eine gute Durchschnittsprobe von mindestens $2\frac{1}{2}$ kg zusammengestellt.

Der Getreidestecher besteht aus dem 300 mm langen, an der Spitze geschlossenen, in der Öffnung 72 mm im Durchmesser zeigenden Konus *C*. Derselbe ist durch eine von einer Feder gehaltenen Klappe *K* dicht verschlossen. Bei dem Einstechen in einen Getreidehaufen bleibt die Klappe geschlossen; bei dem Herausziehen aus demselben wird sie durch Nachgeben der Feder *F* gehoben, so dafs der Konus sich mit Gerste derjenigen Partie füllt, bis zu der der Getreidestecher gesenkt war. Um das Einsenken bis in die nötige Tiefe zu bewerkstelligen, ist der Konus an einer $3^1/_2$–5 m langen Stange befestigt.

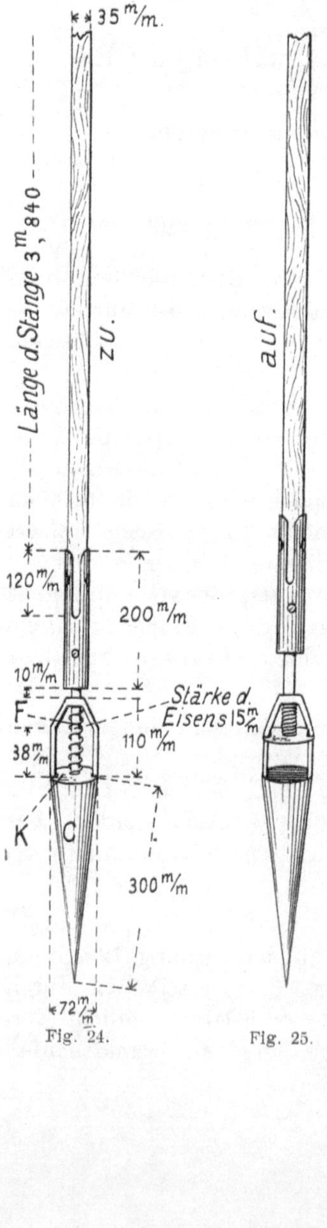

Fig. 24. Fig. 25.

Die Durchschnittsprobe der Lieferung wird denjenigen Bestimmungen unterworfen, welche nach Mafsgabe der von den Lieferanten geforderten Garantien auszuführen sind, um deren Innehaltung zu kontrollieren. Ergiebt sich die Übereinstimmung der Lieferung mit der Probe, so giebt das Betriebslaboratorium das Zeichen, dafs mit dem Löschen der Gerste begonnen werden kann. Da dieselbe in der vor dem Löschen zur Verfügung stehenden Zeit nicht erst hinsichtlich ihrer Keimfähigkeit und der ihr eventuell innewohnenden Hitzigkeit untersucht werden kann, so wird von jeder Lieferung sofort ein Probehaufen in der Praxis in Arbeit genommen.

Mit der exakten Durchführung des Probehaufens setzt

III. Die Kontrolle des Mälzereibetriebes in der Praxis

ein. Dieselbe zerfällt:

1. In eine von Zeit zu Zeit vorgenommene, welche darin besteht, dafs von jeder zur Verarbeitung gelangenden Gerste, zum mindesten aber von je 50000 kg ein Probehaufen durchgeführt wird. Hierdurch verschafft sich die Betriebsleitung in Ergänzung der vor dem Löschen vorgenommenen Untersuchung einmal die Gewifsheit, dafs die Gerste nach Probe geliefert ist, auf der anderen Seite erhält sie die für ihre Kalkulation und Rentabilitätsberechnung erforderlichen Unterlagen.

2. In die tägliche Kontrolle, welche sich mit der Überwachung der Arbeiten beschäftigt, welche eine rationelle Arbeitsweise und ein gutes Fabrikat gewährleisten. Hierher gehört in erster Linie die Kontrolle der Temperaturen auf der Tenne und in den Haufen; diese dürfen nicht höher steigen, als unbedingt notwendig ist, um in der durch den Tennenraum bedingten Anzahl von Tagen ein gutgelöstes Grünmalz zu erzielen; des weiteren gehört hierher die regelmäfsige Überwachung der Daten, welche einen eingehenden Rückschlufs auf die geschehene Handhabung der Darrarbeit zulassen.

1. Die Durchführung des Probehaufens.

Dieselbe hat von jeder zur Verarbeitung gelangenden Gerste, zum mindesten aber von je 50000 kg zu erfolgen. Zu diesem Zweck wird das zum

Einweichen notwendige Quantum in Säcken genau gewogen, nach dem Entleeren derselben in die Weiche das Gesamtsackgewicht festgestellt und das

Nettogewicht der eingeweichten Gerste notiert. Von dieser wird gleichzeitig eine Wasserbestimmung (S. 15 ff.) ausgeführt; nach dem Einweichen wird die Temperatur des Weichwassers gemessen; diese Temperaturfeststellung des Weichwassers hat neben der des Weichraumes und der Notierung der Zeit des Wasserwechsels jedesmal vor und nach dem Wechseln des Weichwassers zu geschehen.

Die Schwimmgerste wird vorsichtig abgehoben, auf einem luftigen Boden getrocknet und gewogen; gleich nach dem Wägen erfolgt die Feststellung ihres Wassergehaltes. Es wird bei dieser Gelegenheit darauf hingewiesen, dafs sowohl bei den Mälzungsversuchen in der Praxis, als auch bei denen im Laboratorium die Wasserbestimmung in den Gersten, Schwimmgersten, Malzen und Keimen stets sofort vorgenommen werden mufs, nachdem dieselben gewogen sind. Bei dem

Ausweichen wird der Weichgrad in der auf S. 32 beschriebenen Weise festgestellt; zu diesem Zweck ist das mit Gerste beschickte Kontrollgefäfs bei Beginn des Weichens mit in die Weiche eingeführt. Um das Herausheben desselben jederzeit zu ermöglichen, ist dasselbe an einer über den Rand der Weiche hinausragenden Schnur befestigt; während des Wachstums der ausgeweichten Gerste wird vor und nach dem Wenden, dessen Zeit jedesmal notiert wird, die Temperatur im Haufen gemessen; zu gleicher Zeit geschieht das Ablesen der Tennenlufttemperatur.

Nach beendeter Keimung wird das Grünmalz in Säcke gefafst und gewogen; nach Entleerung derselben auf die Schwelke wird das Gesamtsackgewicht ermittelt und auf diese Weise das Nettogewicht des Grünmalzes, welches auf lufttrockene Gerste prozentual umgerechnet wird, erhalten.

Bei dem Abräumen von der oberen Horde auf die untere wird der Wassergehalt im Malze bestimmt; zu diesem Zweck wird in einem gut getrockneten, fest verschliefsbaren, nicht zu kleinen Glase eine Durchschnittsprobe im Moment des Abräumens genommen und das Glas gut verschlossen. Von diesem Malze werden in einer Nickelwägeschale 3—5 g genau gewogen und im Soxleth'schen Trockenschrank eine Stunde lang bei 105° C. getrocknet (S. 16). Nach dem Trocknen und Erkaltenlassen im Exsiccator wird die Gewichtsabnahme festgestellt; in dem getrockneten Malze wird das Wasser (S. 15 ff.) bestimmt. Aus dem hierbei erhaltenen Resultat ergiebt sich der Wassergehalt des von der oberen Horde abgeräumten Malzes nach folgender Berechnung. Diese Bestimmung erfolgt in zwei Ausführungen:

Beispiel: Gerste Nr. 4. Provenienz: dänische Inselgerste, Raben.

	Bestimmung I	Bestimmung II
Wägeschale mit Malz der oberen Horde:	67,2225	65,0250
Tara der Schale:	64,0269	61,9660
Gewicht des angewendeten Malzes:	3,1956	3,0590
Nach dem Trocknen:		
Wägeschale mit Malz:	66,9710	64,7790
Tara der Schale:	64,0269	61,9660
Gewicht des getrockneten Malzes:	2,9441	2,8130
Gewichtsabnahme:	3,1956–2,9441 = 0,2515;	3,0590–2,8130 = 0,246

$3,1956 : 0,2515 = 100 : x \quad 3,0590 : 0,246 = 100 : x$

$x = 7,87 \quad x = 8,04$

Im Durchschnitt $x = 7,95$ %

Wassergehalt des getrockneten Malzes: 4,99 %. Diees 4,99 % Wasser sind enthalten in 100 Teilen getrockneten Malzes; 100 Teile getrocknetes Malz entsprechen (100 —7,95) = 92,05 Teilen des Malzes der oberen Horde. 100 Teile des Malzes der oberen Horde enthalten also aufser den bereits gefundenen 7,95 % Wasser noch $\frac{4{,}99 \times 92{,}05}{100} = 4{,}59\,\%$ Wasser, im ganzen also $4{,}59 + 7{,}95 = \underline{\underline{12{,}54\,\%\ \text{Wasser}}}$.

Zur Kontrolle der Temperatursteigerung bei der Darrarbeit dient einmal ein die Temperaturen automatisch aufzeichnendes Thermometer, dessen Ende sich in der Luft der unteren Horde befindet und welches auf einem für die ganze Woche eingerichteten Papierstreifen die Lufttemperaturen der unteren Horde registriert (Fig. 26).

Ferner befindet sich ein Thermometer, welches auf einem nur für 24 Stunden eingerichteten Diagrammstreifen selbstthätig die Temperaturen vermerkt, unmittelbar unter dem Hordenblech. Auf dem für dieses Thermometer bestimmten Streifen werden die die gewünschte Art der Temperatursteigerung anzeigenden Kurven als Richtschnur für die Darrarbeiter mit Bleistift vorgezeichnet. Auf dem Streifen werden ferner Datum, Zeit, die Namen der Darrarbeiter und das Resultat der »Durchleuchtungsprobe« mit roter Tinte vermerkt (Fig. 27).

Diese Durchleuchtungsprobe wird nach dem Abräumen der unteren Horde an dem fertigen Darrmalze mit dem in Fig. 28 abgebildeten Apparat (Vogel'sches Diaphanoskop) vorgenommen. Derselbe besteht aus einem viereckigen, schwarzen Blechkasten, in dessen Innern sich eine Glühlampe befindet. Das Licht derselben wird vermittelst eines Spiegels nach oben reflektiert, so dafs es in seiner vollen Stärke eine dem Apparat aufgelegte, mit 100 Schlitzen versehene Metall-

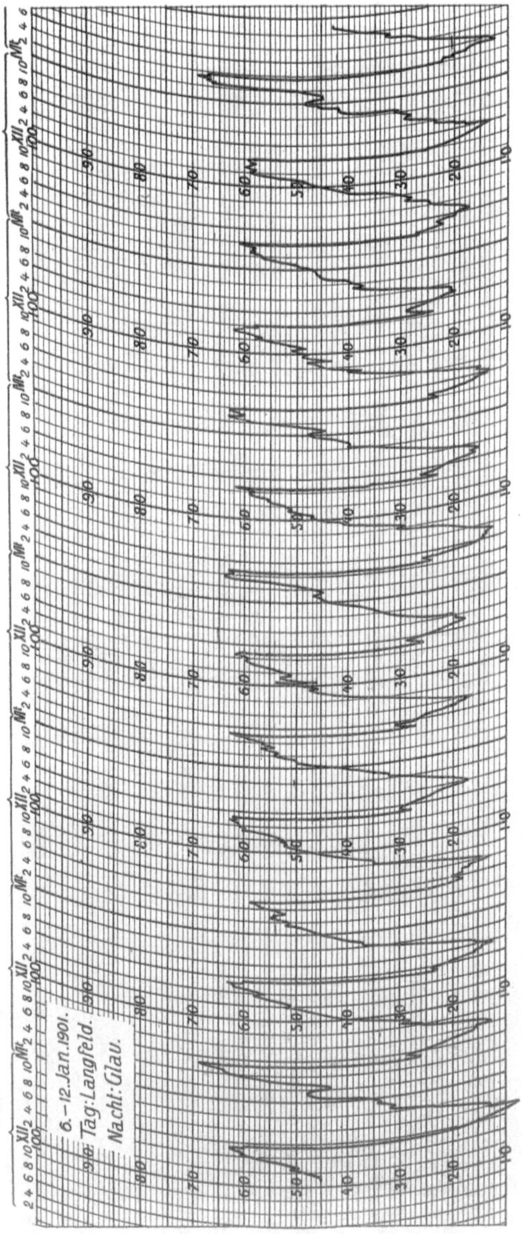

Fig. 26.

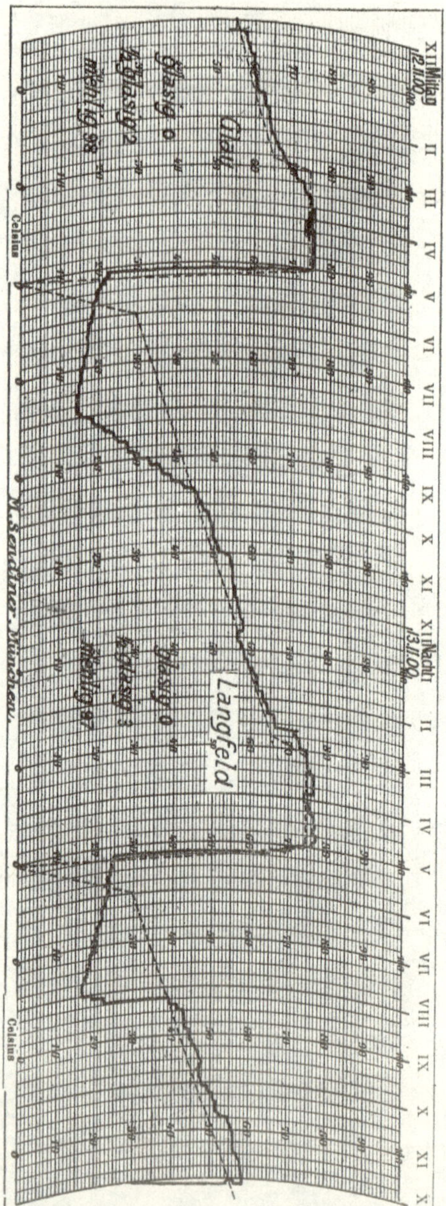

Langfeld
glasig 0
½ glasig 3
mehlig 97
glasig 0
½ glasig 2
mehlig 98
12.II.00
13.II.00
Celsius

Fig. 27.

platte trifft. Die Platte wird zur Vornahme der Durchleuchtungsprobe mit 100 Körnern des zu prüfenden Malzes beschickt. Dabei erscheinen glasige Körner oder glasige Spitzen transparent. Die Probe geschieht in drei Ausführungen, von denen das Mittel genommen wird; das erhaltene Resultat läſst im Verein mit den von den

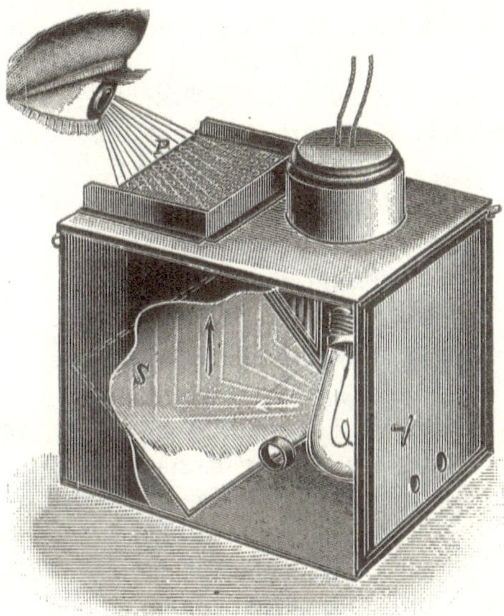

Fig. 28.

Kontrollthermometern gelieferten Diagrammen einen Rückschluſs auf die geleistete Arbeit zu. Hierbei gilt als Norm, daſs bei einer sachgemäſsen und gewissenhaften Arbeitsweise mindestens 90% mehlige Körner resultieren. Braune oder verbrannte Körner, welche nach der auf S. 7 ausgeführten Schnittprobe nachgewiesen werden, dürfen in einer 2% übersteigenden Anzahl nicht vorhanden sein.

Die Menge der Kohle, welche zur Fertigstellung eines Probehaufens Verwendung findet, wird in der Weise bestimmt, daſs dem Darrarbeiter die Kohlen vorgewogen und etwa verbleibende Reste beim Abräumen des Malzes von der unteren Horde zurückgewogen werden; nebenbei werden die Art der Witterung, der Barometerstand und die Aufsentemperatur notiert. Der Kohlenverbrauch wird auf 50 kg Darrmalz mit 5 % Wasser und auf 50 kg Malztrockensubstanz umgerechnet.

Beispiel. Gerste Nr. 4. Provenienz: dänische Inseln, Raben.
Art der Witterung: neblig. Windstärke: 3,77 m p. Sekunde.
Barometerstand: 772,1 mm. Aufsentemperatur: 3,90° C.
Abdarrtemperatur 75° C.

Menge der vorgewogenen	Kohle:	250 kg
» » zurückgewogenen	»	33 »
» » verfeuerten	»	217 kg.

Erzeugt wurden 1347,9 kg Malz mit 3,27 % Wasser
= 1372,45 kg Malz mit 5 % Wasser
= 1303,83 kg Malztrockensubstanz.

Pro 50 kg Malz mit 3,27 % Wasser wurden verbraucht
= 8,124 kg Kohlen,
pro 50 kg Malz mit 5 % Wasser wurden verbraucht
= 7,905 kg Kohlen,
pro 50 kg Malztrockensubstanz wurden verbraucht
= 8,30 kg Kohlen.

Nach dem Abräumen der unteren Horde

werden die Keime aus der Sau, welche vor dem Auftragen des Probehaufens von den alten Keimen sorgfältig befreit ist, in Säcken gesammelt; ihnen werden später die beim Putzen des Malzes sich ergebenden Keime zugemischt, um zusammen verwogen zu werden. In einer sorgfältig entnommenen, guten Durchschnittsprobe wird das Wasser bestimmt.

Das Malz selbst wird für sich in Säcke geputzt und ebenfalls verwogen; auch hier folgt die Wasserbestimmung sofort der Wägung; die Analyse des gewonnenen Darrmalzes, der sich ein Gärversuch in der auf S. 36 beschriebenen Form anschliefst, vervollständigt die Durchführung des Probehaufens. Aus den hierbei gewonnenen Daten werden berechnet:

a) die Ausbeute von lufttrockener Schwimmgerste aus lufttrockener Gerste und von Schwimmgerstentrockensubstanz auf Gerstentrockensubstanz,
b) die Ausbeute von Grünmalz aus lufttrockener Gerste,
c) die Ausbeute von lufttrockenem Malz mit 5% Wasser auf lufttrockene Gerste,
d) die Ausbeute von Malztrockensubstanz aus Gerstentrockensubstanz,
e) die Ausbeute von Extrakt auf Gerstentrockensubstanz,
f) die Ausbeute von lufttrockenen Keimen auf lufttrockene Gerste und von Malzkeimtrockensubstanz auf Gerstentrockensubstanz.

Für die Ausführung der Berechnungen sind die unter S. 37 u. 38 bei der »Probemälzung im kleinen« gegebenen Beispiele mafsgebend. Die gewonnenen Resultate werden in tabellarischer Anordnung nach nebenstehendem Beispiel (S. 52, 53) zusammengestellt.

Diese tabellarisch geordneten Daten stehen am Ende der Mälzerei-Kampagne von einer ganzen Reihe von Probehaufen zur Verfügung, da solche zum mindesten von je 50000 kg vermälzter Gerste ausgeführt werden. Von sämtlichen Haufen werden die Resultate zusammengestellt und aus ihnen die Durchschnittszahlen berechnet, welche, in eine Generaltabelle eingeordnet, den Geschäftskalkulationen eine sichere Grundlage gewähren.

Beispiel:

Generaltabelle einer Mälzerei-Kampagne.

Gekauft und vermälzt wurden: 440000 kg Gerste.

Die Probehaufen ergaben im Durchschnitt:

76,66% Malz mit 5% Wasser, berechnet auf lufttrockene Gerste.

Lfd. Nr. 6.

Bierbrauerei **A.**

Gerste . . . . Nr. 4.
Provenienz . . . . dänische Inseln.
Lieferant. . . . . Raben.
Preis pro 1000 kg franco Kiel . . M. 150.
Analyse siehe . . . . »Gersten-Analysen« Nr. 10

Haufenführung.

Datum	Zeit des Wendens	Temperatur vor dem Wenden	Temperatur nach dem Wenden	Temperatur der Tenne	Bemerkungen
Ausgeweicht:	Freitag, den 7. XII.	7 Uhr vorm.			
8. XII.	4—5 V	10°	9°	8,8°	
»	3—4 N	11	9,7	8,4	
»	5—6 V	14	12	8	
9. XII.	9—10 V	15,5	14,2	8	
»	3—6 N	16,5	14	8	
»	9—10 N	16,5	14	8	
10. XII.	4—5 V	16,0	14,2	8	
»	9—10 V	16,5	14	8	
»	3—4 N	16,5	13,9	9	
»	9—10 N	17,5	15,8	9	
11. XII.	4—5 V	17	16	9	
»	9—10 V	17	15,9	9	
»	3—5 N	17	16	9	
12. XII.	9—10 V	16,5	14,9	9	
13. XII.	9—10 V	16,5	15	9,8	

gezogen am 14. XII. 7 Uhr vorm.
Gewicht des Grünmalzes . . . . 2649,25 kg = 147,18%

Ausbeuten

(berechnet auf lufttrockene Gerste).

α) Schwimmgerste . . . . 17,2 kg = 0,95%
β) Grünmalz . . . . 2649,25 kg = 147,18%
γ) Lufttrockenes Malz mit 5% Wasser . . . . . . 1372,45 kg = 76,24%
δ) Lufttrockene Keime . . . . 79,45 kg = 4,41%

Malzanalyse.

Wassergehalt 3,77%	Verzuckerungsdauer . . . . 15 Min.
Extraktausbeute: lufttrockenes Malz 74,95%	Hektolitergewicht . . . . 53,5 kg
Extraktausbeute: Malztrockensubstanz 77,88%	1000-Körnergewicht . . . . 32,89 g
Maltose im Extrakt 59,63%	Durchleuchtungsprobe: glasig . . . . — %
Maltose zu Nichtmaltose . . . . 1 : 0,67	Durchleuchtungsprobe: $^1/_2$ glasig . . . . . . 4,7 %
Geruch der Maische . . . . . . aromatisch	Durchleuchtungsprobe: mehlig . . . . 95,3 %
Ablauf der Würze . . . . . . schnell und blank	Schnittprobe: braun . . . . — %
Farbentiefe $\frac{N}{100}$ Jodlösung 3,66	Schnittprobe: verbrannt . . . . — %

	0	unter $^1/_2$	$^1/_2$	$^2/_3$	$^3/_4$	$^1/_1$	über $^1/_1$
Blattkeimentwickelung	0	0	9	15	18	44	3

Koh

Gefeuertes Quantum . . . .
oder per 50 kg lufttrockenes Malz mit 5% Wasser
oder per 50 kg Malztrockensubstanz . . . .

Schifterer Kiel.

Eingeweichtes Quantum . . .	1800 kg, mit 16,6% Wasser.
Schwimmgerste	17,2 kg, mit 26,4% Wasser.
Weichdauer (in Stunden) . . .	84
Weichgrad	51,15%
Durchschnittstemperatur des Weichwassers .	10,0° C.

Darrordnung.

Datum und Zeit	Lufttemperatur der oberen Horde	Lufttemperatur der unteren Horde	Temperatur im Malz der unt. Horde	Temperatur im Malz der ob. Horde	Art der Witterung
15. XII. 5 h V	15 ° C.	21 ° C.	41 ° C.	15,5 ° C.	nebelig
7	17,5	14	34	18	
9	21,2	46	66	23	
10	23	49	69	23	
12 Mitt	25	55	75	25	
2 N.	27	65	85	28	
3[15]	29,5	74	94	33	
4	32	75	95	41	
5	39	75	95	55	

Gewicht der verfeuerten Kohle . . . . . . 217 kg.
Gewicht des geputzten Darrmalzes . . . . . 1347,9 kg, mit 3,27% Wasser.
Gewicht der Malzkeime. . . . . 79,45 kg, mit 3,96% Wasser.

Ausbeuten

(berechnet auf Gerstentrockensubstanz).

α) Schwimmgerstentrockensubstanz	12,65 kg	= 0,84%
β) Malztrockensubstanz	1305,85 kg	= 86,98%
γ) Keimtrockensubstanz	76,31 kg	= 5,08%
δ) Extrakt	1017,035 kg	= 67,74%

Gärversuch.

Saccharometeranzeige d. Anstellwürze	8,5%	Alkoholgehalt	2,33%
» » vergor. Würze	2,7%	Maltose im Extrakt	68,21%
Scheinbarer Vergärungsgrad	67,9%	Maltose zu Nichtmaltose	1:0,46%
Wirklicher »	55,0%		

Preise.

1. 1000 kg lufttrockene Gerste franco Kiel kosten . . . . M. 150,—
2. 1000 kg Gerstentrockensubstanz franco Kiel kosten . . . . M. 179,85
3. 1000 kg lufttrockenes Malz mit 5% Wasser franco Kiel kosten . . . . . M. 196,74
4. 1000 kg Malztrockensubstanz franco Kiel kosten . . . . M. 206,76
5. 1000 kg Extrakt franco Kiel kosten . . . . M. 266,54

len.

. . . . 217,00 kg
. . . . 7,913 kg
. . . . 8,30 kg.

86,99 % Malztrockensubstanz, berechnet auf Gerstentrockensubstanz.

67,65 % Extrakt, berechnet auf Gerstentrockensubstanz.

Die Probehaufen ergaben im Durchschnitt einen Kohlenverbrauch:

von 8,088 kg pro 50 kg Malz mit 5 % Wasser,
» 8,51 » » 50 » Malztrockensubstanz.

Hiernach ergibt sich der Gesamtkohlenverbrauch beim Darren nach folgender Rechnung:

$100 : 76,66 = 440\,000 : x$

$x = 337\,304$ kg erzeugtes Malz mit 5 % Wasser

$50 : 8,088 = 337\,304 : x$

$x = 54\,562,29$ kg verbrauchte Kohle.

2. Die tägliche Kontrolle des Mälzereibetriebes

beschränkt sich auf folgende Datenfeststellungen, welche nach den auf S. 43 ff. beschriebenen Methoden vorgenommen werden:

a) Von jedem Haufen wird vor dem Wenden unter gleichzeitiger Feststellung der Tennentemperatur der Wärmegrad gemessen.

b) Nach dem Abräumen der unteren Horde wird an jeder Darre zur Feststellung der prozentualen Zusammensetzung aus glasigen, halbglasigen und mehligen Körnern die Durchleuchtungsprobe vorgenommen. Die hierbei erhaltenen Zahlen werden auf das Darrdiagramm des Thermometers, welches unter der oberen Horde liegt, zusammen mit den Namen der Darrarbeiter aufgetragen. Das Auswechseln des Diagrammstreifens, auf dem die Kurven der Temperatursteigerung mit Bleistift vorgezeichnet sind, mufs täglich zur festgesetzten Stunde erfolgen. Der Papierstreifen des Thermometers, welches die Lufttemperatur in der unteren Horde registriert, wird einmal wöchentlich am festgesetzten Tage erneuert.

c) Vor dem Abräumen von der oberen Horde erfolgt einmal wöchentlich die Feststellung des Wassergehaltes, mit dem das Malz auf die untere Horde gelangt. (S. 45.)

d) Der Verbrauch an Kohle wird in der auf S. 50 angegebenen Weise allwöchentlich einmal festgestellt. Hieraus wird am Ende der Mälzereikampagne in Ergänzung der bei den Probehaufen erhaltenen Resultate der Gesamtkohlenverbrauch berechnet.

Die auf diese Weise geübte Kontrolle des Mälzereibetriebes gestattet unter Benutzung der bei den Probehaufen gesammelten Resultate und Erfahrungen die Sicherung einer rationellen und ein gutes Malz liefernden Arbeitsweise.

Dabei kann es von Wert sein,

3. den Feuchtigkeitsgehalt der Luft

in den einzelnen Mälzereistationen und sein Verhältnis zu dem der Aufsenluft zu kennen. (Gerstenboden, Malzboden, Tennen, obere Horde, untere Horde[1]).

Beispiel[2]):

Dasselbe ist der unten citierten Arbeit entnommen und zeigt, in welcher Weise das Öffnen der Fenster auf den Gerstenböden und das Umstechen der Gerste mit dem Feuchtigkeitsgehalt der Luft zusammenhängt:

»Am 10. März zeigte im Speicher das trockene Thermometer 7,8⁰ C., das feuchte 6,0⁰ C. Wir finden den Feuchtigkeitsgehalt mit Hilfe der Dampfspannungstabelle I

$$f = f' - 0{,}6\ (7{,}8 - 6) = 6{,}97 - (0{,}6 \times 1{,}8)$$
$$= 6{,}97 - 1{,}08 = 5{,}89 \text{ mm}.$$

[1]) Auch auf dem Hopfenboden ist eine Feuchtigkeitsbestimmung von Interesse. — [2]) Nähere Ausführungen hierüber siehe: Blätter für Gersten-, Hopfen- und Kartoffelbau 1901 S. 85 ff. — Hoffmann, Beobachtungen im Versuchskornhause. — [3]) C. Jelinek, Psychrometertafeln für das hundertteilige Thermometer nach H. Wild's Tafeln. — [4]) Für diese und die folgende Berechnung siehe Seite 60.

Ferner erhalten wir relative Feuchtigkeit

$$= \frac{\text{gefundene Feuchtigkeit}}{\text{höchst mögl. Feuchtigkeit}} = \frac{5,9}{7,9} = \frac{75}{100} = 75\,\%,$$

weil nach der Dampfspannungstabelle I bei einer Temperatur von 7,8° die Dampfspannung nicht höher als 7,88 mm oder rund 7,9 mm sein kann.

Wir hatten demnach im Speicher eine Luft von 5,9 mm Feuchtigkeitsdruck und 75 % Feuchtigkeitsgehalt.

Im Freien zeigte an demselben Tage das trockene Thermometer eine Temperatur von 15,1° C. und das feuchte eine solche von 10,6° C. an.

Die Tabelle I ergiebt für diese beiden Temperaturen die Höchstspannungen 12,76 mm bezw. 9,51 mm.

Wir haben demnach

$$f = f' - 0,6\,(t_1 - t_2) = 9,51 - (0,6 \times 4,5)$$
$$= 9,51 - 2,70 = \text{rund } 6,8 \text{ mm}$$

und relative Feuchtigkeit $= \frac{6,8}{12,76} = \frac{53}{100} = 53\,\%$.

Während also die Innenluft einen Dampfdruck von 5,9 mm aufwies, hatte die Aufsenluft einen solchen von 6,8 mm, letztere enthielt folglich mehr Wasserdampf. Aus diesem Grunde durften die Fenster des Speichers nicht geöffnet werden.

Bei diesem Beispiele bemerken wir noch die interessante Thatsache, dafs der verhältnismäfsige Feuchtigkeitsgehalt im Speicher um 22 % höher war als aufsen, aber trotzdem mufste die Aufsenluft vom Speicher ferngehalten werden.

Noch bedenklicher liegen die Verhältnisse im heifsen Sommer, wo die Aufsenluft mitunter doppelt so viel Feuchtigkeit hat als zu derselben Zeit die Speicherluft. Dann mufs die Aufsenluft sehr sorgfältig abgeschlossen und das Getreide im Speicher darf nicht umgearbeitet werden. Dagegen wird man kalter Luft den Zutritt meist gestatten können. Es ist aber auf alle Fälle gut, sich durch Anwendung des Feuchtigkeitsmessers davon zu überzeugen, ob die Aufsenluft oder die Innenluft feuchter ist, um danach seine Mafsregeln treffen zu können.«

Soweit das Hoffmann'sche Beispiel.

Die Ausführung der

Feuchtigkeitsbestimmung geschieht vermittelst des Psychrometers von August (Figur 29) in seiner Modifikation als Schleuder-Psychrometer. Um eine bequemere und der Windgeschwindigkeit von 1 m möglichst gleichmäfsig angepafste Handhabung zu ermöglichen, hat Halder[1]) folgende Umkonstruktion vorgenommen: (Figur 29.)

Die senkrechte Achse *A* ist von einer Hülse *H* umgeben; an derselben sind die beiden in $^1/_{10}{}^0$ C. geteilten Thermometer zweckentsprechend und sicher befestigt. Das Quecksilbergefäfs des einen Thermometers ist mit Musselin umwickelt, welches bei Ausführung der Bestimmung mit Wasser zu befeuchten ist. Am unteren Teile der Achse *A* befinden sich die Rollen *R*, *R,*, über welche eine feine, an beiden Enden mit Ösen versehene Schnur läuft; dieselbe ist einmal um die Hülse *H* geschlungen. An beiden Enden der Schnur befindet sich ein Gewicht, von denen das eine schwerer ist, und deren Verhältnis zu einander und zur Länge der Schnur so gewählt ist, dafs beim Sinken des schwereren Gewichtes und der dadurch herbeigeführten rotierenden Bewegung der Thermometer die letztere eine Geschwindigkeit der Quecksilbergefäfse erhalten, welche einer Windgeschwindigkeit von 1 m entspricht, und $1^1/_2$ bis 2 Minuten in der drehenden Bewegung gehalten werden. Durch einen an der Spitze des ganzen Apparates angebrachten Haken wird das Instrument in dem Raum aufgehängt, dessen Feuchtigkeit bestimmt werden soll; das Gewicht *G* ist

---

[1]) Volontair des Betriebslaboratoriums.

dazu bestimmt, dem Apparat während des Versuches Stabilität und Ruhe zu erteilen. An den beiden Seiten

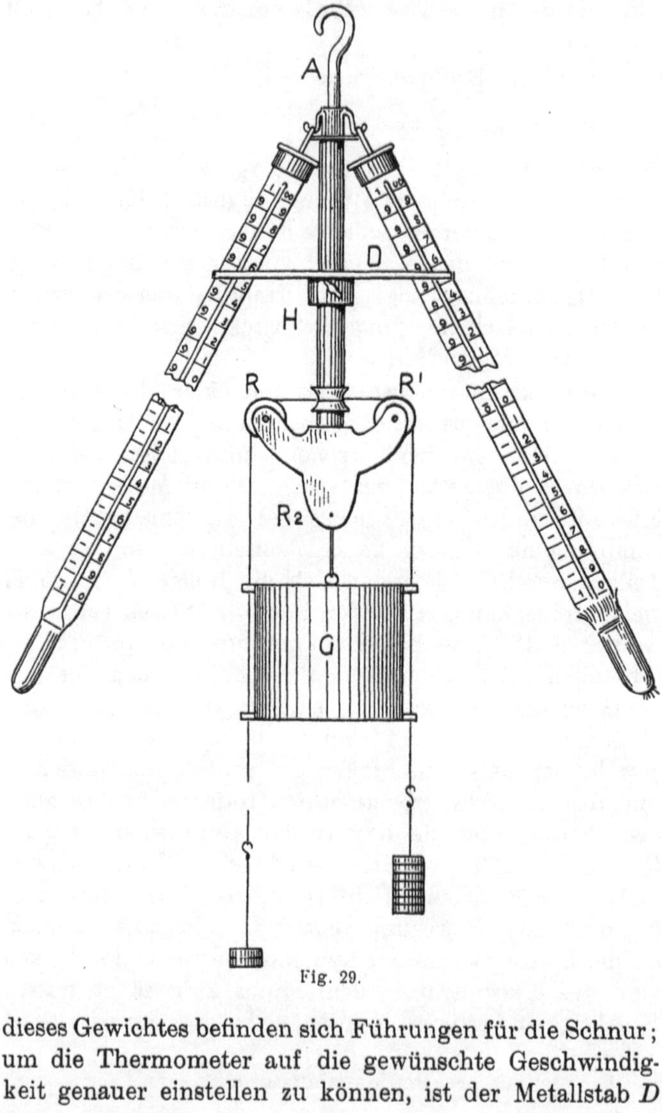

Fig. 29.

dieses Gewichtes befinden sich Führungen für die Schnur; um die Thermometer auf die gewünschte Geschwindigkeit genauer einstellen zu können, ist der Metallstab *D* nach oben oder unten verstellbar; hierdurch kann der Durchmesser des Kreises, welchen die Thermometerenden beschreiben, verändert werden. Wie grofs dieser Durchmesser sein mufs, wird durch die folgende Formel berechnet:

$$d^m = \frac{60}{\pi n.}$$

Hierbei ist d^m der gesuchte Durchmesser, ausgedrückt in Metern, n die Anzahl der Umdrehungen, welche die Hülse H in der Minute macht und $\pi = 3{,}14$. Macht z. B. H 32 Umdrehungen in der Minute, so ist

$$d^m = \frac{60}{3{,}14 \times 32} = 0{,}5971 \text{ m.}$$

Bei der Zusammenstellung des Apparates sind nach Hoffmann folgende Punkte genau zu beachten:

1. Die Thermometer müssen unter gleichen Bedingungen genau gleiche Temperaturgrade angeben.
2. Das Musselin ist vor seiner Verwendung in Wasser auszukochen und mufs dem Thermometer gut anliegen.
3. Das Musselin darf in höchstens zwei Lagen umgewickelt werden.
4. Sobald das Musselin stark mit Staub verunreinigt ist, mufs es erneuert werden.
5. Die Quecksilbergefäfse dürfen beim Ablesen der Temperaturen selbstverständlich mit den Händen nicht berührt werden.
6. Der Einflufs des menschlichen Körpers auf die Thermometer ist nach Möglichkeit auszuschalten; der Einflufs des Atmens z. B. ist dadurch aufzuheben, dafs eine Glasplatte zwischen Gesicht und Thermometer geschoben wird.

Die Temperaturen, welche das trockene und feuchte Thermometer anzeigen, nachdem der Apparat $1^1/_2$ bis 2 Minuten in rotierender Bewegung gehalten ist, gestatten unter Benutzung der Jelinek'schen Tabellen[1]) die Ermittelung des Feuchtigkeitsgehaltes der Luft des Raumes, in dem der Versuch vorgenommen wird. Hierzu dient folgende Formel:

$f = f' - 0{,}6\ (t_1 - t_2)$, wobei f den Feuchtigkeitsgehalt der Luft in mm Quecksilberhöhe,

f_1 den Feuchtigkeitsgehalt, welcher bei der am feuchten Thermometer beobachteten Temperatur im höchsten Fall vorhanden sein kann,

t_1 die Temperatur des trockenen Thermometers und t_2 die Temperatur des feuchten Thermometers angiebt. Der Wert für f_1 wird der Tabelle I[1]) entnommen.

Die für f auf diese Weise gefundene Zahl ergiebt ziemlich genau die Menge des in einem Kubikmeter Luft enthaltenen Wasserdampfes.

Um die relative Feuchtigkeit zu berechnen, wird die gefundene Feuchtigkeit f durch die bei der Temperatur des trockenen Thermometers höchst möglichen Feuchtigkeit dividiert; die letztere ist ebenfalls der Tabelle I der Jelinek'schen Psychrometer-Tafeln zu entnehmen. Um die relative Feuchtigkeit prozentual auszudrücken, wird das Verhältnis von f zur höchst möglichen Feuchtigkeit mit 100 multipliziert.

Den Jelinek'schen Psychrometer-Tafeln ist aus der Tabelle II die absolute und relative Feuchtigkeit direkt zu entnehmen.

Beispiele für die Ermittelung des Feuchtigkeitsgehaltes der Luft an verschiedenen Stationen der Mälzerei und die daraus zu ziehenden Schlüsse:

Am 11. April 1901 zeigte das trockene Thermometer im Freien $t_1 = 8{,}9^0$ C., das feuchte Thermometer $t_2 = 7{,}2^0$ C.

---

[1]) C. Jelinek, Psychrometer-Tafeln für das hundertteilige Thermometer nach H. Wild's Tafeln.

Der Druck gesättigten Wasserdampfs in mm beträgt bei 7,2 ° C. 7,57 mm.

$f = 7{,}57 - 0{,}6\ (8{,}9 - 7{,}2) = 6{,}55$ mm nach Tabelle I.

Nach derselben Tabelle beträgt die Höchstspannung bei 8,9 ° C. = 8,49 mm.

Die relative Feuchtigkeit beträgt also:

$$\frac{6{,}55}{8{,}49} \times 100 = 77{,}1\,\%.$$

An demselben Tage zur selben Zeit zeigte auf der unteren Darrhorde das trockene Thermometer 80° C., das feuchte 32,3 ° C. Es beträgt $f = 35{,}92 - 0{,}6\ (80 - 32{,}3) = 7{,}30$ mm.

Höchstspannung bei 80° C. = 354,9 mm.

Relative Feuchtigkeit $\frac{7{,}30}{354{,}9} \times 100 = 2{,}05\,\%$.

Der Feuchtigkeitsgehalt auf der unteren Darrhorde ist also sehr gering in Übereinstimmung mit der Thatsache, daſs das Malz vollständig getrocknet und gedarrt war.

Auf der oberen Horde zeigte das trockene Thermometer 38,3 ° C., das feuchte 30,1 ° C.

Auf der Tabelle II direkt abgelesen ergiebt sich

$$f = 26{,}6$$

die relative Feuchtigkeit zu 53 %.

Hieraus ist ersichtlich, daſs die Luft nur ungefähr zur Hälfte mit Feuchtigkeit gesättigt war; mit Rücksicht auf bessere Ausnutzung des Brennmaterials ist der Luftüberschuſs zu beschränken, d. h. die Züge sind mehr zu schlieſsen.

C. Die Kaufmalz-Kontrolle.

I. Die Auswahl und der Einkauf von Malz.

Die Lieferanten sind gehalten, Proben von mindestens 500 g in gut verschlossenen Blechbüchsen oder Glasgefäfsen vorzulegen unter genauer Angabe der Gerstenprovenienz, der Keimdauer, der Darrdauer und der Abdarrtemperatur.

Die Malzproben werden zunächst einer Vorprüfung unterzogen. Dieselbe erstreckt sich darauf, ob mechanische Verunreinigungen in bemerkenswertem Mafse sich vorfinden, ob Schimmel im Malz vorhanden ist und ob dasselbe Vollkörnigkeit und Gleichmäfsigkeit im Korn aufweist. Der Geruch und der Geschmack des Malzes müssen rein sein, namentlich darf sich der letztere nicht bitter, säuerlich oder zu roh präsentieren. Der Geschmack giebt ferner einen gewissen Anhaltspunkt dafür, ob das betreffende Malz einigermafsen dem Biercharakter entspricht, dessen Erzeugung beabsichtigt ist.

Diejenigen Proben, bei denen das Ergebnis der Vorprüfung sich günstig gestaltet, werden der

Malzanalyse

unterworfen. Bei derselben handelt es sich um die Feststellung:

1. des Hektolitergewichtes,
2. des 1000. Körnergewichtes,

3. der Keimprobe,
4. der Durchleuchtungsprobe,
5. der Schnittprobe,
6. der Blattkeimentwicklung,
7. der Wasserbestimmung,
8. des Maischversuches und zwar der Verzuckerungsdauer, des Geruches der Maische, des Ablaufs der Würze, der Extraktausbeute auf lufttrockenes Malz und Malztrockensubstanz, der Maltose im Extrakt und des Verhältnisses von Maltose zu Nichtmaltose, der Farbentiefe der Würze und des Gärversuches mit der gewonnenen Würze.

1. Die Bestimmung des Hektolitergewichtes

erfolgt in derselben Weise wie bei der Gerste (S. 12) und bildet bei der Beurteilung der Malzqualität ein gewichtiges Moment; ein 54—55 kg übersteigendes Gewicht weist in vielen Fällen auf eine zu Bedenken Veranlassung gebende Verarbeitung der Gerste im Mälzungsprozesse hin, so dafs, um allen Unannehmlichkeiten bei der späteren Verarbeitung von Malz aus dem Wege zu gehen, Malze mit einem Hektolitergewicht von über 54,5 kg vom Ankauf ausgeschlossen sind.

In demselben Sinne dient

2. das Tausend-Körnergewicht

zur Beurteilung des Malzes. Sorgfältige Verarbeitung und daraus resultierende gute Auflösung der Gerste wirken erniedrigend; ein hohes Tausend-Körnergewicht mahnt zur Vorsicht. Die Ausführung dieser Bestimmung geschieht in der Weise, dafs mit dem Kickelhayn'schen Apparat (S. 19) zehnmal 500 Körner abgezählt und diese in einem tarierten Becherglase gewogen werden. Das erhaltene Malzgewicht wird durch 5 dividiert, das Resultat präsentiert das Tausend-Körnergewicht des Malzes:

Beispiel:
Gewicht d. Becherglases m. 10×500 Malzkörnern = 226,56 g
Tara des Becherglases . . . . = 62,10 »
Gewicht des Malzes . . . . = 164,46 g
164,46 : 5 = 32,89 als Tausend-Körnergewicht.

3. Die Keimprobe

wird vorgenommen, um etwa im Malze vorhandene, nicht gekeimte Gerstenkörner aufzufinden. Zu diesem Zwecke werden 1000 Körner mit dem Kickelhayn'schen Zählapparat abgezählt und mit demselben eine Platte im Aubry'schen Keimapparat beschickt (S. 14). Die eventuell vorhandenen Gerstenkörner machen sich durch Auskeimen des Wurzelkeims bemerkbar. Werden mit dieser Probe positive Resultate erhalten, so ist Vorsicht angebracht.

4. Die Durchleuchtungsprobe

geschieht vermittelst des auf S. 49 beschriebenen Vogel'schen Apparates in der dort angegebenen Weise und giebt ein instruktives Bild von der inneren Beschaffenheit der Malzkörner. Vorgenommen wird diese Untersuchung in dem Raume, welcher im übrigen photographischen Zwecken dient, und sich deshalb völlig verdunkeln läſst. Aus drei Bestimmungen wird zur Erlangung eines guten Durchschnittsresultates das Mittel genommen:

Beispiel:

Beispiel	glasig	$^1/_2$ glasig	mehlig
	%	%	%
Bestimmung 1	0	5	95
» 2	0	5	95
» 3	0	4	96
Im Durchschnitt	0 : 3 = 0 %	14 : 3 = 4,7 %	286 : 3 = 95,3 %

Verlangt werden mindestens 90 % mehlige Körner. Ergänzt wird dieses Resultat durch

5. Die Schnittprobe,

welche es ermöglicht zu konstatieren, wieviel braune bezw. verbrannte Körner sich im Malze vorfinden; ihre Ausführung erfolgt mit dem S. 6 beschriebenen Farinatom in dreifacher Wiederholung. Mehr als 2 % braune bezw. verbrannte Körner dürfen im Malze nicht vorhanden sein.

6. Die Bestimmung der Blattkeimentwickelung

gestattet die Beurteilung der Tennenarbeit, der das vorliegende Malz seine Entstehung verdankt, und damit der Auflösung des Grünmalzes auf der Tenne.

Zur Ausführung dieser Bestimmung werden von 200 Malzkörnern die Rückenspelzen vorsichtig mit einem kleinen Messer losgelöst und an ihnen auf diese Weise der Blattkeim freigelegt. Jedes der so präparierten Malzkörner wird an einen in Millimeter geteilten, auf einem Streifen Papier aufgetragenen Mafsstab angelegt, an dem dann das Verhältnis der Keimlänge zur Kornlänge ziemlich genau abgelesen werden kann. Hierbei ist zu notieren:

Wieviele Körner eine Blattkeimentwickelung überhaupt nicht aufweisen,

bei wievielen der Keim nicht bis zur Hälfte	der Kornlänge
» » » » bis zur Hälfte	
» » » » » zu $^2/_3$	
» » » » » » $^3/_4$	
» » » » » » $^1/_1$	
und bei » » » über $^1/_1$	

entwickelt ist. Die bei den einzelnen Portionen erhaltenen Zahlen werden durch 2 dividiert und in folgendes Schema eingetragen:

0	unter 1/2	bis 1/2	bis 2/3	bis 3/4	bis 1/1	über 1/1
0 %	1 %	9 %	15 %	28 %	44 %	3 %

Die Blattkeime dürfen nicht zu schmal und müssen möglichst zahlreich bis und über 2/3 der Kornlänge entwickelt sein.

7. Die Wasserbestimmung[1]) im Malze

geschieht in der bei der Gerste auf S. 15 ff. angegebenen Weise. Der Wassergehalt eines Kaufmalzes darf 5 % nicht übersteigen. Bei höherem Wassergehalt liefert der Malzfabrikant einmal zu wenig Extraktbildner, auf der anderen Seite hat die Brauerei Brausteuer zu zahlen für Material, welches sich an der Extraktausbeute im Sudhaus nicht beteiligt.

Beispiel:

Gekauft werden jährlich: 500000 kg Malz zum Durchschnittspreise von M. 14 pro 50 kg.

Beträgt nun der Wassergehalt 6,8 % statt 5 %, so werden auf 50 kg Malz 0,9 kg zuviel Wasser oder bei 500000 kg Malz $= 0{,}9 \times 10000$
$= 9000$ kg zu viel Wasser geliefert.

Diese 9000 kg repräsentieren bei Bezahlung einen Wert von

$$\frac{9000}{50} \times 14 = \text{M. } 2520.$$

Des ferneren werden aber bei der Verarbeitung von 500000 kg Malz mit um 1,8 % zu hohem Wassergehalt für 9000 kg unnötige Brausteuer bezahlt. Die letztere beträgt M. 2 pro 50 kg Malz, bei 9000 kg also M. 360.

Der um 1,8 % höhere Wassergehalt verursacht also der Brauerei einen Schaden von

$$2520 + 360 = \underline{\text{M. } 2880}$$

[1]) Für den Wassergehalt ist eine Differenz von 0,25 % zulässig. (Vereinbarungen zur Malzuntersuchung vom III. int. Kongreſs für angewandte Chemie zu Wien 1898.)

Abgesehen von dem soeben illustrierten Einfluſs des Wassergehaltes, muſs derselbe auch berücksichtigt werden, um in Bezug auf die Qualität der zu erzeugenden Biere sicher zu gehen. Bei einem zu hohen Wassergehalt der zur Verwendung gelangenden Malze tritt eine intensivere Säurebildung und leicht ein harter oder Trebergeschmack auf. Wasserreichere Malze liefern in der Regel zuckerreichere Würzen, eine Thatsache, die leicht schwächere Nachgärungen und die hiermit verbundenen Übelstände im Gefolge hat.[1])

Auf Grund der Wasserbestimmung erfolgt die Berechnung des Preises für 1000 kg Malztrockensubstanz franko Kiel nach folgendem Beispiel:

1000 kg lufttrockenes Malz franko Kiel kosten M. 280.
Das Malz enthält pro 50 kg 3,4 kg Wasser
oder pro 1000 kg 68,0 kg Wasser.
Hiernach bestehen 1000 kg Malz aus
68 kg Wasser und 932 kg Malztrockensubstanz.
1000 kg Malztrockensubstanz kosten daher

$$\frac{280 \times 1000}{932} = \text{M. } 300{,}42.$$

8. Der Maischversuch.

Zunächst wird in dem Malze das Wasser bestimmt. (Seite 15 ff.) Alsdann werden auf der auf Seite 17 beschriebenen Mühle 150 g Malz fein geschroten und dieses Feinschrot auf der Märker'schen Mühle (Fig. 30) zu ganz feinem Mehl gemahlen. Das resultierende Mehl wird in ein absolut trockenes, gut verschlieſsbares Pulverglas gegeben und aus diesem die für den Maischversuch nötigen Quanten jedesmal entnommen. Die Märker'sche Mühle, welche auf einem hölzernen Bock ruht, besteht aus einer eisernen Schale mit gerippter Bodenplatte aus

---

[1]) Windisch, Hat der Wassergehalt des Malzes einen Einfluſs auf die Qualität der Biere? Wochenschrift für Brauerei, 1894.

Hartgufs; diese Schale wird durch einen Blechdeckel verschlossen, um während des Mahlens das Verstäuben der Substanz zu verhindern. Das Mahlen selbst wird dadurch bewirkt, dafs auf die Bodenplatte ein excentrischer, an seiner Grundplatte ebenfalls gerippter

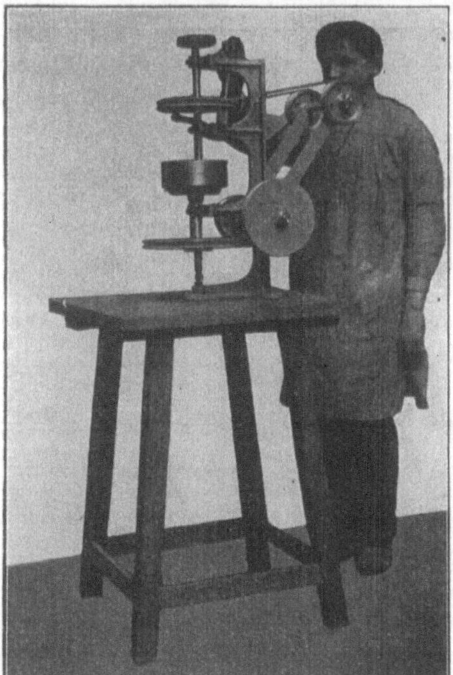

Fig. 30.

Läufer durch Bleigewichte aufgedrückt und durch eine an einem Übertragungssystem arbeitende Transmission in Rotation versetzt wird. Die durch einen kleinen Elektromotor angetriebene Mühle macht 120—150 Touren per Minute; das Mahlen der 150 g Malz nimmt ca. 15—20 Minuten in Anspruch.

Von dem Mehl werden ca. 3 g in eine Nickelwägeschale gegeben, die Menge desselben auf der analytischen

Wage genau gewogen und im Soxhlet'schen Trockenschrank der Wassergehalt bestimmt. (Seite 15 ff.) Diese Bestimmung erfolgt in zwei Ausführungen, aus denen das Mittel genommen wird.

Zur Ausführung des eigentlichen Maischversuches dient ein aus Kupferblech gearbeitetes, mit einem Einsatz versehenes Wasserbad von 17 cm Höhe, 45 cm Länge und 22 cm Breite, welches von vier, 22,5 cm hohen eisernen Füſsen getragen wird und in vier Öffnungen

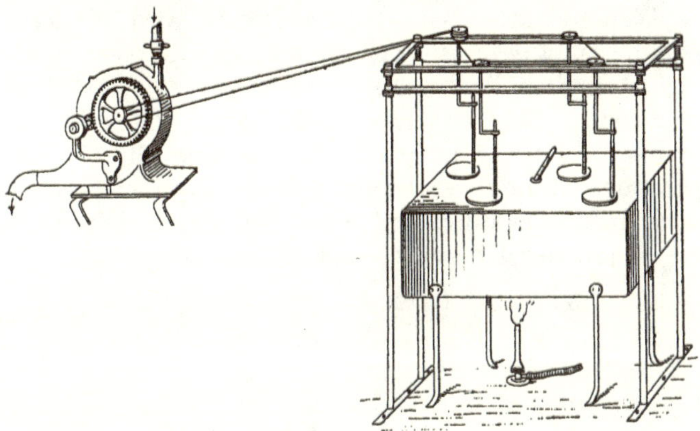

Fig. 31.

vier sogenannte Maischbecher von 660 ccm Inhalt zu fassen vermag. Oberhalb dieses Wasserbades befindet sich eine von einer kleinen Turbine getriebene Vorrichtung, in welche vier kleine Thermometer eingeklemmt werden, um einmal den Inhalt der Becher während des ganzen Maischprozesses gut umzurühren, und ferner, um an ihnen die jeweiligen Maischtemperaturen abzulesen. Die Temperatur des Wasserbades wird durch ein Thermometer, welches durch den Deckel des Wasserbades in dieses hineinreicht, festgestellt. (Fig. 31).

Für jede Malzanalyse werden zwei Maischbecher (Maischversuch I und Maischversuch II) mit je einem darin befindlichen kleinen Thermometer auf der Tarierwage gewogen. In jeden Becher werden alsdann 50,1 g[1]) des oben bereiteten Malzmehles gebracht und diese mit je 200 ccm vorher auf 45° C. vorgewärmten destillierten Wassers übergossen. Nach tüchtigem Umrühren werden die Becher mit Inhalt in das vorher ebenfalls auf 45° C. erwärmte Wasserbad gestellt; die Thermometer werden in die Rührvorrichtung eingeklemmt und mit ihnen das Maischgut während des ganzen Prozesses stetig umgerührt.

Während der ersten halben Stunde wird die Temperatur auf 45° C. belassen; darauf wird die Temperatur um 1° C. pro Minute solange gesteigert, bis 70° C. erreicht sind. Das Erwärmen geschieht mit einem Bunsenbrenner. Zur bequemeren Überwachung dieser Temperatursteigerung werden die Zeiten nebst den dazu gehörigen Temperaturen auf einen Zettel geschrieben und dieser mit der Uhr neben das Wasserbad gelegt.

Beispiel: 9 Uhr bis	9^{30}	Uhr	45° C.
	9^{35}	»	50° »
	9^{40}	»	55° »
	9^{45}	»	60° »
	9^{50}	»	65° »
9^{55} Uhr bis	10^{55}	»	70° »

Die Temperatur von 70° C. wird eine Stunde lang innegehalten. Während des Aufmaischens wird die Verzuckerung in der Weise beobachtet, dafs nach Erreichung der Temperatur von 70° C. von Zeit zu Zeit ein Tropfen der Maische auf einen Gipsblock gebracht und hierzu ein Tropfen Jodlösung[2]) gegeben wird. Tritt hierbei

---

[1]) Es sind 0,1 g mehr als 50 g zu nehmen, um von vornherein die Verluste auszugleichen, welche durch die Probenentnahme bei der Bestimmung der Verzuckerungsdauer (s. w. u.) entstehen.

[2]) Bereitung der Jodlösung: 12,7 g Jod und 25 g Jodkalium werden fein zerrieben und in der Kälte in Wasser gelöst. Diese Lösung wird in einen Normal-Mefskolben von

eine Färbung nicht mehr ein, so kann die Verzuckerung als beendet angesehen werden. Die Zeit, in welcher dieses seit Erreichung der Temperatur von 70° C. vor sich gegangen ist, wird als

Verzuckerungsdauer des Malzes notiert:

Beispiel: Die Temperatur von 70° C.
wurde erreicht um . . . 9^{55} h
die vollständige Verzuckerung ist eingetreten . . 10^{10} h
Verzuckerungsdauer . . . 15 Minuten.

Während des Maischprozesses ist ferner der Geruch der Maische zu beobachten und zu vermerken:

Beispiel: Geruch der Maische: schwach aromatisch
oder: rohfruchtartig etc.

Nachdem die Maischen in den Bechern unter beständigem Umrühren eine Stunde lang bei 70° C. gehalten sind, werden sie dem Wasserbade entnommen und zum Abkühlen auf ca. 17° C. in fliefsendes Wasser gestellt. Um dieses zu ermöglichen, ist an der einen Wand des Arbeitsraumes ein mit einem Einsatz versehener Blechkasten von 25 cm Höhe, 50 cm Länge und 25 cm Breite angebracht, in den von unten ein Zweigrohr der Wasserleitung als Zuleitungsrohr von frischem Wasser einmündet, während dieses durch ein oben seitlich angebrachtes Rohr wieder abfliefst.

Nach dem Abkühlen werden die Maischen in den gut abgetrockneten Bechern mit den Thermometern, welche vom Tarieren der Becher bis zu der später zu erwähnenden Filtration den Bechern nicht entnommen werden dürfen, auf die Tarierwage gebracht; auf dieser wird der Inhalt der Maischbecher mit destilliertem

---

1000 ccm Inhalt gegeben und in diesem bis zur Marke aufgefüllt. Diese Jodlösung ist eine $\frac{N}{10}$-Lösung, welche für den obigen Zweck mit dem 5-fachen Volumen Wasser zu verdünnen ist.

Wasser bis auf genau 450 g aufgefüllt. Diese Operation wird dadurch erleichtert, dafs zunächst 10 g zu wenig aufgelegt werden; sobald bis dahin aufgefüllt ist, wird das restierende Gewicht hinzugefügt und nun mit einer Spritzflasche der Rest des Wassers allmählich, zum Schlufs tropfenweise, hinzugefügt.

Ist trotzdem etwas zu viel Wasser gegeben, so ist das Übergewicht genau festzustellen und später bei der Berechnung entsprechend zu berücksichtigen.

Nachdem der Inhalt der Becher auf 450 g aufgewogen ist, wird derselbe mit den Thermometern gut umgerührt und durch je ein Faltenfilter in je einen vollständig trockenen Erlenmeyer-Kolben hineinfiltriert. Sobald ca. 100 ccm durchgelaufen sind, wird das Filtrat auf das Filter zurückgegeben, um dann die Filtration ungestört vor sich gehen zu lassen. Dabei ist die Art des Ablaufens und das Aussehen des Filtrats zu beobachten und zu notieren:

Beispiel: Würze läuft rasch und klar, oder
Würze läuft langsam und opalisierend.

Während des Filtrierens ist der Trichter mit einer Glasplatte zu bedecken.

In den beiden Filtraten wird bestimmt:

α) Das spezifische Gewicht vermittelst des Pyknometers, um daraus die Extraktausbeute auf lufttrockenes Malz und auf Malztrockensubstanz zu berechnen, und

β) die Maltose, um daraus die Maltose und das Verhältnis von Maltose zu Nichtmaltose im Extrakt zu berechnen.

Ad α) Die Bestimmung hat von jedem Filtrat in doppelter Ausführung zu geschehen vermittelst des Pyknometers. Dasselbe (s. Fig. 32) ist ein dünnwandiges Fläschchen von ungefähr 50 ccm Inhalt, dessen Hals lang ausgezogen ist und eine Weite von ca. 3 mm aufweist; ungefähr zur Mitte des Halses befindet sich eine Marke.

Zunächst wird das Pyknometer mit Wasser, Alkohol und Äther gut ausgewaschen und im Trockenschrank

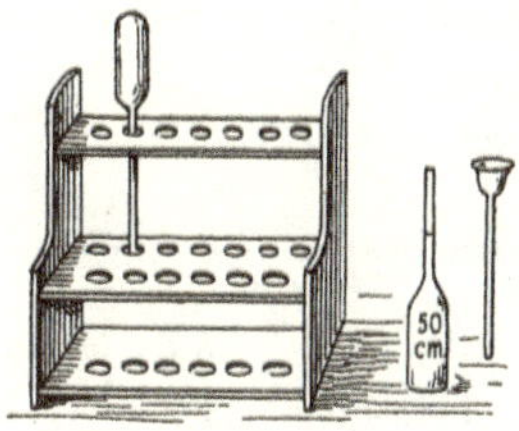

Fig. 32.

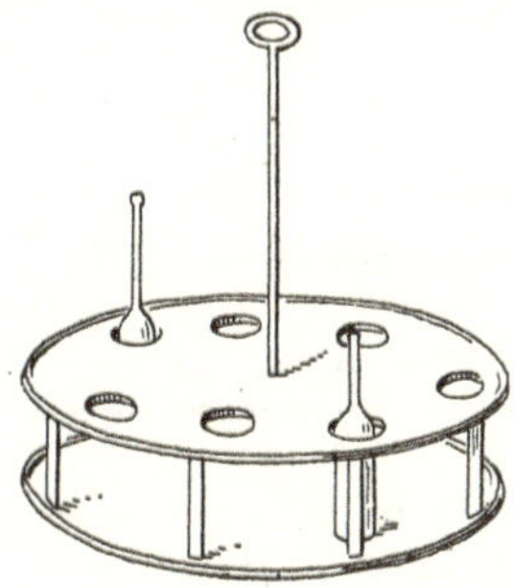

Fig. 33.

getrocknet. Nach dem Abkühlen wird das genaue Gewicht auf der analytischen Wage ermittelt. Hierauf wird das Pyknometer bis etwas über die Marke mit destilliertem Wasser gefüllt und 30 Minuten in ein Gefäfs gestellt, welches mit Wasser von genau 15 ° C. gefüllt ist und dessen Inhalt während der 30 Minuten auf dieser Temperatur gehalten werden mufs. Da es sich in der Regel darum handelt, mehrere Pyknometer auf einmal zu bearbeiten, so werden dieselben der Sicherheit halber in einem kleinen Gestell (s. Fig. 33) vereinigt; das Letztere wird dann in das mit Wasser von 15 ° C. gefüllte Gefäfs gestellt. Nach Verlauf der 30 Minuten wird das über der Marke befindliche Wasser durch Aufsaugen mit einem Stückchen gedrehten Filtrierpapiers entfernt, das Pyknometer wird gut abgetrocknet und gewogen. Aus der Differenz der beiden Gewichte ergibt sich das Gewicht des Wassers. Das Füllen und Entleeren des Pyknometers erfolgt mit Hilfe eines kleinen Trichters (Fig. 34), dessen fein ausgezogener Hals bis auf den Boden des Pyknometers reicht.

Fig. 34.

Um in den bei den Maischversuchen erhaltenen Filtraten I und II das spezifische Gewicht zu bestimmen, werden mit einem Teile jedes Filtrates je zwei Pyknometer gut ausgespült und die letzteren in der oben für Wasser angegebenen Weise mit den Würzen gefüllt. Die für Würze gefundenen Gewichte werden durch die den einzelnen Pyknometern für Wasser zukommenden Gewichte dividiert; die erhaltenen Zahlen präsentieren die spezifischen Gewichte der Würzen.

Beispiel:

Filtrat Nr. I			
Pyknometer 1 m. Würze	= 81,4223	Pyknometer 2 m. Würze	= 79,7547
» 1 leer	= 29,8586	» 2 leer	= 28,1656
Würze	= 51,5637	Würze	= 51,5891
Gew. des Wassers	= 49,8611	Gew. des Wassers	= 49,8854
Spez. Gewicht der Würze . . .	= 1,0341	Spez. Gewicht der Würze . . .	= 1,0341

Filtrat Nr. II			
Pyknometer 3 m. Würze	= 70,3941	Pyknometer 4 m. Würze	= 72,4804
» 3 leer	= 18,6848	» 4 leer	= 20,9268
Würze	= 51,7093	Würze	= 51,5536
Gew. des Wassers	= 50,0003	Gew. des Wassers	= 49,8512
Spez. Gewicht der Würze . . .	= 1,0341	Spez. Gewicht der Würze . . .	= 1,0341

Dem spezifischen Gewichte einer Würze entspricht ein bestimmter Prozentgehalt an Extrakt, der aus der Windisch'schen Tabelle[1]) direkt abgelesen werden kann.

[1]) C. Windisch »Tafel zur Ermittelung des Zuckergehaltes, wässeriger Zuckerlösungen aus der Dichte bei 15° C. zugleich Extrakttafel für die Untersuchung von Bier, Süſsweinen, Likören, Fruchtsäften etc«.

Hiernach ergiebt sich für die beiden Filtrate der Extraktgehalt zu:

Filtrat Nr. I		Filtrat Nr. II	
Bestimmung 1	Bestimmung 2	Bestimmung 1	Bestimmung 2
8,53 %	8,53 %	8,53 %	8,53 %
im Mittel = 8,53 %		im Mittel = 8,53 %	

im Mittel = 8,53 %.

Auf Grund dieser und der bei den Wasserbestimmungen im Malzmehl und im Malze erhaltenen Zahlen wird die Extraktausbeute auf lufttrockenes Malz und Malztrockensubstanz wie folgt berechnet:

Beispiel:

Maischversuch 1	Maischversuch 2
Wassergehalt des Malzes 4,01 %	
Wassergehalt des Malzmehles 3,77 %	
Extraktgehalt der Würze:	
8,53 %	8,53 %
Wassergehalt der Würze:	
100 — 8,53 = 91,47 %	100 — 8,53 = 91,47 %.

Da 100 g Malzmehl 3,77 g Wasser enthalten, so enthalten die angewendeten 50 g Malzmehl $\frac{50 \times 3,77}{100} =$ 1,885 g Wasser.

Auf 91,47 g Wasser kommen 8,53 g Extrakt; auf (400 + 1,885) = 401,885 g Wasser = 50 g Malzmehl kommen $\frac{8,53 \times 401,885}{91,47} = 37,47$ g Extrakt; oder auf 100 g Malzmehl 37,47 × 2 = 74,94 g Extrakt, d. h. die Extraktausbeute auf lufttrockenes Malzmehl mit 3,77 % Wasser beträgt

74,94 %	74,94 %.

Nun enthält das lufttrockene Malz nicht 3,77 %, sondern 4,01 % Wasser; da also die Differenz hierbei 0,24 % beträgt, so entsprechen 100 Teilen Malzmehl 100,24

Teile Malz; die Extraktausbeute auf lufttrockenes Malz beträgt also

$$\frac{74{,}94 \times 100}{100{,}24} = 74{,}76\,\% \quad \Big| \quad \frac{74{,}94 \times 100}{100{,}24} = 74{,}76\,\%$$

Im Mittel beträgt die Ausbeute auf lufttrockenes Malz 74,76 %.

Das Malz hat einen Wassergehalt von 4,01 %; es entsprechen also 100 Teile lufttrockenes Malz 95,99 Teilen Malztrockensubstanz.

Die Extraktausbeute auf Malztrockensubstanz beträgt also:

$$\frac{74{,}76 \times 100}{95{,}99} = 77{,}883\,\%$$[1].

Diese Zahl gestattet die Berechnung des Preises für 1000 kg Extrakt franko Kiel:

1000 kg Malztrockensubstanz frko. Kiel kosten M. 300,42.

Da 1000 kg Malztrockensubstanz = 778,83 kg Extrakt, so kosten diese auch M. 300,42.

1000 kg Extrakt kosten dann $\frac{300{,}42 \times 1000}{778{,}83}$ = M. 385,73.

Die Bestimmung der Maltose im Extrakt wird von jedem Filtrat zweimal ausgeführt. Zu diesem Zwecke werden von jedem Filtrat zweimal je 25 ccm Würze mittels einer Pipette in einen Meſskolben von 200 ccm gegeben und in diesem mit destilliertem Wasser bis zur Marke aufgefüllt. Von dieser Lösung werden 25 ccm in siedende Fehling'sche Lösung (25 ccm Kupferlösung, S. 27 Anm. 1, und 25 ccm Seignettesalzlösung, S. 27 Anm. 2) eingetragen und mit denselben genau 4 Minuten gekocht. Das ausgeschiedene Kupferoxydul wird genau wie bei der Dextrosebestimmung (Seite 27 ff.) weiterbehandelt. Dem Gewichte des gewonnenen Kupfers

---

[1]) Bei den Bestimmungen des Extraktgehaltes ist eine Differenz von 0,5 % zulässig (Vereinbarung zur Malzuntersuchung vom III. intern. Kongreſs für angewandte Chemie zu Wien 1898).

entspricht eine bestimmte Menge Maltose, welche aus der Tabelle II der Wein'schen Tabellen[1]) direkt abgelesen werden kann.

Die Art der weiteren Berechnung ergibt folgendes Beispiel:

Filtrat Nr. I	
Bestimmung 1	Bestimmung 2
gefundenes Kupfer: 0,188 g	0,189 g
entsprechen Maltose: 0,1654 g	0,166 g
im Mittel = 0,1658 g Maltose	

Filtrat Nr. II	
Bestimmung 1	Bestimmung 2
0,188 g	0,188 g
0,1654 g	0,1654 g
im Mittel = 0,1654 g Maltose,	

welche aus 25 ccm achtfach verdünnter Würze stammen; folglich enthalten 100 ccm unverdünnter Würze

Filtrat I: $0{,}1658 \times 8 \times 4 = 5{,}3$ g Maltose,
» II: $0{,}1654 \times 8 \times 4 = 5{,}29$ g Maltose.

Da in 100 ccm unverdünnter Würze

8,82 g[2]) | 8,82 g

Extrakt enthalten sind, so sind in 8,82 g Extrakt ebenfalls

5,3 g Maltose | 5,29 g Maltose

enthalten oder in 100 Teilen Extrakt

$\frac{5{,}3 \times 100}{8{,}82} = 60{,}09$ g Maltose $\frac{5{,}29 \times 100}{8{,}82} = 59{,}97$ g Maltose.

Der aus dem zur Untersuchung vorliegenden Malz stammende Extrakt enthält im Mittel demnach 60,03 %

[1]) Wein, Tabellen zur quantitativen Bestimmung der Zuckerarten.

[2]) Da bei der Zuckerbestimmung die Würze gemessen wird, so sind statt der Gewichtsprozente die Volumprozente an Extrakt in Rechnung zu ziehen. Die Volumprozente sind den Windisch'schen Tabellen direkt zu entnehmen.

genaue Bestimmung der Menge desselben ist sehr schwer und es wird sich empfehlen, im Interesse der Erleichterung der Be-

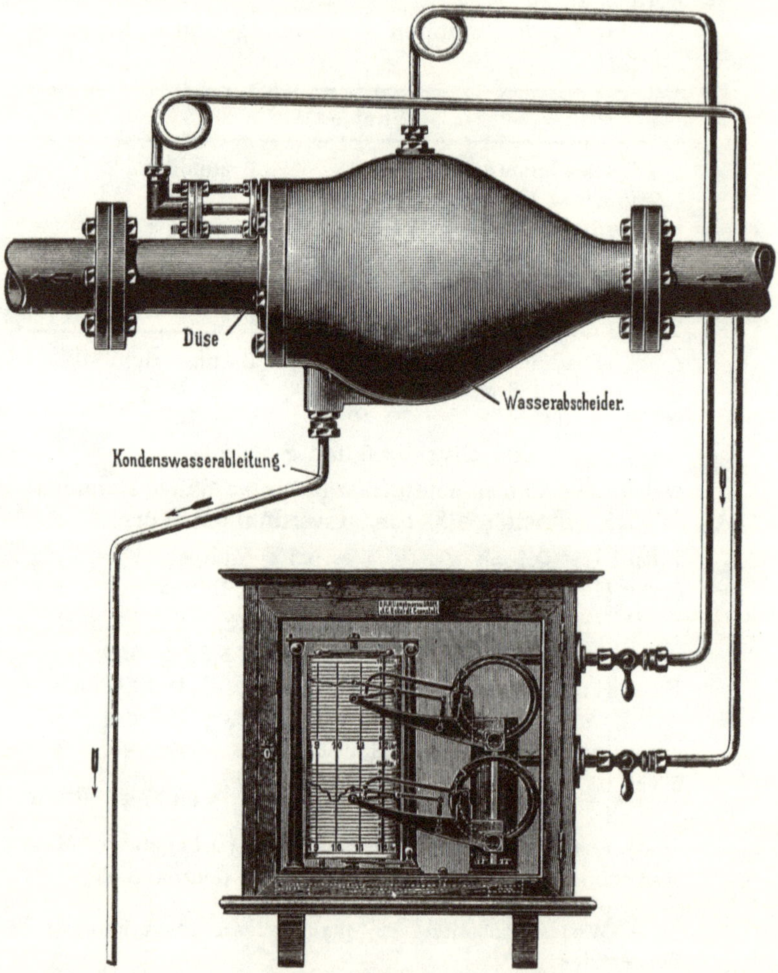

Fig. 25.

triebskontrolle auf Rückleitapparate zu verzichten, zumal sie sehr häufig schlecht funktionieren. Betriebssicherer ist auf alle Fälle die Sammlung des Pfannenkondensates in ein Speisereservoir; dann kann es beim Speisen mit kälterem Speisewasser gemischt werden und durch den Wassermesser in den Kessel gelangen.

Ist eine kontinuierliche Speisewassermessung nicht möglich, dann empfiehlt sich die kontinuierliche Messung des den Kessel verlassenden Dampfes. Daß bei dieser Feststellung nicht eine solche Genauigkeit erlangt wird wie bei der Speisewassermessung, liegt klar auf der Hand, doch können mit dem Eckhardtschen Dampfmesser für die laufende Kontrolle doch sehr wichtige Vergleichsresultate gewonnen werden.

Den Eckhardtschen Dampfmesser zeigt Fig. 25 in Ansicht. Er besteht in einem Doppelmanometer. Das eine, obere Manometer ist an den Dampfraum eines Wasserabscheiders angeschlossen; das zweite untere Manometer dagegen an ein Rohr, welches in eine düsenförmige Einschnürung der Rohrleitung einmündet. Durch die Einmündung der Rohrleitung tritt bei stärkerem Dampfverbrauch innerhalb der Düse eine Beschleunigung der normalen Dampfgeschwindigkeit ein, wodurch ein geringer Druckabfall entsteht, der sich aber hinter der Düse fast ganz wieder verliert, so daß er in der Praxis kaum zu bemerken ist. Dieser Spannungsabfall steht nun nach Zeuner-Napier in einem bestimmten Verhältnis zum Düsenquerschnitt und zur Dampfmenge. Letztere läßt sich, da der Spannungsabfall meßbar und der Düsenquerschnitt bekannt ist, somit berechnen aus der Formel:

$$G = K \cdot F \sqrt{\frac{(p_1 - p_2) \cdot p_2}{p_1 \cdot v_1}}.$$

Hierin bedeutet:

G = gesuchte Dampfmenge in Kilogramm,

K = eine durch Versuche genau ermittelte Konstante (nach Angabe der Fabrik),

F = Querschnitt der Düse in Quadratmetern (nach Angabe der Fabrik),

p_1 = Spannung des Dampfes vor der Düse in Atmosphären absolut (Anzeige des oberen Manometers),

p_2 = Spannung des Dampfes im kleinsten Querschnitt der Düse in Atmosphär. absol. (Anzeige des unteren Manometers),

v_1 = spezifisches Volumen des Dampfes von p_1 Atm. Spannung.

aus einem Gehäuse von schwarz lackiertem Blech, einer Bürette (50 ccm fassend in $^1/_{10}$ ccm geteilt) und einer Meſspipette. Das Gehäuse ist für die Beobachtung der Färbungen auf der Vorderseite mit zwei Ausschnitten versehen, denen auf der Rückseite ein durchgehender, mit Milchglas bedeckter Spalt gegenübersteht. Diese einfache Anordnung gestattet die feinsten Unterschiede in der Farbentiefe der Flüssigkeiten zu erkennen. Beim Gebrauch wird der Apparat an einem Fenster aufgestellt«.

In das linke Glaskästchen werden 50 ccm der zu untersuchenden Würze gegeben, das rechte Kästchen wird mit 50 ccm destillierten Wassers beschickt. In dieses wird mit der Bürette unter beständigem Umrühren mit einem kleinen Glasstabe tropfenweise solange $\frac{N}{100}$-Jodlösung[1]) gegeben, bis die Farbe der beiden Flüssigkeiten dieselbe ist. Die Anzahl der hierbei verbrauchten Cubikcentimeter Jodlösung werden notiert und auf 10proc. Würze nach folgendem Beispiel umgerechnet:

Verbraucht wurden 1,6 ccm $\frac{N}{100}$-Jodlösung bei einer Würzekonzentration von 8,53 %.

Bei 10proc. Würze werden infolgedessen verbraucht

$$\frac{1,6 \times 10}{8,53} = 1,87 \text{ ccm } \frac{N}{100}\text{-Jodlösung.}$$

Die Farbentiefe der Würze beträgt also 1,87.

Die bei der Malzanalyse erhaltenen Daten und die auf Grund der letzteren ausgeführten Berechnungen werden der Übersicht halber tabellarisch geordnet (siehe folgende Tabelle). Diese Tabellen werden in einem dem

---

[1]) Zur Herstellung der $\frac{N}{100}$-Lösung werden 10 ccm $\frac{N}{10}$-Jodlösung (Seite 70 Anmerkung) in einen 100 ccm-Meſskolben pipettiert und in diesem mit destilliertem Wasser bis zur Marke aufgefüllt.

Soennecken'schen Briefordner nachgebildeten Umschlag gesammelt, der auf der Rückseite den Vermerk »Malzanalysen« trägt.

Lfd. Nr. 14. Bierbrauerei **A. Schifferer** Kiel.

Malz	Nr. 8	Eingegangen am:	31. 10. 00
Provenienz . . .	dän. Inselgerste	Lieferant . . .	S. C. Fuglsang, Hadersleben.
Preis pro 1000 kg franko Kiel . . .	M. 280	Abdarrtemperatur	68° R.

Allg. Bemerkungen auf Grund der Vorprüfung	gleichmäfsig im Korn, gesund.	Durchleuchtungsprobe	glasig . . .	0 %
			$^1/_2$ glasig	5 %
Hektolitergewicht	53,5 kg:		mehlig .	95 %
1000-Körnergew.	33,96 g	Schnittprobe	braune Körner	1 %
Bei d. Keimprobe wachsen . .	0 %		verbrannte Körner . .	0 %.

Blattkeimentwicklung

0	unter $^1/_2$	$^1/_2$	$^2/_3$	$^3/_4$	$^1/_1$	über $^1/_1$
0	0	20	26	41	10	3

Wassergehalt	3,93 %	Geruch der Maische .	schwach aromat.
Verzuckerungsdauer .	10 Min.		
Extraktausbeute: lufttrock. Malz	75,54 %	Ablauf der Würze .	schnell u. blank
Extraktausbeute: Malztrockensubstanz . .	78,63 %	Maltose im Extrakt .	67,9 %
Farbentiefe $\frac{N}{100}$-Jodlösung auf 10 % Würze	2,33	Maltose zu Nichtmaltose	1 : 0,47

Gärversuch	scheinbarer Vergärungsgrad	69,5 %
	wirklicher »	56,5 %

Preis	pro 1000 kg lufttrockenes Malz franko Kiel	M.	280,—
	» 1000 » Malztrockensubstanz » »	»	291,45
	» 1000 » Extrakt	»	370,66.

Die in diesen Tabellen enthaltenen Daten ermöglichen es, aus der Reihe der zum Angebot gelangenden Malze diejenigen auszuwählen, welche auf der einen Seite sich als gutes und für die einzelnen Biertypen geeignetes Material präsentieren und auf der anderen Seite hinsichtlich ihrer Ausbeuten und ihrer Preise gute Resultate in der Praxis versprechen. Gerade beim Ankauf von Malz liefert das Betriebslaboratorium Ergebnisse, die einen ziemlich genauen Überblick zulassen über die Beschaffenheit eines Malzes, das von ihm später zu erwartende Produkt und über den wirklichen Geldwert der vorgelegten Ware. Es sind deshalb auch die von dem Malzfabrikanten zu fordernden Garantien fest und sicher zu präzisieren. Dieselben lauten folgendermaſsen:

1. Das anzuliefernde Malz muſs in seinem Äuſseren, speziell was das Fehlen von Verunreinigungen anbetrifft, der Probe gleichen. Um dieses und ebenso die Innehaltung der nächsten Punkte in strittigen Fällen entscheiden zu können, sind von der Malzprobe 150 g in einer gut schlieſsenden Flasche, welche von Zeit zu Zeit zu lüften ist, aufzubewahren. Des ferneren muſs das Malz aus Gerste derselben Provenienz, wie das der Probe hergestellt sein, dieselbe Keimdauer und dieselbe Abdarrtemperatur durchgemacht haben.

2. Der Wassergehalt darf 5 % nicht übersteigen. Ein höherer Wassergehalt berechtigt zu einem entsprechenden Abzug bei der Bezahlung.

Beispiel:

> Am 14. I. sind angeliefert 20000 kg Malz mit 5,9 % statt mit 5 % Wasser. Pro 50 kg Malz sind also 0,45 kg oder auf 20000 kg Malz 180 kg zuviel Wasser angeliefert. Der Preis per 50 kg Malz beträgt M. 14, abzugsberechtigt sind in diesem Fall
>
> $$\frac{180}{50} \times 14 = \text{M. } 50{,}40$$

3. Die Extraktausbeute auf Trockensubstanz muſs der der Probe gleichen. Beträgt die Ausbeute weniger

als 0,5 %, so ist die überschiefsende Differenz in Geldeswert umzurechnen und von der Faktura zu kürzen.

Beispiel:

Die Ausbeute der Probe beträgt 77,8 %. Das gelieferte Malz ergiebt eine Ausbeute von 76,5 %, also um 1,3 % weniger. Da 0,5 % Differenz zulässig sind, so sind nur 0,8 % abzugsberechtigt.

Angeliefert werden 20000 kg lufttrockenes Malz, welche also anstatt 15 560 kg Extrakt nur 15 300 kg Extrakt ergeben oder, da in diesem Falle eine Differenz von 100 kg erlaubt ist, zu einem Abzuge des Wertes von 160 kg Extrakt berechtigen. Derselbe beträgt nach der Tabelle (S. 81) pro 1000 kg Extrakt M. 370,66, daher pro 160 kg = M. 59,30.

4. Das Hektolitergewicht darf von dem der Probe nicht wesentlich differieren.

5. Ebenso darf die Farbentiefe der beim Maischversuch gewonnenen Würze wesentliche Unterschiede nicht aufweisen.

Aus diesen Forderungen ergiebt sich von selbst, welche Bestimmungen auszuführen sind, um

II. die Kontrolle bei der Anlieferung von Malz

zu ermöglichen. Dabei handelt es sich in erster Linie darum, den Lieferungen eine gute Durchschnittsprobe zu entnehmen. Zu diesem Zwecke werden den Ladungen auf je 5000 kg drei Säcke entnommen; jeder Sack wird gewogen und entleert; hierauf wird das Gesamtsackgewicht festgestellt. Das Malz wird vermittelst einer Schaufel gut durcheinandergemischt und aus diesem Gemisch eine gute Durchschnittsprobe entnommen, von der ausgeführt werden:

1. die Vorprüfung,
2. das Hektolitergewicht,
3. die Wasserbestimmung,

4. Bestimmung der Extraktausbeute,
5. Bestimmung der Farbentiefe der Würze.

Die hierbei erhaltenen Resultate finden nach Maſsgabe der von dem Lieferanten geleisteten, umstehend angeführten Garantien Verwendung. Bei der Wasserbestimmung und bei aus derselben etwa resultierenden Abzügen von dem Betrag der Faktura ist das Gesammt-Sackgewicht zu berücksichtigen.

Beispiel:

Angeliefert werden 25000 kg Malz in 250 Säcken à 100 kg. Zur Probe entnommen pro 5000 kg drei Säcke, pro 25000 kg also 15 Säcke.

Diese 15 Säcke haben ein Bruttogewicht von	1522,4 kg
das Gesamt-Sackgewicht beträgt	15,4 »
das Nettogewicht des Malzes beträgt . . .	1507,0 kg
Auf 15 Säcke ergiebt sich also ein Übergewicht von	7,00 kg
auf 250 Säcke ergiebt sich also ein Übergewicht von	116,66 kg

Der Wassergehalt des Malzes beträgt 7,2 %.

In 25000 kg sind also an Wasser zuviel geliefert: 500 kg. Diesen 500 kg Wasser stehen 116,66—2,53 = 114,13 kg gegenüber, um welche das Gesammtmalzgewicht das in die Faktura eingesetzte übertrifft, nachdem das Übergewicht mit 7,2 % Wasser auf einen Wassergehalt von 5 % reduziert ist. Infolgedessen sind

500 — 114,13 = 385,87 kg abzugsberechtigt, d. h.

$$\frac{14 \times 385,87}{50} = \text{M. } 108,04$$

sind von der Faktura zu kürzen.

In ähnlicher Weise wie beim Wasser ist bei Berechnung des gelieferten Extraktes zu verfahren.

Beispiel:

Es werden angeliefert 25000 kg Malz.

Bruttogewicht der 15 Probesäcke				1522,4 kg
Sackgewicht	»	»	»	15,4 »
Nettogewicht des Malzes . . .				1507,0 kg

also 7 kg Übergewicht pro 15 Säcke,

116,66 » » » 250 »

Die Extraktausbeute auf Malztrockensubstanz beträgt 76% statt 77,8%; da 0,5% als Differenz zulässig ist, 76,5% statt 77,8.

Der Wassergehalt beträgt gleichzeitig 7,2% statt 5%.

Nach obiger Berechnung sind 116,66 — 2,53 = 114,13 kg Malz mit 5% =

$$\frac{114,13 \times 95}{100} = 108,42 \text{ kg Malztrockensubstanz} =$$

$$\frac{108,42 \times 76,5}{100} = \underline{\underline{82,94 \text{ kg Extrakt als Übergewicht}}}$$

geliefert.

Dem gegenüber steht eine Minderleistung von 1,3% Extrakt in der Malztrockensubstanz.

In 25000 kg sollen enthalten sein 23750 kg Malztrockensubstanz mit 77,8% Extrakt, also

$$\frac{23750 \times 77,8}{100} = \underline{18477,5 \text{ kg Extrakt.}}$$

Bei einem Wassergehalt von 7,2% statt 5% sind aber statt 23750 kg Trockensubstanz nur 23200 kg Trockensubstanz in 25000 kg Malz, und bei 76,5% Extraktausbeute nur

$$\frac{23200 \times 76,5}{100} = 17748 \text{ kg Extrakt statt } 18477,5 \text{ kg}$$

Extrakt in 25000 kg Malz vorhanden.

An Extrakt wurden also zu wenig geliefert:

18477,5 — 17748 = 729,5 kg.

Dem steht ein Übergewicht von 82,94 » gegenüber,

so dafs 646,56 kg Extrakt

sich als abzugsberechtigt von dem Betrage der Faktura präsentieren. Das Malz sollte mit einem Maximal-Wassergehalt von 5% und einer Extraktausbeute von 77,8% zu M. 14 per 50 kg geliefert werden, d. h. in 25000 kg Malz sollten 23750 kg Malztrockensubstanz und 18477,5 kg Extrakt enthalten sein; für 25000 kg Malz wären alsdann M. 7000 oder für 100 kg Extrakt

$$\frac{7000 \times 100}{18477{,}5} = \text{M. } 37{,}88 \text{ zu zahlen.}$$

Für 646,56 kg Extrakt sind demnach

$$37{,}88 \times 6{,}4656 = \underline{\underline{\text{M. } 244{,}91}}$$

von der Faktura zu kürzen.

Durch die bisher geschilderten Arbeiten gelingt es, sei es durch Fabrikation in eigener Mälzerei, sei es durch Kauf, sich auf rationelle Weise in den Besitz von Malz zu setzen, dessen Qualität ein Gelingen der späteren Arbeit des Brauers, soweit diese von der Beschaffenheit des Malzes abhängt, in der Regel gewährleistet, ohne dafs dasselbe über seinen wahren Wert bezahlt zu werden braucht. Bei der Weiterverarbeitung dieser Malze hat

D. Die Kontrolle der Sudhaus-Arbeit

einzusetzen. Bei derselben handelt es sich darum,

1. eine sachgemäfse, fehlerfreie, dem Charakter des gewünschten Biertypus angepafste Verarbeitung des Malzes zu sichern,
2. durch eine rationelle Arbeitsweise eine gröfstmöglichste Ausnutzung des Materials herbeizuführen, und
3. das Zahlenmaterial zu sammeln, dessen die Betriebsleitung bedarf, um durch Zusammenstellung desselben den notwendigen technischen Berechnungen sichere Unterlagen zu schaffen, einen Überblick über die Arbeitsweise zu gewinnen und auf Grund dieser Erfahrungen eventuell verbessernd einzugreifen.

Hierfür ist es notwendig, einmal in jedem Betriebsjahre zwei vorbereitende Arbeiten vorzunehmen. Dieselben bestehen darin, sich über das Funktionieren des Läuterbottichs zu orientieren in Bezug darauf, ob die von dem Senkboden geleistete Arbeit einigermafsen gleichmäfsig erfolgt und zweitens darin, die Bierpfanne in der penibelsten Weise zu aichen, um sich über die Menge der bei jedem Sud erzeugten Würze genau informieren zu können.

I. Die Prüfung des Läuterbottichs

geschieht in folgender Weise:

Nachdem der letzte Nachgufs von den Trebern abgelaufen ist, werden den letzteren 72 Proben entnommen und in der Weise ausgeprefst, dafs die Treberproben in Leinwandsäckchen gegeben und diese ausgedrückt werden. Die ausgeprefste Flüssigkeit wird filtriert und nach dem Erkalten mit einem in $^1/_{10}$ geteilten Saccharometer gespindelt. Die hierbei erhaltenen Zahlen geben ein Bild der Verteilung des in den Trebern noch vorhandenen, nicht ausgewaschenen Extraktes und damit ein Bild von der Wirkungsweise des Läuterbottichs, insonderheit des Läuterbodens. Zur Entnahme der 72 Proben werden die Treber auf der Oberfläche in acht Teile geteilt; diese Achtel erfahren ihrerseits wieder eine Teilung in eine obere, eine mittlere und eine untere Partie. Von jeder dieser Schichten eines jeden Achtels werden drei Proben genommen und zwar eine aus der äufseren, eine aus der mittleren und eine aus der unmittelbar an der Achse des Umhackers gelegenen Partie. Die erhaltenen Saccharometeranzeigen werden in Schemata eingetragen, wie sie aus den Figuren 36—44 zu ersehen sind; dieselben gestatten gleichzeitig einen genauen Überblick über die Verteilung der Probenentnahme.

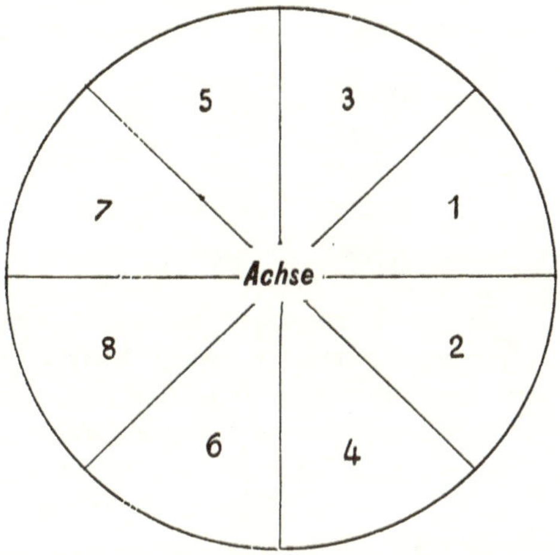

Fig. 36.

Achse 1.

0,75	0,7	0,45
0,75	1,0	0,8
0,8	0,8	0,95

Fig. 37.

Achse 2.

0,8	0,7	0,7
0,8	0,8	0,9
0,9	0,9	0,9

Fig. 38.

Achse 3.

0,8	0,95	0,7
0,95	0,8	0,8
1,1	0,85	0,9

Fig. 39.

Achse 4.

1,0	0,8	0,8
0,7	0,6	0,8
0,8	1,1	0,8

Fig. 40.

Achse 5.

0,6	1,2	1,25
0,5	1,2	0,75
1,5	1,1	1,5

Fig. 41.

Achse 6.

0,7	0,9	1,0
0,7	0,7	1,0
0,6	0,8	0,9

Fig. 42.

Achse 7.

0,85	1,0	0,9
0,85	0,95	0,9
0,9	1,0	1,1

Fig. 43.

Achse 8.

0,9	0,9	1,0
0,9	1,0	1,0
0,9	1,0	1,0

Fig. 44.

Hiernach betragen die Saccharometeranzeigen im Durchschnitt:

bei 1. . . .	0,77 %,	bei 5. . . .	1,07 %,
bei 2. .	0,82 %,	bei 6.	0,70 %,
bei 3.	0,87 %,	bei 7. . . .	0,94 %,
bei 4. . .	0,82 %,	bei 8.	0,95 %.

Der Gesamt-Durchschnitt beträgt 0,87 %.

Es ist notwendig, die von dem Läuterbottich, insonderheit von dem Senkboden geleistete Arbeit in dieser Weise zu prüfen, um nach den erhaltenen Resultaten einerseits die Probenentnahme bei der weiter unten behandelten Untersuchung der Treber (S. 100 ff.) so einzurichten, dafs eine gute Durchschnittsprobe erhalten wird und andererseits ein Urteil darüber zu gewinnen, ob mit dem vorhandenen Apparat eine rationelle Arbeit überhaupt geleistet werden kann. Im Hinblick auf den ersten Zweck wird bemerkt, dafs die Differenzen, welche die einzelnen Proben untereinander aufweisen, 0,5 bis 0,6 % nicht übersteigen dürfen; für den zweiten Zweck ist grundlegend, dafs die Durchschnittszahl nicht höher als 1 % sein darf. Eine rationelle und sachgemäfse Arbeitsweise vorausgesetzt, enthalten diese Zahlen auch die Garantien, welche von den Fabriken bei Anschaffung neuer Läuterbottiche zu fordern sind.

Fig. 45.

II. Die Aichung der Bierpfanne

mufs mit dem amtlich geprüften Aichapparat (Fig. 45) vorgenommen werden und zwar in der Regel einmal im Jahre, sodann aber jedesmal, sobald Reparaturen oder Änderungen an der Bierpfanne ausgeführt sind. Der Aichapparat wird oberhalb der Bierpfanne placiert; mit demselben werden zuerst 20 hl Wasser in die Pfanne hineingemessen. Ist dieses geschehen, so mufs der Wasserspiegel sich vollständig beruhigen; hierauf wird in das Wasser der Mafsstab eingeführt. Dieser ist aus trockenem Eichenholz gefertigt, 1,60 m lang, 0,03 m breit und 0,015 m stark; das Fufsende wird von einem 0,03 m hohen kupfernen Schuh gebildet. Das Einsenken des Stabes in die Pfanne geschieht durch zwei an der Wand derselben angebrachte Metallführungen; senkrecht unter denselben befindet sich eine Metallplatte, auf welche der Mafsstab aufschlägt. (Fig. 46.)

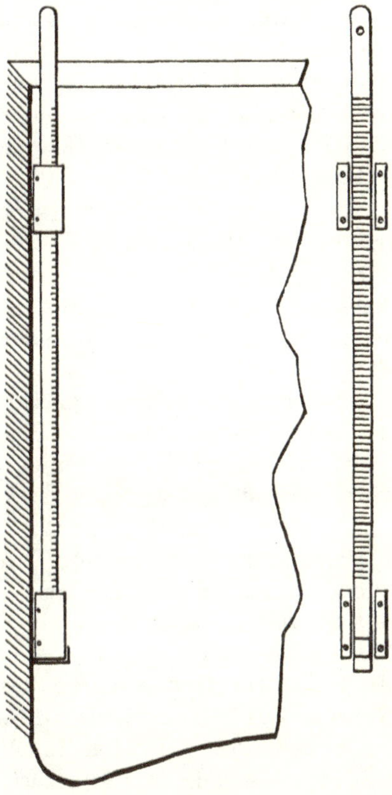

Fig. 46.

Die Menge des in der Bierpfanne enthaltenen Wassers markiert sich durch Benetzen des Stabes bis zu einer bestimmten Stelle desselben; diese wird durch Einritzen mit einem spitzen Stahlstift festgelegt. Es wird jetzt Hektoliter für Hektoliter mit dem Aichapparat zugemessen, jedesmal die absolute Ruhe des Wasserspiegels abgewartet, die Zunahme der Flüssigkeit durch den Mafsstab kontrolliert und diesem der neue Wasserstand aufgetragen. Auf diese Weise wird ein Mafsstab erhalten, welcher genau die jeweilige Flüssigkeitsmenge, die sich in der Bierpfanne befindet, anzeigt. Dieser Stab ist der »Normal-Stab«, welcher im Laboratorium trocken und sorgfältig aufzubewahren und nach dem ein Stab für den praktischen Gebrauch im Sudhause anzufertigen ist.

Trotz aller Vorsicht ist es möglich, dafs sich ein Irrtum im Messen und Zählen eingeschlichen hat. Zur Kontrolle, ob dieses geschehen ist oder nicht, dient die von Windisch[1]) empfohlene Titrationsmethode, deren Ausführung in folgender Weise vorzunehmen ist[2]):

»50 kg Soda werden am Tage vor der Aichung in ca. 250 l Wasser derselben Beschaffenheit vollständig gelöst, wie es später zum Füllen der Bierpfanne benutzt wird; etwa sich ausscheidender kohlensaurer Kalk stört nicht und wird nicht entfernt. Die Flüssigkeit wird gut durchgemischt und hiervon eine Probe entnommen (Probe I). Von dieser Lösung, deren Temperatur festgestellt wird, werden mit einem 2 Liter-Mefskolben 200 l in die Pfanne gegeben, um diese dann mit Wasser bis genau zur letzten Marke des Mafsstabes zu füllen. Während des Wasserzulaufs wird eine Probe des Wassers genommen (Probe II). Der Inhalt der Pfanne wird etwa fünf Minuten lang sehr gründlich und vorsichtig durchgemischt; der hierdurch gebildeten, gleichmäfsig verdünnten Pfannensodalösung wird die Probe III entnommen unter gleichzeitiger Feststellung der Temperatur der Pfannenflüssigkeit.

---

[1]) Windisch, Wochenschrift für Brauerei 1897, pag. 681.

[2]) Die Beschreibung der Methode ist fast wörtlich dem Windisch'schen Buche »Das chemische Laboratorium des Brauers« S. 197 entnommen.

In den drei entnommenen Proben wird durch Titration mit $\frac{N}{10}$-Schwefelsäure der Gehalt an Kohlensäure bestimmt.«

Beispiel: Aichung der Bierpfanne am 5. Januar 1901.

Menge und Temperatur der in die Pfanne gegebenen Sodalösung (Probe I): 200 l, 15,9° C.

Temperatur der Pfannensodalösung: 8,5° C.

10 ccm der Probe I auf 1000 ccm verdünnt, verbrauchen 15,9 ccm empirische Schwefelsäure (Titer für Kohlensäure 3,918 mg) oder abzüglich der Wasserkohlensäure (s. unten) 15,9 — 4 = 11,9 ccm Schwefelsäure. 1 ccm Schwefelsäure entspricht 0,003918 g Kohlensäure, 11,9 ccm Schwefelsäure entsprechen 3,918 mg × 11,9 = 46,62 mg Kohlensäure.

Diese 46,62 mg Kohlensäure sind enthalten in 100 ccm hundertfach verdünnter Sodalösung, so dafs 1 l derselben 0,4662 g Kohlensäure enthält.

Hiernach enthält 1 l unverdünnter Sodalösung

46,62 g Kohlensäure,

die in die Pfanne gegebenen 200 l also 46,62 × 200 = 9324 g Kohlensäure.

100 ccm des 8° C. zeigenden Wassers (Probe II) verbrauchen bei der Titration 4 ccm Schwefelsäure.

100 ccm der 8,5° C. zeigenden Pfannensodalösung (Probe III) erfordern bei der Titration

28,4 ccm Schwefelsäure

und abzüglich der Wasserkohlensäure 28,4—4 = 24,4 ccm Schwefelsäure entsprechend 24,4 × 3,918 = 95,59 mg Kohlensäure.

Diese 95,59 mg sind in 100 ccm,

0,9559 g Kohlensäure also im l,

95,59 g Kohlensäure im hl enthalten,

so dafs die in der Pfanne befindlichen 9324 g Kohlensäure

$$\frac{9324}{95,59} = 97,54 \text{ hl entsprechen.}$$

Nach dem Normalmafsstab sollen 97,5 hl in der Pfanne sein, so dafs durch das chemisch-titrimetrische Verfahren in diesem Falle die Richtigkeit der Aichung bestätigt wird.

III. Die Kontrolle des Sudprozesses

erfolgt in der im folgenden beschriebenen Form in der Regel zweimal wöchentlich; aufserdem jedesmal, wenn eine neue Sorte Malz oder eine andere Malzmischung zur Verarbeitung gelangt und bei der geringsten Änderung im Sudverfahren.

Die Kontrolle beginnt mit

1. der Sortierung des Malzschrotes,

welche mit dem bei der Sortierung der Gerste (Seite 9) beschriebenen Apparat vorgenommen wird. Die Trieurbleche, welche den Boden der einzelnen Kästen dort bilden, sind durch Drahtnetze ersetzt, von denen das obere 25, das untere 182 Maschen pro qcm aufweist. Unter diesen befindet sich ein am Boden geschlossener Einsatz zum Auffangen des Mehles, während im oberen Kasten gröfstenteils die Hülsen, im mittleren meistens Gries zurückgehalten werden. Die Menge des anzuwendenden Malzschrotes ergiebt sich aus der folgenden Art der Probenentnahme:

Ein Becherglas von ca. 50 ccm Inhalt wird während des Schrotens alle 10 Minuten unter dem Mühlenschlitz hin- und hergeschoben und der Inhalt dann in den zum Auffangen des Mehles bestimmten Einsatz, der vorher tariert ist, geschüttet; dieser Einsatz ist mit dem Deckel fest verschlossen, welcher nur für die Dauer des Einschüttens entfernt wird. Da das Schroten ca. 40 Minuten dauert, so beträgt die Probe ca. 4 Bechergläser voll.

Die Menge des auf die eben angegebene Weise gesammelten Malzschrotes wird auf der Tarierwage genau bestimmt; die Sortierkästen werden zusammengesetzt und das Schrot oben hineingeschüttet. Die Sortierung wird analog der der Gerste durchgeführt. (Seite 9.)

Die Bedeutung dieser Bestimmung ist ohne weiteres ersichtlich.

Einmal bildet dieselbe bei gleichem Malze eine Kontrolle der Arbeit des Schrotmüllers, ferner gestattet dieselbe in Verbindung mit den praktischen Erfahrungen beim Abläutern die genaue Fixation der Feinheitsgrenze des Schrotes, die mit Rücksicht auf gutes Abläutern noch zulässig ist, und drittens erleichtert dieselbe das Einstellen der Schrotmühle bis zu dieser Feinheitsgrenze bei Verwendung neuer Malzsorten oder bei der wechselnden Verwendung verschiedener Malzsorten. Dabei ist es selbstverständlich, dafs, um die höchstmögliche Ausbeute zu erreichen, mit dem Schroten soweit gegangen werden mufs, wie nur irgend möglich, d. h., wie das Abläutern so glatt und rationell vor sich geht, dafs in den Trebern nicht mehr auswaschbarer Extrakt vorhanden ist, wie es weiter unten (Seite 100 ff.) angegeben wird.

Der Prozentgehalt des Malzschrotes an Mehl soll zwischen 23 und 25 % betragen; ganze oder mangelhaft gebrochene Körner dürfen sich im Schrot nicht vorfinden.

Beispiel: Schrotsortierung vom 19. XII. 1900.

Art des Malzes: I[a] dänisches Lagerbiermalz.

Lieferant: S. C. Fuglsang, Hadersleben.

Gewicht des angewendeten Malzschrotes: 204 g.

Der Sortierversuch ergab

von Sorte	I (Hülsen)	55,284	=	27,1 %
» »	II (Gries)	99,4092	=	48,73 %
» »	III (Mehl)	49,3068	=	24,17 %.

Während des Schrotens sind in der oben angegebenen Weise weitere ca. 250 g Malzschrot aufzufangen und in ein weithalsiges, sehr gut schliessendes Pulverglas zu geben. Diese Probe dient zunächst zur

2. Feststellung der Laboratoriumsausbeute aus dem Malzschrot der Praxis (Grobschrot-Analyse),

ohne dass dasselbe auf der Laboratoriumsmühle nachgemahlen wird. Diese Bestimmung wird mit Grobschrot unter gleichzeitiger Bestimmung des Wassers in demselben (S. 15 ff.) genau so ausgeführt, wie solches bei der Malzanalyse (S. 67 ff.) angegeben ist. Nur wird anstatt destillierten Wassers zum Einmaischen Wasser derselben Beschaffenheit benutzt, wie es der Biersieder im Sudhaus verwendet. Die hierbei erhaltenen Resultate geben die Extraktausbeute wieder, welche theoretisch von dem Biersieder bei Anwendung des Malzschrotes, wie es die Schrotmühle liefert, erhalten werden kann. Das Verhältnis der praktischen zu dieser theoretischen Extraktausbeute ist durch drei Faktoren bedingt:

a) durch die Beschaffenheit der Sudhaus-Anlage,
b) durch die Arbeit des Biersieders,
c) durch die Feinheit des Malzschrotes.

Was den ersten Punkt anbetrifft, so ist es zwar Sache des Betriebslaboratoriums, etwaige Mängel aufzudecken und eventuell die Mittel zur Beseitigung — sei es durch Neuanschaffung oder Änderungen — anzugeben; die von ihm regelmäſsig geübte Sudkontrolle hat jedoch die Aufgabe im Rahmen der gegebenen Verhältnisse die günstigste Arbeitsweise zu konstruieren und deren Innehaltung zu überwachen. Auf diese Weise ist festgestellt, daſs die Differenz zwischen der Extraktausbeute, berechnet auf Malztrockensubstanz im Sudhause, und der im Laboratorium bei der Grobschrot-Analyse erhaltenen $1/2$—1% betragen darf. In welcher Weise diese Differenz u. a. durch den Feinheitsgrad des Schrotes bedingt wird, ist auseinandergesetzt. Die Gröſse der Differenzen zwischen der theoretischen Ausbeute auf Grobschrot und der theoretischen Laboratoriumsausbeute auf Mehl einerseits und der Ausbeute im Sudhaus anderseits, welche auf die Unterschiede im Schrot bezw. Mehl zurückzuführen sind, ergiebt sich aus

3. der Feststellung der Extraktausbeute auf Malzmehl,

welches aus dem Malzschrot der Praxis im Laboratorium auf der Märker'schen Mühle (S. 68) erhalten ist.

Zur Ausführung wird von einem Teile der oben angeführten Malzschrotprobe das nötige Mehl bereitet, mit dem genau wie bei der Malzanalyse verfahren wird (S. 67 ff.). Die hierbei erhaltene Zahl giebt die theoretisch mit Mehl mögliche Extraktausbeute an und soll von der, welche bei der Grobschrotanalyse erhalten ist, beide auf Trockensubstanz berechnet, um höchstens 3% differieren. Sie dient weniger zur Kontrolle des Biersieders, als vielmehr des Arbeitssystems, insonderheit der Schrotungsverhältnisse.

4. Die Wasserbestimmung im Malze

hat bei jeder Sudkontrolle in der Weise zu geschehen, dafs während des Schrotens von dem Malze, bevor es in den zur Mühle führenden Trichter fällt, dem es durch ein gleichmäfsig arbeitendes Schüttelsieb zugeführt wird, alle 10 Minuten mit einem Holzkasten eine Probe aufgefangen wird. Diese Proben werden gehörig gemischt, aus ihnen eine gute Durchschnittsprobe entnommen, und in dieser nach S. 15 ff. das Wasser bestimmt.

Die Wasserbestimmung bei der Sudkontrolle ist stets auszuführen, da Ausbeuteberechnungen, namentlich wenn sie vergleichend gebraucht werden, nur dann Wert haben, wenn sie neben der Extraktausbeute auf lufttrockenes Malz die auf Malztrockensubstanz angeben.

Ein Unterschied im Wassergehalt des eingemaischten Malzes von 2 % kommt sehr häufig vor; gegen Ende der Kampagne mit altem Malz finden sich Unterschiede von 3—4 %. Den Einflufs einer Differenz von 2 % zeigt folgendes Beispiel:

Beispiel:

Eingemaischt werden zweimal je 1250 kg desselben Malzes und zwar:

1. mit 4,0 % Wasser, | 2. mit 6,0 % Wasser.

Zur Verwendung gelangen also

1200 kg Malztrockensubst. bezw. 1175 kg Malztrockensubst., so dafs in dem einen Falle 25 kg Malztrockensubstanz mehr in den Maischbottich gelangen. Infolgedessen läfst sich in dem ersten Falle mehr Würze derselben Stärke oder das gleiche Quantum stärkerer Würze als im zweiten Falle gewinnen, und zwar werden bei einer Ausbeute von 74,46 % auf Malztrockensubstanz bei

1. 87,6 hl mit 10,5 % | bei 2. 86 hl mit 10,5 %

oder

2. 86 hl mit 10,7 % und bei 2. 86 hl mit 10,5 %

ausgeschlagen.

Auf lufttrockenes Malz (1250 kg) berechnet, beträgt die Ausbeute bei

1. 71,34 % | 2. 70,0 %,

so dafs es den Anschein erweckt, dafs bei 1. entweder besser gearbeitet oder besseres Malz verbraut ist. In Wirklichkeit rührt aber die um 1,34 % höhere Ausbeute von dem um 2 % niedrigeren Wassergehalt des Malzes her.

Es ist deshalb bei einer genau durchgeführten Sudkontrolle notwendig, die Ausbeute auf Malztrockensubstanz zu berechnen, einmal, um vergleichende Resultate zu erhalten, des weiteren aber auch, um in rationeller Weise das Ausschlagquantum zu ändern. Ist der Wassergehalt des Malzes geringer, so ist es für die Betriebsleitung ohne Wert, dafs das gleiche Ausschlagquantum bleibt, dagegen die Stärke der Würze um mehrere Zehntel zunimmt, nein die Stärke der Würze mufs die gleiche bleiben, das Ausschlagquantum dagegen gesteigert werden, um hierdurch den Bierzug zu erhöhen; nimmt der Wassergehalt des Malzes zu, so mufs das Ausschlagquantum verkleinert werden, um Würzen derselben Konzentration zu erhalten.

5. Verschiedene Beobachtungen.

Bei jedem Sude, welcher kontrolliert wird, ist zu beobachten, ob die

Verzuckerung eine vollständige ist. Hierzu werden 5 Reagenzgläser, mit den Zahlen 1—5 versehen, in ein Reagenzglasgestell gebracht und auf jedes Glas ein mit einem Faltenfilter versehener kleiner Trichter gesetzt. An folgenden 5 Stationen werden von der Maische Proben genommen und in je ein Glas hineinfiltriert:

> am Beginn des Abmaischens, in der Mitte des Abmaischens, am Schlufs des Abmaischens, auf der Ruhe, kurz vor dem Anzapfen, und von der Vorderwürze.

Die ca. 2 ccm betragenden Filtrate werden abgekühlt und mit je 0,5 ccm Jodlösung (S. 70) auf vollständige Verzuckerung geprüft. Die hierbei erhaltenen Resultate sind einmal von Bedeutung für die weitere Behandlung der Sude auf der Ruhe, beim Anschwänzen, in der Bierpfanne etc., anderseits veranlassen sie bei Störungen zur rechten Zeit eine Änderung des Verfahrens.

Während des weiteren Verlaufes des Sudprozesses mufs die Art des Würze-Ablaufs angesehen und die hierbei gemachte Beobachtung notiert werden:

z. B. Würze lief im Anfang schleierig, nach 7 Minuten rasch und blank ab.

Ferner sind das Quantum der Stammwürze und die Saccharometeranzeige derselben zu ermitteln.

Das erstere geschieht mittels des Mafsstabes und der für diesen angebrachten Führungen (S. 91); zur Entnahme der Probe für die Saccharometeranzeige dient eine kleine, 600 ccm fassende Blechflasche (Fig. 47), welche durch einen Stopfen fest verschlossen werden kann. Dieselbe wird an einer Schnur in die in der Pfanne befindliche Würze eingesenkt, nach dem Herausheben sofort fest verschlossen und zur Abkühlung in dem fliefsenden Wasser des auf S. 71 beschriebenen Wasserbades auf ca. 17,5 ° C. heruntergekühlt. Nach kräftigem Umschütteln der Flaschen wird von dem Inhalt derselben mittels eines in $^1/_{10}$ geteilten Saccharometers die Anzeige erhoben.

Fig. 47.

In derselben Weise wird die Saccharometeranzeige des als letztes Glattwasser in die Pfanne laufenden Nachgusses bestimmt.

Nach Ablauf desselben und vor dem Austrebern findet

6. Die Untersuchung der Treber

daraufhin statt:

a) wieviel auswaschbarer Extrakt sich noch in denselben, befindet und
b) ob und wieviel unverzuckerte Stärke den Trebern noch innewohnt.

Um diese Untersuchungen ausführen zu können, ist es vor allem notwendig, dem Läuterbottich eine gute Durchschnittsprobe zu entnehmen; dieses findet auf Grund der bei der Untersuchung des Läuterbottichs (S. 88) gesammelten Erfahrung in der Weise statt, dafs drei Einzelproben der oberen Schicht am äufseren Rande, der mittleren Schicht der Mittelpartie und der untersten Schicht der untersten Partie entnommen werden. Die umstehende Fig. 48 bildet eine nähere Erläuterung dieser Verhältnisse.

An diesen drei Stellen wird in drei runden Blechgefäſsen von 20 cm Höhe und 15 cm im Durchmesser, je eine Probe entnommen; jede derselben wird in ein

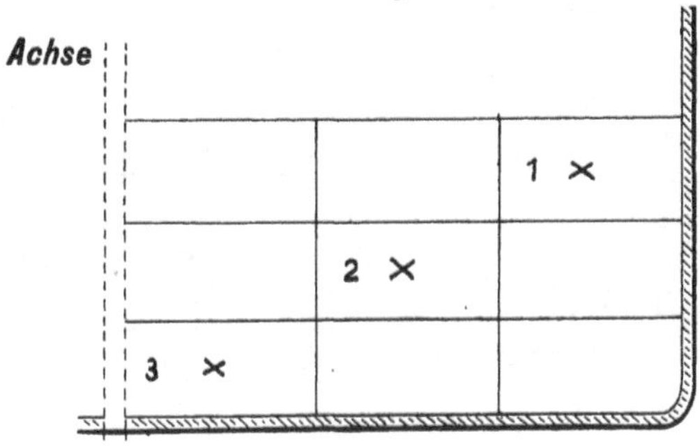

Fig. 48.

Leinwandsäckchen gefüllt, dieses unter einer kleinen Fruchtpresse ausgepreſst, der Preſssaft filtriert und das Filtrat nach dem Erkalten gespindelt:

Beispiel:

Preſssaft der Probe I = 0,8 %,
» » » II = 0,5 %,
» » » III = 0,6 %,

Der Preſssaft der Treber zeigt im Mittel = 0,65 %.

Des ferneren werden an den drei für die Probenentnahme markierten Stellen je eine Probe auf kleinen, ca. 20 cm im Durchmesser haltenden, 18 mm tiefen Metalltellern entnommen; diese Teller sind vorher genau tariert und werden nach dem Auftragen der Treber wieder gewogen; auf diese Weise wird das Gewicht der auf jedem Teller befindlichen Treber bestimmt. Die so beschickten Teller werden auf der auf S. 34 abgebildeten Darre so erhitzt, daſs nach 2—3 Stunden in den Trebern noch ca. 2—5 % Wasser enthalten sind. Nach Ablauf dieser Zeit werden die Teller in den Exsiccator gestellt und nach dem Erkalten gewogen. Auf diese Weise wird die Menge des abgegangenen Wassers ermittelt:

Beispiel:

	Teller I. g	Teller II. g	Teller III. g
Teller mit Treber vor dem Trocknen	246,40	222,63	232,81
Tara des Tellers. . . .	99,06	101,19	100,32
Gewicht der Treber . .	147,34	121,44	132,49
Teller mit Treber nach dem Trocknen	125,07	124,19	125,68
Tara des Tellers. . . .	99,06	101,19	100,32
Gewicht d. Trockentreber	26,01	23,00	25,36
Gewicht der Treber vor dem Trocknen . . .	147,34	121,44	132,49
Gewicht der Treber nach dem Trocknen . . .	26,01	23,00	25,36
Wasserverlust	121,33	98,44	107,13
oder	82,34 %	81,06 %	80,85 %

Hieraus berechnet sich der Durchschnittswasserverlust zu

81,42 %.

Von den Trockentrebern wird in einer guten Durchschnittsprobe auf die S. 15 ff. beschriebene Weise das Wasser bestimmt. Das hierbei erhaltene Resultat giebt in Verbindung mit der Wasserabnahme beim Darren den Wassergehalt der Treber.

Beispiel:

Wasserabnahme der Treber auf der Darre = 81,42 %
Wassergehalt der Trockentreber = 2,40 %
100 g nasse Treber = 18,58 Trockentreber mit 2,40 %;
18,58 Trockentreber enthalten

$$\frac{18{,}58 \times 2{,}4}{100} = 0{,}44 \text{ g Wasser,}$$

oder 100 g nasse Treber enthalten

$$81{,}42 + 0{,}44 = 81{,}86\,\%\ \text{Wasser.}$$

Von den Trockentrebern werden ferner zweimal je 25 g genau nach der bei der Malzanalyse (S. 67 ff.) angegebenen Weise eingemaischt mit dem Unterschiede, dafs statt des Wassers 200 ccm eines Diastaseauszuges benutzt werden, welcher folgendermafsen bereitet wird.

160 g Grünmalz[1]) werden, nachdem sie auf einem glatten Brett mit einem scharfen Hackmesser zerkleinert sind, mit 1100 ccm destillierten Wassers übergossen und während 10 Stunden bei Zimmertemperatur extrahiert. Die überstehende Flüssigkeit wird abgegossen und filtriert; das Filtrat wird in Mengen von je 200 ccm zum Einmaischen der Trockentreber verwendet. Zu gleicher Zeit werden 200 ccm Diastaselösung für sich in derselben Weise und in demselben Wasserbade wie die Trockentreber aufgemaischt. Mit diesen drei Maischen wird genau wie bei der Malzanalyse verfahren und in den dabei erhaltenen Filtraten das specifische Gewicht bestimmt. Das von der Diastaselösung erhaltene Resultat findet Verwendung zur Korrektur der Extraktmengen, welche die Trebermaischen aufweisen, da diesen durch den Zusatz von 200 ccm Diastaseauszug Extraktquanten zugeführt werden, welche nicht aus den Trockentrebern selbst stammen.

Beispiel:

Extraktgehalt des Trockentreber-Filtrates I 0,71 %

» » » » II 0,73 %

im Mittel = 0,72 %.

Es werden 25 g Trockentreber mit 2,4 % Wasser = 24,4 g Trockensubstanz eingemaischt.

Auf (100—0,72) = 99,98 g kommen 0,72 g Extrakt

auf (450—24,4) = 425,6 g kommen dann

$$\frac{425{,}6 \times 0{,}72}{99{,}98} = 3{,}064 \text{ g Extrakt.}$$

[1]) Während der Monate, in denen die Mälzerei aufser Betrieb ist, geschieht die Bereitung des Grünmalzes im Laboratorium nach der bei der »Probemälzung im kleinen« angegebenen Methode. (Seite 30 ff.)

Der Extraktgehalt der gemaischten Diastaselösung = 0,46%,

$$\text{in 450 g also} = \frac{0{,}46 \times 450}{100} = 2{,}07 \text{ g Extrakt.}$$

Da also in den 200 ccm Diastaselösung 2,07 g Extrakt enthalten sind, so haben die 25 g Trockentreber = 24,4 g Trockensubstanz,

$$3{,}064 - 2{,}07 = 0{,}994 \text{ g Extrakt geliefert.}$$

Wenn 24,4 g Trockensubstanz 0,994 g Extrakt ergeben, so beträgt der von <u>100 g Trockensubstanz</u> gelieferte Extrakt

$$\frac{0{,}994 \times 100}{24{,}4} = \underline{4{,}073\,\%} \text{ Extrakt.}$$

In den nassen Trebern sind demnach, da 100 g nasse Treber = (100—81,86) = 18,14 g Trebertrockensubstanz

$$\frac{0{,}994 \times 18{,}14}{24{,}4} = \underline{0{,}738\,\%} \text{ Extrakt enthalten.}$$

Aus den bisher erhaltenen Daten werden berechnet:

α) der Gehalt der nassen Treber an auswaschbarem Extrakt,

β) der Gehalt der Trebertrockensubstanz an auswaschbarem Extrakt,

γ) der Gehalt der nassen Treber an unverzuckerter Stärke,

δ) der Gehalt der Trebertrockensubstanz an unverzuckerter Stärke.

α) Der Gehalt der nassen Treber an auswaschbarem Extrakt.

Saccharometeranzeige des Preſssaftes = 0,65%.

$$(100 - 0{,}65) = 99{,}35 = 0{,}65 \text{ g Extrakt.}$$

$$81{,}86 = \frac{81{,}86 \times 0{,}65}{99{,}35} = 0{,}53 \text{ g.}$$

100 g nasse Treber = 0,53% auswaschbarer Extrakt.

β) Der Gehalt der Trebertrockensubstanz an auswaschbarem Extrakt beträgt demnach

$$\frac{0{,}53 \times 100}{18{,}14} = 2{,}9\,\%.$$

Nach den Maischversuchen mit Diastase würden an auswaschbarem Extrakt enthalten:

die nassen Treber 0,738 %,
die Trebertrockensubstanz 4,073 %.

Die sich hierbei ergebende Zunahme gegenüber den beim Auspressen erhaltenen Resultaten rührt von der Verzuckerung der in den Trebern als unverzuckert enthalten gewesenen Stärke her, so dafs sich die letztere dadurch berechnet, dafs von dem Gesamtextrakt der durch Pressen erhaltene abgezogen wird.

Es beträgt also

γ) der Gehalt der nassen Treber an unverzuckerter Stärke

$$0{,}738 - 0{,}53 = \underline{0{,}208\,\%}.$$

δ) der Gehalt der Trebertrockensubstanz an unverzuckerter Stärke

$$4{,}073 - 2{,}9 = \underline{1{,}173\,\%}.$$

Der Gehalt der Treber an auswaschbarem Extrakt und an unverzuckerter Stärke darf bestimmte Grenzen nicht überschreiten, welche für diesen bei 1 %, für jene bei 0,5 %, berechnet auf nasse Treber, liegen.

Die bisher für die Sudkontrolle ausgeführten Mafsnahmen ermöglichen die Kontrolle dieser Arbeitsweise, welche neben der Erzeugung einer gesunden, dem beabsichtigten Biertypus entsprechenden Würze eine möglichst hohe Ausbeute produziert. Zur Feststellung

7. der Extraktausbeute

ist zunächst das Quantum der heifsen Würze, welches ausgeschlagen wird, genau zu ermitteln. Zu diesem Zweck mufs kurz vor dem Ausschlagen das Kochen sistiert werden, so dafs der Würzespiegel in der Bierpfanne absolut ruhig daliegt. Alsdann wird mit dem Mafsstabe das genaue Quantum der Würze ermittelt und in demselben Moment mit einer 600 ccm haltenden Blechflasche (Fig. 47) eine Probe entnommen. Die Flasche wird mit einem Stopfen gut verschlossen und die Würze im fliefsenden Wasser des auf S. 71 beschriebenen Wasserbades auf ca. 17,5 ° C. heruntergekühlt. Der Inhalt der Flasche wird nach dem Erkalten gut durcheinander geschüttelt und filtriert; im Filtrate wird mit einem in $^1/_{10}$ geteilten Saccharometer der Extraktgehalt bestimmt um hierauf mit Hilfe der Holzner'schen[1]) Tabellen die Ausbeute auf lufttrockenes Malz zu berechnen:

Beispiel:

Eingemaischt: 1250 kg Malz,
Ausschlagquantum: 85 hl heifse Würze,
Saccharometeranzeige: 10,7 %,
Ausbeute auf lufttrockenes Malz = 70,5 %

Hiernach ergiebt sich
die Ausbeute auf Malztrockensubstanz.

Wassergeh. d. eingemaischt. Malzes: 6,1 %
Ausbeute auf lufttrockenes Malz: 70,5 %
Ausbeute auf Malztrockensubstanz: $\frac{70{,}5 \times 100}{(100-6{,}1)} = 75{,}07\,\%$.

Um ein vollständiges Bild des kontrollierten Sudes zu erhalten, werden im Anschlufs an die Sudhausarbeit bestimmt:

8. Konzentration der Anstellwürze im Gärkeller und Farbentiefe.

Zu diesem Zweck wird in einem trockenen Glaskolben der Würze im Bottich eine gute Durchschnittsprobe entnommen, um in derselben mittels eines in $^1/_{10}$ geteilten Saccharometers die Konzentration zu ermitteln.

---

[1]) Holzner, Tabellen zur Berechnung der Ausbeute aus Malz und zur saccharometrischen Bier-Analyse.

Von derselben Probe erfolgt die Bestimmung der Farbentiefe mit $\frac{N}{100}$ Jodlösung und dem Lintner'schen Verdünnungs-Kolorimeter (S. 79). Zur Bestimmung der Farbentiefe wird praktisch Trubwürze verwendet, da diese blanker ist als Bottichwürze.

Die Ergebnisse der bei der Sudkontrolle ausgeführten Operationen werden der Übersicht halber tabellarisch geordnet; die Tabellen werden einem dem Soennecken'schen Briefordner nachgebildeten Umschlag eingeordnet, welcher auf der Rückseite die Aufschrift »Sudkontrolle« trägt.

Beispiel:

Sud-Nr. 95; helles Lagerbier.	Datum: 28./12. 1900.
Name des Biersieders: Kramer.	Zeit des Einmaischens: 4 Uhr vormittags.
Malzsorte und Quantum . .	600 kg Fuglsang altes, 650 » » neues.
Wassergehalt des Malzes . .	6,0 %
Grobschrot-Ausbeute	lufttrocken; 70,76 %, Trockensubstanz: 75,7 %.
Mehl-Ausbeute . . .	lufttrocken: 73,1 %, Trockensubstanz: 78,2 %.
Verzuckerung . . .	vollständig auf den 5 Stationen.
Ablauf der Würze	schnell und blank.
Vorderwürze	30 hl mit 17,6 %.
Glattwasser	0,4 %.
Nasse Treber enthalten . .	0,516 % auswaschbaren Extrakt, 0,364 % unverzuckerte Stärke.
Trebertrockensubstanz enthält:	2,448 % auswaschbaren Extrakt, 1,724 % unverzuckerte Stärke.
Ausgeschlagen { Zeit	1 Uhr nachmittags,
Ausgeschlagen { Quantum und Konzentration	86 hl mit 10,5 %.
Praxis-Ausbeute	lufttrocken: 70,0 %, Trockensubstanz: 74,46 %.
Konzentrat. der Anstellwürze:	11,3 %.
Farbentiefe der Anstellwürze:	6,3 ccm $\frac{N}{100}$-Jodlösung.

Wie bereits oben bemerkt wurde, wird diese Art der Sudkontrolle in der Regel zweimal wöchentlich bezw. bei Verwendung neuer Malzsorten, Malzmischungen oder bei Änderungen im Sudverfahren durchgeführt. Aufserdem wird bei jedem Sude die Extraktausbeute auf lufttrockenes Malz genau erhoben und in das Sudjournal eingetragen, welches nach folgendem Beispiel geführt wird:

Sud-Nr.: 306. Datum: 6. Juni 1900. Sorte des Bieres: dunkel Lager. Sorte und Quantum des Malzes: 1250 kg dänisch eigener Fabrikation. Eingemaischt: 11 Uhr vorm.

Bierbrauerei

11. 0		11. 1		11. 2		11. 3		11. 4 u. s. w.		12. 0		12. 1		12. 2	
Sud Nr.	Hektoliter heifse Würze	Sud Nr.	Hektoliter heifse Würze	Sud Nr.	Hektoliter heifse Würze	Sud Nr.	Hektoliter heifse Würze	Sud Nr.	Hektoliter heifse Würze	Sud Nr.	Hektoliter heifse Würze	Sud Nr.	Hektoliter heifse Würze	Sud Nr.	Hektoliter heifse Würze
2	79,5	10	79,5	1	79	3	79	45	80	34	75				
11	80	12	80	9	75,5	35	80	46	80	580	74,5				
19	80,5	17	79,5	25	79,5	43	80,5	54	80,5	581	75				
20	80	18	80	37	81	47	80,5	53	80,5	590	75				
44	81	26	80	38	81	52	80,5	63	80,5	591	74,5				
130	82,5	27	80	42	81	63	80,5								
152	81	28	80	80	81	64	80,5								
229	81,5	55	80	83	82,5	72	81								
262	83	62	80,5	108	81										
281	81,5	82	82,5	120	81,5										
291	83	138	81	121	81										
293	83	140	83	129	81										
306	83	151	82	132	82										
314	83	161	82	139	81,5										
356	83	181	82,5	149	81,5										
359	83														

Abgemaischt: 2^{45} nachm. Vorderwürze: 30 hl mit 18,1 %. Glattwasser: 0,7 %. Gesamtwürze ausgeschlagen: 83 hl mit 11,0 %. Zeit des Ausschlagens: 8^{10} abends. Extraktausbeute: 70 %.

Zu Berechnungen, deren Art und Zweck sich aus weiter unten verzeichneten Angaben ergiebt, werden diesem Sudjournal allwöchentlich die Daten über Ausschlagquantum und Konzentration der einzelnen Biersorten entnommen und in zwei Tabellen nach folgender Anordnung zusammengestellt:

A. Schifferer Kiel.

12.3		12.4		12.5 u. s. w.		13.0		13.1		13.2		13.3		13.4 u. s. w.	
Sud Nr.	Hektoliter heiſse Würze	Sud Nr.	Hektoliter heiſse Würze	Sud Nr.	Hektoliter heiſse Würze	Sud Nr.	Hektoliter heiſse Würze	Sud Nr.	Hektoliter heiſse Würze	Sud Nr.	Hektoliter heiſse Würze	Sud Nr.	Hektoliter heiſse Würze	Sud Nr.	Hektoliter heiſse Würze
								104	68			89	67	103	67
												90	70	98	67,5
												95	67		
												96	67,5		
												99	67		
												105	67		

Bierbrauerei A. Schifferer Kiel.

Helles				Dunkles				Doppelmärzen	
Sud-Nr.	Ausschlag-Quantum	Sud-Nr.	Ausschlag-Quantum	Sud-Nr.	Ausschlag-Quantum	Sud-Nr.	Ausschlag-Quantum	Sud-Nr.	Ausschlag-Quantum
	hl		hl		hl		hl		hl
4	85,5	Übertrag	4584,5	1	79	Übertrag	4163,0	88	67
5	85	124	87,5	2	79,5	128	80,5	89	67
6	86	125	87	3	79	129	81	90	67
7	86,5	126	89	9	79,5	130	82,5	91	67,5
8	86	127	88	10	79,5	131	81	100	67
13	84	133	87,5	11	80	132	82	101	67,5
	—	134	88	12	80	138	81	104	68
	—	135	88	17	79,5	139	81,5	105	67,5
	—	136	89	18	80	140	83		—
	—	142	88	19	80,5	141	80,5		—
	—		—	20	80	148	80,5		—
	—		—	25	79,5	149	81,5		—
	—		—		—	150	81,5		—
	—		—		—	170	82		—
	—		—		—	171	81,5		—
	—		—		—		—		—
	—		—		—		—		—
	—		—		—		—		—
	—		—		—		—		—
	—		—		—		—		—
	—		—		—		—		—
	—		—		—		—		—
	—		—		—		—		—
	—		—		—		—		—
	—		—		—		—		—
Übertrag	4584,5	Summa	*e* hl	Übertrag	4163,0	Summa	*i* hl	Summa	*n* hl

Aus der zweiten Tabelle ergiebt sich:

a) die Anzahl der im Geschäftsjahr ausgeführten Sude und das Gesamtquantum ausgeschlagener heifser Würze,
b) die Anzahl »heller« Sude und das Ausschlagquantum »heller Würze«,
c) die Anzahl »dunkler« Sude und das Ausschlagquantum »dunkler Würze«,
d) die Anzahl »Doppel-Märzen«-Sude und das Ausschlagquantum »Doppel-Märzen«-Würze.

Die erste Tabelle zeigt:

a) die Durchschnittskonzentration der im Sudjahr erzeugten Gesamtwürze,
b) die Durchschnittskonzentration der im Sudjahr erzeugten »hellen« Würze,
c) die Durchschnittskonzentration der im Sudjahr erzeugten »dunklen« Würze,
d) die Durchschnittskonzentration der im Sudjahr erzeugten »Doppel-Märzen«-Würze,

so dafs der Überblick über die im Sudhaus geleistete Arbeit sich in folgender Weise präsentiert:

Im Sudjahr 1899/1900

wurden gebraut x Sude à 1250 kg Malz = y kg Malz. Ausgeschlagen wurden: z hl heifse Würze mit b % im Durchschnitt.

Durchschnittsausbeute: 70,01 %.

Davon

d Sud »hell« mit e hl heifser Würze, Durchschnittskonzentration von f %, Ausbeute von g %,
h Sud »dunkel« mit i hl heifser Würze, Durchschnittskonzentration von k %, Ausbeute von l %.
m Sud »Doppel-Märzen« mit n hl heifser Würze, Durchschnittskonzentration von p % und Ausbeute von q %.

Aus den zweimal wöchentlich ausgeführten Kontrollsuden ist ferner der Wassergehalt des Malzes von ca. 100 Suden bekannt. Der hieraus berechnete »Durchschnittswassergehalt« des Malzes dient zur Unterlage der Umrechnung der obigen Ausbeuten auf Malztrockensubstanz:

Beispiel:

Durchschnittswassergehalt des Malzes im Sudjahre 1899/1900 = 5,02 %.

Bei einer Durchschnittsausbeute von 70,01 % auf lufttrockenes Malz beträgt hiernach die

Durchschnittsausbeute auf Malztrockensubstanz: 73,7 %

und analog

bei der Erzeugung »heller Würzen« x %,
bei der Erzeugung »dunkler Würzen« y %,
bei der Erzeugung »Doppel-Märzen«-Würzen z %.

Von dem Augenblicke an, in dem die Würze das Sudhaus verläfst und auf die Kühlschiffe ausgeschlagen wird, tritt in die Betriebskontrolle ein neues Moment »die biologische Seite der Untersuchungen« ein. Denn nach dem Abkühlen auf bestimmte Temperaturen bildet die Würze für Pilze, Hefen und Bakterien ein vorzügliches Nährsubstrat, eine Eigenschaft, die es auf der einen Seite ermöglicht, aus der Würze durch Gärung das Bier zu erzeugen, die auf der anderen Seite aber oft geeignet ist, die Frucht sorgfältiger und mühsamer Arbeit zu zerstören.

Aus diesem Grunde bildet die biologische Seite der Betriebskontrolle ein wichtiges Moment in der Reihe der Untersuchungen, welche das Betriebslaboratorium auszuführen hat, um Sicherheit im Betriebe zu schaffen.[1])

---

[1]) Vergleiche hierzu:

E. Chr. Hansen, Untersuchungen aus der Praxis der Gärungsindustrie I. und II. Heft;

P. Lindner, Wochenschrift für Brauerei 1894, S. 697.

Derselbe, daselbst 1896, S. 80.

Derselbe, daselbst 1898, S. 536.

Für die Ausarbeitung der Untersuchungsmethoden für das Betriebslaboratorium sind ferner im Laufe der Jahre benutzt:

Kubel-Tiemann, Die chemische und mikroskopisch-bakteriologische Untersuchung des Wassers. II. Teil.

Jörgensen, Die Mikroorganismen der Gärungsindustrie.

Lindner, Mikroskopische Betriebskontrolle in den Gärungsgewerben.

Klöcker, Gärungsorganismen der Alkoholgärungsgewerbe.

Stellwaag, Anleitung zur Hefenreinzucht und zu mikroskopischen Untersuchungen in der Brauerei.

Die diesbezüglichen Untersuchungen sind regelmäſsig auszuführen und beschäftigen sich zunächst:

E. Mit der Kontrolle der Kühlschiffsluft, der Kühlschiffswürzen, der Luft in dem Raum der Berieselungskühler, der diese mit dem Kühlschiff einerseits und mit den Gärbottichen anderseits verbindenden Leitungen.

Zur Untersuchung der Kühlschiffsluft werden drei sterile[1]) Petrischalen (Fig. 49) mit Würzegelatine und drei sterile Petrischalen mit Fleischsaftgelatine beschickt. Dieses geschieht in dem Hansen'schen sterilen Kasten, welcher der Kürze halber mit »Sublimatkasten« bezeichnet wird. Derselbe besteht aus einem durch Holzrahmen zusammengefügten Glaskasten von 61 cm Höhe, 57 cm Breite und 47 cm Tiefe, welcher an der Vorderseite durch einen nach oben verschiebbaren, mit Glas

Fig. 49.

[1]) Sterile Petrischalen werden für die Betriebskontrolle stets in gröſseren Mengen gebraucht und deshalb in einer Zahl von ca. 50 Stück für den Gebrauch vorbereitet, d. h. sterilisiert. Zu diesem Zweck wird jede Schale in ein Stück Papier fest eingewickelt; die eingewickelten Schalen werden dann in einem aus Kupferblech gearbeiteten Schranke $1\frac{1}{2}$ Stunden einer Temperatur von 120° C. ausgesetzt. Nach dem Erkalten werden die in Papier gewickelten Schalen in einen Glasschrank gebracht und dort bis zum Gebrauch aufbewahrt.

versehenen Rahmen verschlossen wird. Dieser Kasten dient allgemein zur Vornahme von Arbeiten, welche in einem sterilen Raume vorgenommen werden müssen; die Sterilisation geschieht in der Weise, daſs die sämtlichen Wände und der Boden des Kastens 30 Minuten vor Inangriffnahme der Arbeiten sorgfältig mit 0,1 proc. »Sublimatlösung« unter Zuhilfenahme eines ein für allemal hierfür bestimmten Schwammes abgewaschen werden. Nach dem Abwaschen bleibt der Kasten 30 Min. mit geschlossener Thür ruhig stehen.

Nach Ablauf dieser Zeit werden in dem vorliegenden Falle die sechs sterilen Petrischalen in den Kasten gestellt, jede Schale mit dem Inhalt eines bis zur Hälfte mit Würzegelatine bezw. Fleischsaftgelatine[1]) gefüllten Freudenreich-Kölbchens (Fig. 50) beschickt und darauf mit dem Deckel verschlossen. Da die Nährgelatine in den Freudenreich-Kölbchen erstarrt ist, so werden diese zunächst in ein Wasserbad von 35—40° C. gestellt; die Gelatine verflüssigt sich und läſst sich nun unter dem Schutze des »Sublimat-Kastens« leicht in die Petrischalen entleeren. Es kommt darauf an, daſs die Verteilung der Nährgelatine in der Schale eine gleichmäſsige ist; zu diesem Zwecke werden die Schalen, nachdem sie beschickt sind, auf

Fig. 50.

---

[1]) **a) Darstellung der Fleischsaft-Gelatine.**

0,5 kg gehacktes, von Fett und Sehnen befreites Rindfleisch wird in einem groſsen Becherglas mit 1 l destillierten Wassers übergossen und in der Kälte — im Sommer im Eisschrank — unter zeitweisem Umrühren 24 Stunden stehen gelassen. Das Gemenge wird durch einen reinen Beutel gepreſst und durch Faltenfilter filtriert; das Filtrat wird auf 1000 ccm aufgefüllt. Dieses Fleischwasser wird in einem 2 l fassenden Erlenmeyer-Kolben mit 10 g Pepton und 5 g Kochsalz versetzt und tüchtig geschüttelt. Nach einem Zusatz von 100—120 g feinster französischer Gelatine wird der Kolben nebst Inhalt bis zur vollständigen Quellung eine Glasplatte gestellt, welche auf ihrer Oberfläche eine kleine Wasserwage aufgesetzt bekommt; mittels dieser und dreier unter der Glasplatte angebrachter Schrauben wird diese in die horizontale Lage gebracht, so dafs die

---

der Gelatine in einem Wasserbade von 40—50 ° C. behandelt; hierauf wird die Temperatur auf 100° C. gesteigert und bis zum Eintritt von Bruch gehalten. Ist dieses geschehen, so erfolgt Neutralisation mit konzentrierter Sodalösung, die in einem so kleinen Überschufs zugesetzt wird, dafs Lackmuspapier schwach blau gefärbt wird. Der Inhalt des Erlenmeyer-Kolbens wird alsdann vermittelst eines Heifswassertrichters (Fig. 51) über ein Faltenfilter filtriert und zum Teil in Freudenreich Kölbchen, zum Teil in anderen Gefäfsen, in denen die Aufbewahrung vor sich gehen soll, aufgefangen. Die mit der auf diese Weise bereiteten »Fleischsaftgelatine« gefüllten Gefäfse werden in den Dampftopf (Fig. 17) gestellt und in diesem im strömenden Dampf $^{3}/_{4}$ Stunden sterilisiert. Nach Verlauf dieser Zeit werden die Gläser herausgenommen und in kleine Blechkästen gestellt, um in diesen in einem Glasschrank aufbewahrt zu werden.

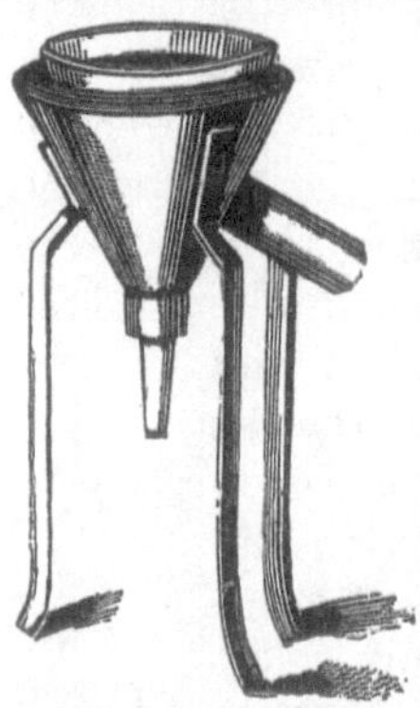

Fig. 51.

b) Darstellung der Bierwürze-Gelatine.

Dieselbe geschieht in derselben Weise wie die der Fleischsaftgelatine mit dem Unterschiede, dafs statt des Fleischwassers frische Trubwürze zur Anwendung kommt, welche vorher eine Stunde lang in einem Kochkolben aufgekocht ist.

Für andere Untersuchungen werden ferner als Nährsubstrate noch verwendet:

c) Hefenwasser, Hefengelatine, Malzinfusionsgelatine und Biergelatine.

Zur Bereitung des Hefenwassers werden nach Will, Zeitschr. f. d. ges. Brauw. 1901, S. 290, 10 g trocken geprefste Hefe in 50 ccm Wasser eine halbe Stunde lang gekocht; dem Kochgemisch werden nach dem Abkühlen weitere 50 ccm Wasser zugesetzt. Von dem Bodensatz wird nach 12 Stunden

Gelatine die Schalen gleichmäſsig überlauft und nach dem Erstarren eine gleichmäſsig verteilte Schicht bildet (Fig. 52). Nachdem im Sublimat-Kasten erfolgten Erstarren der Gelatine werden die sechs Petrischalen mit kleinen Etiketten versehen, welche der Reihe nach folgende Signaturen führen:

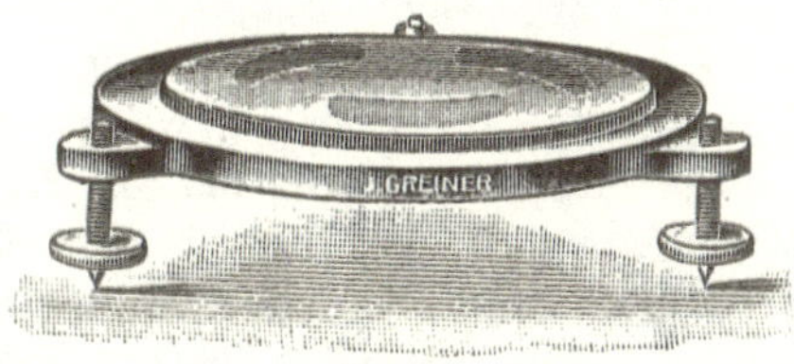

Fig. 52.

F. G. K. I	=	Fleischsaft-Gelatine, Kühlschiff I.
F. G. K. II	=	» » » II.
F. G. K. III	=	» » » III.
W. G. K. I	=	Würze-Gelatine, Kühlschiff I.
W. G. K. II	=	» » » II.
W. G. K. III	=	» » » III.

---

dekantiert, durch ein Faltenfilter filtriert und mit Sodalösung neutralisiert. Zur Sterilisation des so gewonnenen Hefenwassers wird dasselbe an drei aufeinander folgenden Tagen je $^1/_2$ Stunde im Dampftopf im strömenden Dampf behandelt. Diese Sterilisation erfolgt in kleinen Freudenreich-Kölbchen, welche mit ca. 10 ccm des Hefenwassers beschickt sind.

Von diesem Hefenwasser ausgehend, wird die Hefengelatine ebenso dargestellt wie die übrigen Nährgelatinen mit dem Unterschiede, daſs statt Trubwürze etc. Hefenwasser verwendet wird.

Für die Malzinfusionsgelatine wird Würze, wie sie bei der Malzanalyse gewonnen wird, in der Weise verwendet, daſs einem Liter derselben ca. 20 g Agar-Agar (klein geschnitten) zugesetzt und das Gemisch längere Zeit im Kochen erhalten wird. Von dem Agar-Agar werden in den Sommermonaten, deren Temperatur im allgemeinen die Nährgelatinen flüssig erhält, diesen pro 100 g Gelatine ca 2 g Agar-Agar zugesetzt.

Zur Bereitung der Biergelatine findet statt der Trubwürze, Bier Verwendung. Die Verarbeitung im Wasserbade erfolgt unter Anwendung eines Rückfluſskühlers, um das Entweichen des Alkohols zu verhindern. Bei der Filtration durch den Heiſswassertrichter werden der Gelatine einige Tropfen Alkohols zugegeben; das Filter im Trichter ist mit einer Glasplatte bedeckt.

In der Mitte eines jeden der drei vorhandenen Kühlschiffe werden eine Stunde vor dem Ausschlagen eine Schale mit Fleischsaftgelatine und eine Schale mit Würzegelatine aufgestellt und die Deckel entfernt. Nach 1 Stunde erfolgt mit denselben das Verschliefsen der Schalen, welche nunmehr unter einer Glasglocke auf dem für biologische Arbeiten hergerichteten Arbeitstische[1]) sich behufs Entwicklung der auf der Oberfläche der Gelatinen gesammelten Keime von Mikroorganismen die nächsten Tage selbst überlassen bleiben. Um die Petrischalen in gröfserer Anzahl geschützt vom Laboratorium in den Betrieb und von diesem wieder zurück ins Laboratorium zu transportieren,

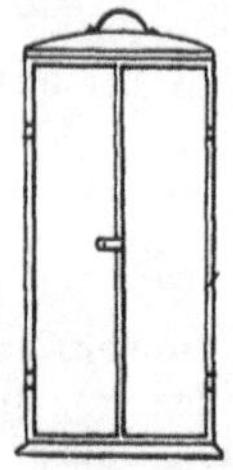

Fig. 53.

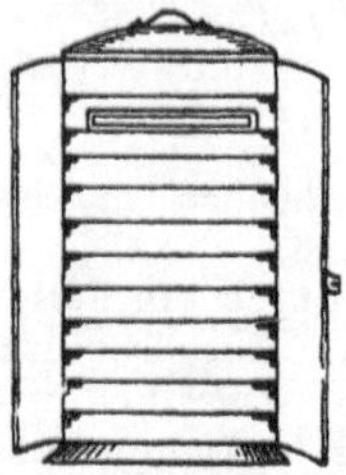

Fig. 54.

werden aus Weifsblech gefertigte cylindrische, aufsen gestrichene Gefäfse verwendet, welche, durch zwei kleine Thüren verschliefsbar, im Stande sind, 12 Petrischalen zu fassen, und welche der bequemeren Handhabung wegen, oben mit einem Traggriffe versehen sind (Fig. 53 u. 54).

[1]) Dieser Arbeitstisch steht unmittelbar vor einem nach NNO zeigenden Fenster, ist 0,82 cm hoch und trägt eine Platte von 1,15 m × 0,55 m. Auf dieselbe ist ein 7 mm dickes Spiegelglas mit schwarzer Unterlage aufgelegt. Diese Farbe ist angenehm für das Auge bei Vornahme mikroskopischer Arbeiten. Zur Ausführung derselben steht ein Mikroskop von Zeifs, Jena, nebst Zubehör (Zeichenapparat, mikrophotographische Camera u. s. w.) zur Verfügung (Fig. 55). Näheres über das »Mikroskop« und die Technik des Mikroskopierens siehe Bachmann, »Die modernen Mikroskope« und Strafsburger »Das botanische Praktikum«.

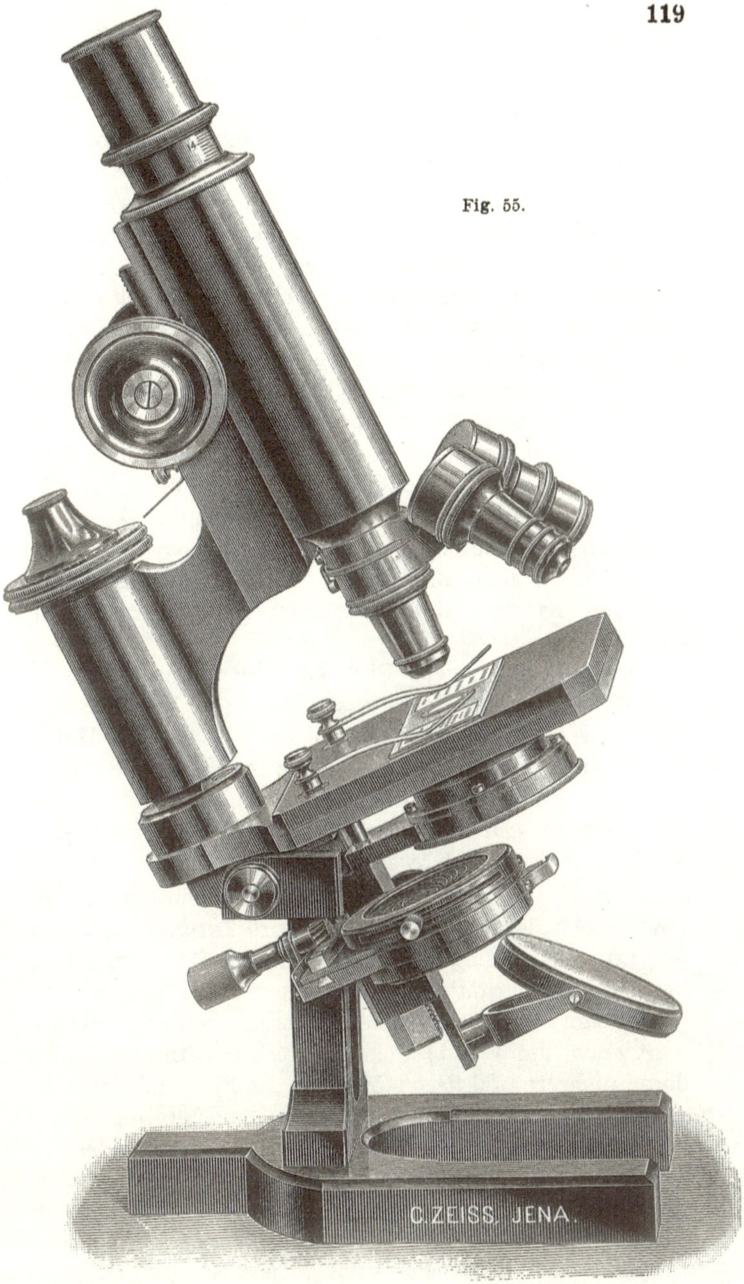

Fig. 55.

Nach Verlauf von drei Tagen werden die Platten mit einem Vergröfserungsglase abgesucht, um die Anwesenheit etwa in der Entwicklung begriffener Kolonien zu ermitteln. Sobald dieselben deutlich sichtbar sind, — um dieses zu kontrollieren werden die Platten an jedem der auf die drei Tage folgenden Tage genau durchgesehen, — wird die Anzahl derselben festgestellt. Nicht selten gestattet hierbei das makroskopische Bild bereits einen Schlufs, wieviele von Hefen, Bakterien oder Schimmelpilzen gebildet werden. Mit Rücksicht auf die letzteren ist es vor allem geboten, zu versuchen, die Kolonien von dem Moment an, wo dieselben sichtbar werden, zu zählen und dieses die folgenden Tage gewissenhaft fortzusetzen. Die Schimmelpilze reifen nämlich sehr bald aus, die Sporen fallen auf die Gelatine und lassen auf derselben neue Kolonien von Schimmelpilzen entstehen, welche nicht ursprünglich der untersuchten Luft entstammen, so dafs eine Verschiebung der Verhältnisse eintritt.

Das makroskopische Bild wird durch das mikroskopische ergänzt bei der Feststellung, ob die einzelnen Kolonien von Schimmelpilzen, Bakterien oder Hefen herrühren. Hierbei gestattet die mikroskopische Arbeit in vielen Fällen gleichzeitig die Arten der Pilze oder Bakterien zu eruieren; über die Hefenarten läfst sich bestimmtes hierbei schwer ermitteln.

Für die praktischen Verhältnisse kommt es in der Hauptsache darauf an, die ungefähre Zusammensetzung der Luft auf den Kühlschiffen vor dem Ausschlagen in dem bis jetzt ermittelten Sinne kennen zu lernen.

Treten im Laufe der weiteren Betriebskontrolle Anzeichen dafür auf, dafs ein Mikroorganismus oder deren mehrere praktisch störend in die Bierbereitung eingreifen, und kommt es darauf an, den Ursprung dieser Störenfriede zu ermitteln, so mufs die genauere Bestimmung der bei der Luftanalyse erhaltenen Mikroorganismen ins Auge gefafst werden. Dieselben sind dann zu isolieren, ausführlich zu charakterisieren[1]) und mit denen zu vergleichen, die sich unliebsam bemerkbar machen und deren Ursprung ermittelt werden soll. Derselbe ist jedoch auf den Kühlschiffen mit ziemlicher Sicherheit nicht zu suchen, da auf Grund der Luftanalysen-Resultate in praxi prophylaktisch so zu verfahren ist, daſs eine namhafte Infektion der Würze durch die Kühlschiffsluft überhaupt nicht eintritt.

Die Ergebnisse der Kühlschiffsluft-Analysen wechseln natürlich sehr mit der Jahreszeit und den jeweiligen Wind- und Witterungsverhältnissen, die infolgedessen jedesmal zu notieren sind. Ausgeführt werden diese Analysen zweimal die Woche; das so gesammelte Material gestattet einen Schluſs, in welchem Grade die Verunreinigung der Kühlschiffsluft mit den Jahreszeiten, den Wind- und Witterungsverhältnissen wechselt und bildet so eine wertvolle Unterlage für die eine namhafte Infektion verhütende Behandlung der Würze auf den Kühlschiffen. Liegt hierfür die Möglichkeit vor, so lange die Würzen sich auf den Kühlschiffen befinden, so verschwindet dieselbe, sobald die Würzen auf die Berieselungskühler gelangen und hier alle Stadien der Temperaturerniedrigung durchmachen. Auf den Berieselungskühlern ist die Würze den Angriffen von Mikroorganismen, welche sich in der Luft des Raumes der Berieselungskühler und auf diesen selbst befinden, stark exponiert. Demgemäſs muſs dafür Sorge getragen werden, daſs über die Beschaffenheit der hier in Betracht kommenden Verhältnisse stets Klarheit herrscht, nicht um durch eine andere Art der Würzebehandlung, sondern um durch Reinhaltung der Luft und der Apparate einer ernsthaften Infektion der Würze vorzubeugen. Da dieses mit den heutzutage zur Verfügung stehenden Mitteln möglich ist, so hat die Analyse der Luft bei

[1]) Lindner, Mikroskopische Betriebskontrolle in den Gärungsgewerben S. 124—174 und S. 319 ff., Jahrg. 1898, 2. Aufl.

den Berieselungskühlern den Zweck, festzustellen, ob die betreffenden Reinigungsmittel im Betriebe richtig angewendet werden, bezw. ob dieselben in ihrer Anwendung zur Reinhaltung der Luft ausreichen.

Die Ausführung der Analysen geschieht zweimal wöchentlich dadurch, dafs 1 Stunde vor dem Laufenlassen der Würze je eine mit Fleischsaftgelatine und eine mit Würzegelatine beschickte Petrischale neben jeder der zwei Berieselungskühler eine Stunde lang aufgestellt und dann in der Weise weiterbehandelt werden, wie solches bei der Analyse der Kühlschiffsluft näher auseinandergesetzt ist. Die hierbei erhaltenen Resultate geben die Direktive für eine eventuelle rechtzeitige Verbesserung der Luft mit Mitteln, denen durch die Einrichtung des Raumes positive Erfolge gewifs sind.

Trotz dieser Vorsichtsmafsregeln ist die Würze vom Kühlschiff bis in die Gärbottiche stetig der Infektion ausgesetzt durch Passieren der Berieselungskühler und der Leitungen, welche die Berieselungskühler einerseits mit den Kühlschiffen, anderseits mit den Gärbottichen verbinden.

Es ist deshalb für die Erreichung einer möglichst reinen Anstellwürze von Bedeutung, den Zustand der Apparate und Leitungen und den durch diese herbeigeführten Infektionsgrad der Anstellwürze genau zu kennen, um bei minder guten Resultaten zur rechten Zeit die erforderlichen, verbessernden Mafsnahmen zu treffen. Zu diesem Zweck werden eine Anzahl von Würzeproben an verschiedenen Stellen des Leitungssystems entnommen, um aus der Zunahme der Infektionsstärke auf den Zustand der einzelnen durch die Proben festgelegten Leitungsabschnitte zu schliefsen. Für die Beurteilung der Infektionsstärke bezw. Zunahme dient die Thatsache, nach wieviel Stunden die einzelnen Proben bei den Temperaturbedingungen, denen sie gleichmäſsig unterworfen werden, deutlich in Selbstgärung übergehen.

Die Proben werden an folgenden Stellen entnommen:

a) auf dem Kühlschiff, sobald mit dem Laufenlassen der Würze begonnen wird,
b) beim Eintritt der Würze in die Verteilungsrinnen der Berieselungskühler,
c) aus den unteren Sammelrinnen der Berieselungskühler, nachdem die Würze diese passiert hat,
d) am Hundskopf beim Einlauf der Würze in den Gärbottich,
e) am Auslauf der Trubpresse, nachdem die Würze diese passiert hat.

Bei der Probenentnahme ist darauf zu achten, daſs die Proben denjenigen Würzepartien entstammen, welche als erste den betreffenden Leitungsabschnitt passierten, da hierin die gröſste Anzahl der jeweiligen Keime enthalten ist.

Zum Auffangen der Proben dienen sterile, weiſse Medizinflaschen[1]) von 300 ccm Inhalt, welche mit einem sterilen Wattebausch verschlossen sind; dieser dient nach erfolgter Probenentnahme wieder als Verschluſs.

Die mit den Würzeproben versehenen Flaschen werden in einen Thermostaten gestellt, dessen Temperatur konstant auf 25° C. gehalten wird. Dieser Thermostat (Fig. 56) besteht aus einem rechteckigen, aus verzinktem Kupferblech gefertigten, doppelwandigen

---

[1]) Sterile, weiſse Medizinflaschen von 300 ccm Inhalt werden bei den biologischen Untersuchungen der Betriebskontrolle in gröſserer Anzahl gebraucht, so daſs stets 30 bis 50 derselben auf einmal sterilisiert werden, um im Glasschrank bis zur Verwendung aufbewahrt zu werden. Die Sterilisation geschieht in der Weise, daſs die gut gereinigten, getrockneten und mit einem Wattebausch verschlossenen Flaschen in dem auf Seite 118, Anmerkung, erwähnten Kupferschrank $1\frac{1}{2}$ Stunden einer Temperatur von 120° C. ausgesetzt werden.

Kasten, welcher 34 cm breit, 38 cm hoch und 31 cm tief ist und auf einem von vier Füfsen getragenen eisernen Gestell ruht. Nach vorne ist der Kasten durch eine innere Glasthür und eine äufsere mit Filz bekleidete

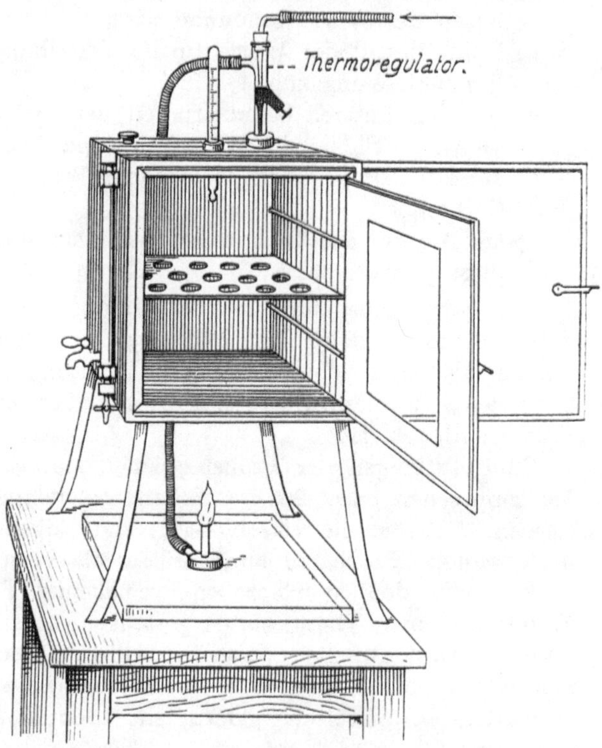

Fig. 56.

Metallthür geschlossen; die Seitenwände und der obere Boden tragen gleichfalls Filzbekleidung. An der einen Seite befindet sich ein Wasserstandsrohr und ein Hahn zum Ablassen des Wassers, mit dem der zwischen den ca. 28 mm voneinander entfernten Doppelwände befindliche Raum gefüllt wird. Dieses Wasser ist mit Chloroform ausgeschüttelt. In dem Innern des Thermostaten befinden sich auf Randleisten ruhende, durchlochte Einsätze. Durch die Doppeldecke des Thermostaten führen drei Öffnungen, von denen die eine in das Innere geht und ein Thermometer aufnimmt, die zweite, mit einem Schraubendeckel verschlossene, dient zur Einführung des Wassers zwischen die Doppelwände, die dritte dient zur Aufnahme eines Thermoregulators, welcher in das Wasser hineinragt. Derselbe besteht aus einem gebogenen, mit zwei kugelförmigen Gefäfsen versehenen Glasrohr, welches zum Teil mit Alkohol, zum Teil mit Quecksilber gefüllt ist. In dem oberen, weiteren Teil des Rohres befindet sich ein Gummistopfen mit dem Gaszuführungsrohr. Beim Steigen der Temperatur wird dieses durch das Steigen des Quecksilbers allmählich geschlossen und so die Gaszufuhr abgesperrt, beim Fallen der Temperatur fällt auch das Quecksilber und gestattet dem Gase den Eintritt in die Leitung, welche zu dem unter dem Thermostaten befindlichen Mikrobrenner (Fig. 57) führt. Auf diese Weise wird die Flamme des letzteren so reguliert, dafs eine Konstanz der Temperatur von 25° C. erzielt wird; zu diesem Zwecke kann die Höhe des Quecksilberspiegels durch Drehen an einer kleinen Stellschraube reguliert werden. Damit beim Steigen des Quecksilbers die Flamme nicht vollständig erlischt, befindet sich in dem Gaszuleitungsrohr eine ganz feine Öffnung, durch welche nur minimalen Gasmengen der Durchtritt gestattet wird.

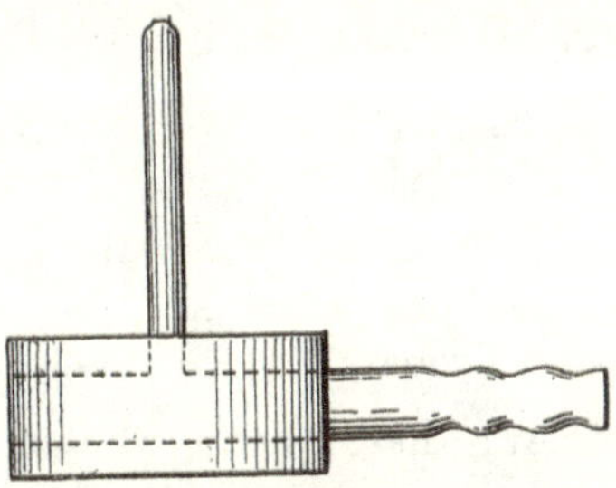
Fig. 57.

Bei der Temperatur von 25° C., welche auf diese Weise Tag und Nacht mit geringen Schwankungen konstant gehalten wird, gehen die auf die oben beschriebene Weise entnommenen Proben nach einiger Zeit in Selbstgärung über. Wie lange dieses dauert, ist bezeichnend für den Grad der Infektion der einzelnen Würzeprobe. Naturgemäſs nimmt die Infektion mit der Länge der Leitungen zu und ist am Hundskopf am stärksten. Unter normalen Verhältnissen gilt eine Haltbarkeit der am Hundskopf entnommenen Würzeproben

von 24 Stunden und darunter als »schlecht« = Nr. 4,
von 36—48 Stunden als »befriedigend« = Nr. 3,
von 60—72 Stunden als »gut« = Nr. 2,
von 96 Stunden und darüber als »sehr gut« = Nr. 1.

Die Leitungen und die Kühler sind mit den geeigneten Mitteln so in Ordnung zu halten, daſs durchschnittlich zum mindesten das Resultat 2—3 erreicht wird. Selbstverständlich hält sich die Würze vom Kühlschiff bedeutend länger, als die vom Berieselungskühler und die vom Berieselungskühler länger als vom Hundskopf, so daſs ein und dieselbe Würze auf dem Kühlschiff das Prädikat »1« erreichen kann, während ihr am »Hundskopf« nur das Prädikat »3« zusteht.

Beispiel:

Sud Nr. 480. Windrichtung WSW.
Probe a) = Nr. 1, Probe d) = Nr. 3,
Probe b) = Nr. 1, Probe e) = Nr. 3—4.
Probe c) = Nr. 2—3,

Auf diese Weise werden zu gleicher Zeit die Teile des Leitungssystems eruiert, in denen die Infektionsveranlassungen in der Hauptsache vorliegen, so daſs diese sofort nach ihrer Ermittelung aus der Welt geschafft werden können.

Die bisher geschilderte Art, den unter E zusammengefaſsten Teil des Brauereibetriebes zu kontrollieren, wird in der Regel für die praktischen Verhältnisse genügen. Aber wie es unter Umständen (s. oben) wünschenswert erscheint, die Art der Mikroorganismen, welche sich in der Kühlschiffsluft und der Luft des Kühler-Raumes befinden, näher kennen zu lernen, so kann es auch wissenswert sein, näher über die Art und das ursprüngliche Mengenverhältnis der Mikroorganismen informiert zu sein, welche die Selbstgärung der Würzen hervorrufen und eventuell störend bei der Bierfabrikation eingreifen.

In diesem Falle werden mit bestimmten Mengen der einzelnen Würzeproben zehn Freudenreich-Kölbchen (Fig. 50) beschickt, von denen fünf Stück Würzegelatine, fünf Stück Fleischsaftgelatine enthalten. Zu diesem Zwecke werden die vorrätig gehaltenen Kölbchen in ein Wasserbad von 35—40° C. gestellt und hierdurch die Gelatine verflüssigt. Im Sublimatkasten werden dann den fünf Gelatine-Kölbchen nacheinander je 0,1, 0,2, 0,4, 0,8 und 1 ccm der Probe, deren Keimgehalt und Keimbeschaffenheit ermittelt werden soll, zugefügt, der Inhalt jedes Kölbchens durch Schütteln gut gemischt und in eine sterile Petrischale (S. 114) gegossen. Desgleichen werden die fünf Fleischsaftgelatine-Kölbchen mit 0,1, 0,2, 0,4, 0,8 und 1 ccm[1]) der zu untersuchenden Würzeprobe beschickt und nach dem Mischen in Petrischalen entleert. Unter eine Glasglocke gestellt, werden die Platten so lange sich selbst überlassen, bis eine Bildung von Kolonien auftritt, die ihre Entstehung den ursprünglich in den Würzeproben vorhandenen Keimen verdanken. Aus der Zahl und Beschaffenheit der gebildeten Kolonien läſst sich ein direkter Schluſs auf den Infektionsgrad und auf die Infektionsarten der

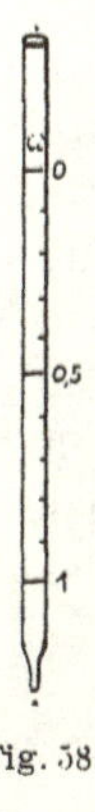

Fig. 58.

[1]) Das Abmessen der Würzemengen, welche der Gelatine zugesetzt werden, geschieht mit kleinen Pipetten (Fig. 58), welche 1 ccm fassen und deren Inhalt in $^1/_{10}$ ccm eingeteilt ist. Dieselben werden nach guter Reinigung und Trocknung am oberen Ende mit einem kleinen Wattebausch verschlossen und, gleich den Petrischalen, in Papier verpackt. Die eingewickelten Pipetten werden in einer Zahl von 30—50 Stück bei 120° C. sterilisiert und im Glasschrank vorrätig gehalten.

untersuchten Würze ziehen; die Beschaffenheit der Kolonien findet ihren Ausdruck in dem makroskopischen Bild und den mikroskopischen Präparaten, die von ihnen gefertigt werden, Beobachtungen, denen sich im Bedarfsfalle die genauere Bestimmung der Arten anschliefst.

Neben der bisher beschriebenen Methode zur Untersuchung der Würzeproben auf ihren Keimgehalt und die Beschaffenheit der in ihnen enthaltenen Mikroorganismen wird mit Vorteil die Lindner'sche »Tropfenkultur« angewendet. Dieselbe führt ihren Namen deshalb, weil sie die zu untersuchende Flüssigkeit in eine Anzahl Tropfen zerlegt; die Methode ist zuerst 1892 von Lindner in Anwendung gebracht und wird von ihm, wie folgt, beschrieben[1]):

»Ein Kochkolben wird zur Hälfte mit Wasser gefüllt, auf einem Drahtnetz erhitzt und eine graduierte Pipette mit dem oberen Ende durch einen den Kochkolben verschliefsenden, durchbohrten Gummistopfen gesteckt. Wenn der Dampf oben aus der Pipette zu strömen beginnt, wird ein Schaugläschen darüber gestülpt, damit es durch den Dampf steril gemacht wird. Nach ungefähr 5 Minuten wird die Flamme unter dem Drahtnetz weggenommen, der Kolben mit Pipette und Schaugläschen in den »Sublimat-Kasten« gestellt, und der Gummistopfen gelockert, damit Luft in den Kochkolben eintreten kann. Ist die Pipette etwas abgekühlt, so wird von der zu untersuchenden Würzeprobe etwas in das Schaugläschen gegossen, um davon einige Kubikcentimeter in die Pipette einzusaugen. Nachdem der Würzestand abgelesen ist, wird eine sterile Petrischale tropfenweise betupft. Die Tropfen müssen gleichmäfsig ausfallen; es sind bequem 50 Tropfen auf jede Petrischale zu bringen. Es werden sowohl die untere Schale als auch die übergreifende obere beschickt (Fig. 59). Bei

[1]) Lindner, Mikroskopische Betriebskontrolle, Jahrg. 1895, 1. Aufl., S. 73, 74 u. 75.

letzterer dürfen die Tropfen nicht zu nah an den Rand gegeben werden. Es wird nun abgelesen, wie viel Würze für die 100 Tropfen verbraucht sind. Wird eine stärkere Infektion gemutmaſst bezw. ist durch die mikroskopische Untersuchung schon ein Anhalt dafür geboten, dann muſs ein Teil der übriggebliebenen Würze noch mit steriler Würze entsprechend stark vermischt und mit dem Gemisch eine zweite Tropfenkultur angestellt werden. Ist das erste Glasschalenpaar beschickt, dann wird die Pipette wieder durch Dampf wie vorhin sterilisiert, ebenso das Schaugläschen. Die sämtlichen Petrischalen werden dann unter eine Glasglocke bei Zimmertem-

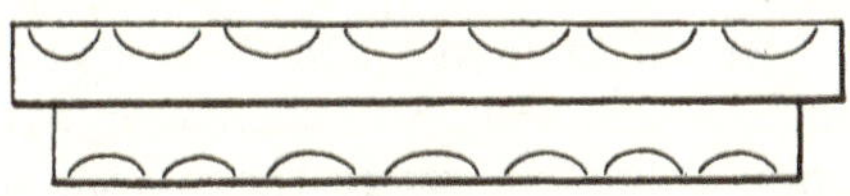

Fig. 59.

peratur belassen. Nach 2 bis 3 Tagen beginnt bereits eine sichtbare Entwicklung in einzelnen Tropfen. Schon an dem Aussehen der Tropfen ist mit einiger Sicherheit zu unterscheiden, ob die Vegetation von Hefen, Bakterien oder Schimmelpilzen gebildet ist. Einzelne Tropfen zeigen eine so gleichartige Trübung, daſs dieselben Organismen gemutmaſst werden dürfen. Zur flüchtigen Orientierung über diejenigen Formen, die überhaupt vorhanden sind, wird die obere Schale benutzt, deren Tropfen die Kolonien im tiefsten Punkt zusammengedrängt oder gar schon vermischt miteinander zeigen. Hier werden mit einem kurz zuvor gereinigten und flambierten Finger sämtliche Tropfen verrührt und eine gute Durchschnittsprobe zur mikroskopischen Untersuchung genommen. Ist ein Dauerpräparat von der Tropfenkultur beabsichtigt, so müssen die Schalen im Sublimatkasten so lange an der Luft offen stehen, bis die Tropfen eingetrocknet sind. Später können sie jederzeit wieder aufgeweicht und selbst noch Überimpfungen davon gemacht werden. Der Keimgehalt wird berechnet unter

Zugrundelegung der in der unteren Schale vorgenommenen Vegetationsflecke auf den Kubikcentimeter der ursprünglichen unvermischten Würzeprobe. Was die Erkennung der einzelnen Vegetationen anlangt, so wird bemerkt, daſs die Hefen meist dichte, weiſse, runde Flecken bilden, die Bakterien dagegen mehr gleichmäſsig in Tropfen zerstreut sind und so einen zarten Schleier erzeugen. Hier kommt bei der Entscheidung dieser Frage die Eigenschaft der normalen Unterhefe, sich grobflockig zusammenzuballen, besonders bei einer schwachen Bewegung der Flüssigkeit, sehr zu statten. Namentlich in den Tropfen der oberen Schale wird bei solchem Hin- und Herbewegen diese Erscheinung gut beobachtet werden können. Ein Teil der wilden Hefe bildet auch Flocken, wenngleich anderer Art; ein Verkleben mehrerer Flocken zu gröſseren kommt nicht vor. Die überwiegende Mehrzahl der wilden Hefen verteilt sich staubig in Tropfen. Rote Hefen machen sich schon durch die Farbe kenntlich, Kahmhefen durch die Bildung von Kahmhäuten. In denjenigen Tropfen der oberen Schale, die ohne Entwicklung geblieben sind, ist eine geringe staubartige Anhäufung zu bemerken, die sich zur tiefsten Stelle herabgesenkt hat. Es sind das Ausscheidungen aus der Würze, bestehend aus Hopfenharzkügelchen, Zellhäuten, Eiweiſsgerinsel und zufälligen Beimengungen. Nicht selten finden sich daneben auch Bakterien-, Hefen- oder Pilzleichen, die, vom Malz oder vom Hopfen stammend, beim Läutern der Würze von den Trebern nicht zurückgehalten werden. Einzelne Bakterienarten wachsen in den Tropfen nicht kräftig genug an, um sich dem bloſsen Auge sogleich zu verraten; es kommt dies bei Milchsäure- und Pediococcus- sowie Sarcina-Arten z. B. vor. Bei genauerem Zusehen wird aber auch hier deutlich der Unterschied von anderen Tropfen, die nicht infiziert sind, gemerkt.«

Soweit fast wörtlich die Lindner'sche Beschreibung seiner »Tropfenkultur«. Dieselbe findet ebenso wie die oben beschriebene Handhabung der »Plattenmethode« in der praktischen Betriebskontrolle, dann Anwendung, wenn es sich darum handelt, sich über den Keimgehalt und die Keimbeschaffenheit in den einzelnen Würzeproben näher zu orientieren. Für gewöhnlich genügt zur Kontrolle des unter E zusammengefafsten Betriebs-Abschnittes die zu Anfang dieses Teiles beschriebene »Haltbarkeitsprobe«; dieselbe wird zweimal wöchentlich ausgeführt.

F. Die Kontrolle im Gärkeller; die Handhabung u. Kontrolle der Hefenreinzucht.

I.

Jeder Sud wird nach folgendem Schema in ein

Journal

eingetragen:

Sud Nr. 308:	vom 6. Mai 1899.	
Sorte des Bieres:	dunkel Lager.	
Botticlı Nr.:	33	34.
Temperatur der Anstellwürze:	4,7 ⁰ R.	4,7 ⁰ R.
Konzentration der Anstellwürze:	12,1 %	12,1 %
Zeit des Anstellens:	7. Mai, 6 Uhr morgens.	
Art der Hefe:	14. Generation	7. Generation
	eigener Reinzucht.	
Menge der Hefe:	20 l	20 l.
Geschlaucht am:	12. Mai, 5 Uhr nachmittags.	
mit:	6,1 %	6,2 %.

Analog den aus dem Sudjournal gefertigten Tabellen, werden solche aus dem Gärkeller-Journal angelegt, in welche allwöchentlich die Konzentration der Anstellwürzen und die zwischen dieser und der der heifsen Würze bestehenden Differenzen eingetragen werden. Hieraus lassen sich am Jahresschlufs einmal die Durchschnittskonzentration der Gesamtwürze, die Durchschnittskonzentration der dunklen, hellen und Doppel-Märzen-Würzen und ferner die Durchschnittsdifferenz, welche in der Konzentration der Ausschlagswürzen und den Anstellwürzen besteht, berechnen:

Beispiel (s. S. 134 u. 135).

Hiernach beträgt die Durchschnittskonzentration:

der Gesamtwürze . . . . = b %,
der »hellen« Würze . . . = f %,
der »dunklen« Würze . . = k %,
der »Doppel-Märzen«-Würze = p %.

Die Durchschnittsdifferenz zwischen der Konzentration der Ausschlagswürzen und der Anstellwürzen betrug 0,9 %.

II.

Am Schlusse der Hauptgärung wird von jedem Sud

der Endvergärungsgrad

bestimmt, d. h. es wird die Vergärung des zum Schlauchen bereiten Bottichbieres unter für die Gärthätigkeit der Hefe günstigen Temperaturbedingungen in mehreren Tagen bis zum absoluten Stillstand der Gärung zu Ende geführt. Ist dieser Stillstand eingetreten, so ist in der Würze für die als Stellhefe Verwendung findende Hefenrasse eine vergärungsfähige Substanz nicht oder doch nur in geringen Mengen vorhanden. Die Kenntnis dieser Gärgrenze ist für die Erzeugung eines haltbaren Bieres von Bedeutung. Die Haltbarkeit eines Bieres ist bedingt einmal durch die Zusammensetzung seiner Würzen und den Grad der Infektion mit fremden Mikroorganismen, zwei Faktoren, die in einem sorgfältig geleiteten Betriebe unter normalen Verhältnissen zu Haltbarkeitsstörungen Anlafs nicht geben dürfen;

Bierbrauerei **A. Schifferer** Kiel.

Gärkeller-Saccharometeranzeige. Kampagne 1899/1900.

11,5	11,6	11,7	11,8	11,9	12,0	12,1	12,2	12,3	12,4	12,5 u.s.w.	13,0	13,1	13,2	13,3	13,4	13,5 u.s.w.	14,0	14,1	14,2	14,3	14,4	14,5	14,6	14,7	14,8 u.s.w.
Sud-Nr.																									
5	29	13	2	11	1	3	38	46	36		34							91	89	88		90		599	
7	60	62	26	19	10	9	109	54	258									99	95	92		100		600	
8	70	66	55	20	12	17	110	56	292									101	97	93				605	
14	114	68	281	25	18	44	111	64										105	98	94					
15	117	75	293	27	35	45	120	80										580	102	96					
16	124	77	—	28	37	47	128	133										583	103	104					
23	154	115	—	42	43	53	148	209										601							
30	256	280	—	72	52	65	150	419																	
40	268	300	—	83	63	73	160	424																	
50	477	352	—	138	81	74	168	446																	
58	—	404	—	175	82	79	180	449																	
59	—	457	—	181	108	118	200	460																	
61	—	—	—	189	121	119	213	495																	
67	—	—	—	191	129	131	249	505																	
71	—	—	—	198	130	132	250	—																	
78	—	—	—	199	139	141	251	—																	
—	—	—	—	221	140	—	270	—																	
—	—	—	—	226	151	—	272	—																	
—	—	—	—	229	152	—	—	—																	
—	—	—	—	—	158	—	—	—																	
—	—	—	—	—	159	—	—	—																	

34 41 101 8 131 u. s. w. u. s. w.

Bierbrauerei **A. Schifferer** Kiel.

Zunahme zwischen Sudhaus und Gärkeller.

10,6			10,7			10,8			12,0			12,1			13,2			13,3		
Sud-Nr.	% Bg Gär-keller	Zu-nahme % Bg	Sud-Nr.	% Bg Gär-keller	Zu-nahme % Bg	Sud-Nr.	% Bg Gär-keller	Zu-nahme % Bg	Sud-Nr.	% Bg Gär-keller	Zu-nahme % Bg	Sud-Nr.	% Bg Gär-keller	Zu-nahme % Bg	Sud-Nr.	% Bg Gär-keller	Zu-nahme % Bg	Sud-Nr.	% Bg Gär-keller	Zu-nahme % Bg
1	11,5	0,9	2	11,8	1,1	3	11,8	1,0	31	13,2	1,2	33	13,2	1,1	112	14,4	1,2	110	14,4	1,1
4	11,6	1,0	8	11,6	0,9	6	11,5	0,7	32	13,0	1,0	34	13,2	1,1	113	14,5	1,3	111	14 3	1,0
5	11,4	0,8	10	11,7	1,0	13	11,7	0,9	36	12,9	0,9	35	13,1	1,0	117	14,2	1,0	114	14,5	1,2
7	11,3	0,7	11	11,6	0,9	15	11,9	1,1	38	13,0	1,0	42	13,0	0,9	118	14,4	1,2	116	14,2	0,9
9	11,4	0,8	12	11,5	0,8	19	11,8	1,0	41	12,8	0,8	45	13,1	1,0	120	14,3	1,1	123	14,3	1,0
	u. s. w.			u. s w.			u. s. w			u. s. w.			u. s. w.			u s. w.			u. s. w.	

zum anderen durch den Gehalt an mit der Anstellhefe vergärungsfähigen Stoffen, welche in dem Biere beim Ausstofs desselben noch vorhanden sind. Es ist deshalb für die Erzeugung haltbarer Biere notwendig, dieselben im Lagerkeller so weit nachgären zu lassen, dafs der Gehalt an mit der Betriebshefe gärungsfähigen Substanzen beim Ausstofs des Bieres möglichst gering ist, d. h., dafs die Saccharometeranzeige höchstens $^2/_{10}$ bis $^3/_{10}$ diejenige übersteigt, welche den Endvergärungsgrad der Biere markiert. Ist die Saccharometeranzeige höher, so wird die Hefe sich in dem Biere um so intensiver vermehren, je mehr der Vergärungsgrad der Biere von ihrem Endvergärungsgrad abweicht, d. h., die Haltbarkeit der Biere, soweit denselben eine fehlerfreie, normal zusammengesetzte, gesunde Würze zu Grunde liegt, ist umgekehrt proportional dem Gehalt der Biere an mit der Anstellhefe vergärungsfähigen Substanzen. Da nun aus Rücksichten auf Geschmack und Bekömmlichkeit ein bestimmter Vergärungsgrad unter Beibehaltung einer bestimmten Betriebshefe gewünscht wird — die hellen Biere sollen beim Ausstofs nicht über 69 %, die dunklen nicht über 62 % und die »Doppel-Märzen« nicht über 60 % scheinbaren Vergärungsgrad aufweisen — so mufs die Zusammensetzung der Würze nach Möglichkeit dem gewünschten Endvergärungsgrad angepafst werden; dieses ist bis zu einer gewissen Grenze im Sudhause zu erreichen und von besonderer Wichtigkeit bei Beginn einer neuen Kampagne und bei Verwendung verschiedener Malzmengen. Da hierbei der Endvergärungsgrad sehr wechseln kann, aus Haltbarkeitsgründen die Biere aber nahe an denselben herangeführt werden müssen, so ist die Kenntnis des Endvergärungsgrades für ein weiteres, sicheres und gedeihliches Arbeiten unerläfslich.

Dieses tritt um so mehr in die Erscheinung, wenn aus verschiedenen Gründen das Alter der Biere ein nicht immer sich gleich bleibendes sein kann, sondern im

Laufe des Geschäftsjahres wechselt. Ist der Endvergärungsgrad bekannt, bevor die Biere in den Lagerkeller kommen, so ist durch wechselnde Behandlung auf der Nachgärung der Endvergärungsgrad dann zu erreichen, wenn die Biere zum Ausstofs kommen. Hierdurch wird einmal bewirkt, dafs die Biere nicht lange vollständig ausgegoren und tot im Lagerfafs liegen, anderseits, dafs die zum Ausstofs gelangenden Biere eine grofse Haltbarkeit aufweisen, da dieselben nicht mehr viel vergärungsfähige Substanzen enthalten. Dafs hierbei die Vollmundigkeit, der Trunk der Biere, ihre Schaumhaltigkeit und ihre Bekömmlichkeit nicht leiden, mufs durch die Zusammensetzung der Würze so reguliert werden, dafs der Endvergärungsgrad der Biere nicht höher liegt, als es der gewünschte Biertypus fordert.

Die Ausführung der Endvergärungsgrad-Bestimmung

geschieht in folgender Weise:

Es werden so vielen weifsen Bierflaschen, als der Gärkeller Bottiche enthält, die Nummern derselben mit Flufssäure aufgeätzt. Die Flaschen werden im Betriebslaboratorium gut gereinigt, getrocknet und mit einem sterilen Wattebausch verschlossen. Von jedem Sud, der geschlaucht wird, wird mit der die Nummer des betreffenden Bottichs tragenden Flasche eine Probe entnommen, die Flasche mit dem sterilen Wattebausch wiederum verschlossen und in den Thermostaten bei 25° C. gestellt (Fig. 56). Nach mehreren Tagen ist die Gärung beendet, äufserlich dadurch gekennzeichnet, dafs keine Kohlensäurebläschen in der Gärflüssigkeit mehr aufsteigen, die Hefe sich fest abgesetzt hat und das Bier blank geworden ist. Von diesem wird ein Teil der Flasche entnommen, in einem trockenen Kolben tüchtig geschüttelt und in einen kleinen Cylinder hineinfiltriert. In dem Filtrate wird mit einem kleinen in $^1/_{10}$ geteilten

Saccharometer der scheinbare Extraktgehalt ermittelt. Ist dieses geschehen, so wird das Filtrat in die Flasche zurückgegeben, diese umgeschüttelt und weitere 24 Stunden im Thermostaten belassen. Hat nach dieser Zeit eine weitere Abnahme der Saccharometeranzeige nicht stattgefunden, so ist die Endvergärung erreicht; hat sich durch Abnahme des Extraktgehaltes eine weitere Gärung bemerkbar gemacht, so wird die Flasche nochmals 24 Stunden bei 25° C. hingestellt und so fortgefahren, bis eine Konstanz der Saccharometeranzeige erreicht ist.

Beispiel:

Sud Nr. 308. Bottich Nr. 33.
Sorte des Bieres: dunkel, Lager.
Saccharometeranzeige der Anstellwürze: 12,1 %
» beim Schlauchen: 6,2 %.

In den Thermostaten gestellt:

am	12.	Mai	abends	7	Uhr mit	6,2 %,
»	14.	»	»	6 1/2	» »	4,5 %,
»	15.	»	»	6 1/2	» »	4,4 %,
»	16.	»	»	6 1/2	» »	4,4 %.

Der Endvergärungsgrad beträgt nach den Holznerschen[1]) Tabellen 63,6 %; das Bier mufs mit ca. 4,5 bis 4,7 % zum Ausstofs gelangen.

Neben der für die Bestimmung des Endvergärungsgrades bestimmten Probe werden den Bottichbieren zweimal die Woche beim Schlauchen Proben entnommen, welche dazu bestimmt sind über den Infektionsgrad bezw. über die Art der Infektion des Gärmaterials am Ende

[1]) Holzner, Tabellen zur Berechnung der Ausbeute aus Malz und zur saccharometrischen Bier-Analyse.

der Hauptgärung Aufschlufs zu geben. Zu diesem Zwecke wird zunächst

III. die Haltbarkeitsprobe

in der Weise vorgenommen, dafs eine sterile, weifse Medizinflasche von 300 ccm Inhalt (s. Seite 123 Anm.) gefüllt wird mit Bottichbier, welches der unmittelbar unter der Decke gelegenen Partie des Gärbottichinhaltes[1])

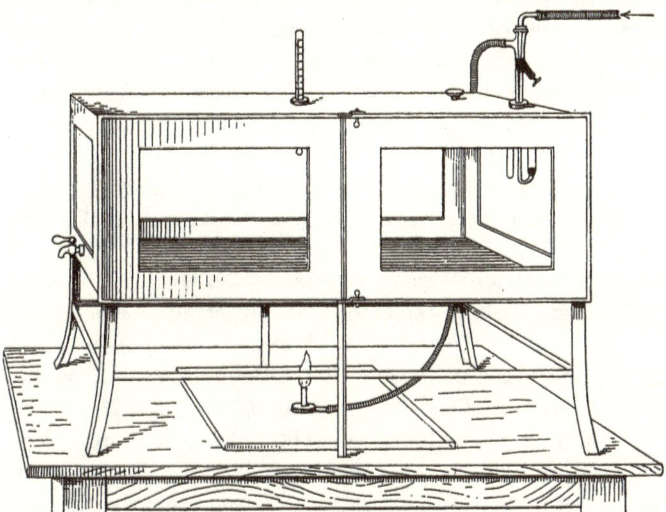

Fig. 60.

entnommen ist. Die so gefüllte und mit einem sterilen Wattebausch wieder verschlossene Flasche wird in einen Thermostaten gestellt, dessen Temperatur konstant auf 25 ^{0} C. gehalten wird. Dieser Thermostat, der sogenannte »Haltbarkeits-Thermostat« ist konstruiert (Fig. 60) wie der auf Seite 123 ff. beschriebene, mit dem Unterschiede, dafs die Höhe des Kastens 35 cm, die Gesamthöhe 68 cm, die Länge des Kastens 100 cm und die

[1]) Vgl. hierzu: Hansen, Untersuchungen aus der Praxis der Gärungsindustrie, 1. Heft, S. 21.

Tiefe desselben 45 cm beträgt. Aufserdem sind sowohl die Innenwände, wie auch die Aufsenwände aus Glasscheiben hergestellt, welche durch Rahmen aus starkem, angestrichenem Zinkblech gehalten werden.

Nachdem in den Probeflaschen die Gärung fast beendigt ist, äufserlich dadurch gekennzeichnet, dafs nur noch vereinzelte Kohlensäurebläschen empursteigen, die Hefe sich am Boden abgesetzt und das darüber stehende Bier sich geklärt hat, wird der Wattebausch entfernt und durch einen in absolutem Alkohol mehrere Stunden geweichten und damit abgewaschenen Korkstopfen ersetzt. Der Letztere wird durch eine Drahtschlinge am Abspringen von der Flasche gehindert. Bei der im Thermostaten herrschenden Temperatur bleiben die Probeflaschen mit Bottichbier so lange stehen, bis das klare, über der Hefe stehende Bier sich trübt. Ist dieses innerhalb 3 Wochen nicht der Fall — und dieses wird bei gesunden Gärungen einer fehlerfreien Würze gefordert — so wird die Flasche geöffnet, der Inhalt derselben auf Geruch und Geschmack geprüft und nach normalem Befund weggegossen.

Daraus, dafs nach dreiwöchentlichem Verweilen bei 25° C. in dem Bottichbier keinerlei nachteilige Beeinflussungen sich geltend gemacht haben, darf auf eine für praktische Verhältnisse ausreichende Reinheit der Gärungen und auf eine gute Zusammensetzung der Anstellwürze geschlossen werden.

Treten jedoch in den Bottichbieren anormale Erscheinungen, insonderheit Trübungen, schlechter Geruch und schlechter Geschmack auf, so mufs unverzüglich zur näheren Untersuchung geschritten werden. Zunächst handelt es sich darum, festzustellen, ob eine Trübung auf Ausscheidungen nicht organisierter Natur zurückzuführen ist, oder ob dieselbe der Anwesenheit unerwünschter Mikroorganismen ihre Entstehung verdankt. Hier gilt das, was Doemens[1]) von der Untersuchung trüber Biere sagt:

---

[1]) Brau-Industrie Kalender 1897, S. 36.

»Biertrübungen können hervorgerufen werden durch Eiweiſs (Glutin), Hopfenharz, Kleister, Hefe, Bakterien Eiweiſs und Hopfenharztrübung verschwinden, wenn eine kleine Probe Bier mit einigen Tropfen Natronlauge versetzt wird; Hopfenharz verschwindet auch, wenn eine kleine Probe Bier mit dem 5—6 fachen Volumen Äther geschüttelt wird; die sogenannte Glutintrübung verschwindet sowohl durch Natronlauge, als auch bei längerem Verweilen des Bieres in Zimmertemperatur. Kleistertrübes Bier färbt sich mit wässeriger Jodlösung blau bis blauviolett. Bier, welches aus einer vollkommen verzuckerten Maische stammt, färbt sich mit Jodlösung gar nicht; dunkle Biere geben manchmal infolge des Farbmalzzusatzes eine leichte Rotfärbung. Hefe- und Bakterientrübung ist nur unter dem Mikroskop sicher zu erkennen.

Übersicht:

Auf Zusatz von Natronlauge

verschwinden:	*verschwinden nicht:*
Eiweiſs (Glutin), Hopfenharz	Kleister, Hefe, Bakterien.

Beim Erwärmen

verschwindet:	*verschwinden nicht:*
Glutin	gewöhnliche Eiweiſstrübung, Hopfenharz, Kleister, Hefe, Bakterien.

Beim Schütteln mit Äther

verschwindet:	*verschwinden nicht:*
Hopfenharz	Eiweiſs (Glutin), Kleister (färbt sich mit Jodlösung blau bis blauviolett), Hefe, Bakterien (nur mikroskopisch zu erkennen).

Wie bereits erwähnt, ist die weitere mikroskopische Untersuchung notwendig, um mit Sicherheit zu konstatieren, ob Mikroorganismen die Ursache der unliebsamen Veränderungen sind. Um diese Untersuchungen zu erleichtern, d. h. um die in der Flüssigkeit etwa suspendierten Mikroorganismen in gröſserer Anzahl in die zu fertigenden mikroskopischen Präparate zu bekommen, wird ein Teil der zu untersuchenden Flüssigkeit in kleinen Spitzgläsern mit Hilfe einer Centrifuge ausgeschleudert (Fig. 61). Infolge des Centrifugierens sammeln sich die in dem Biere suspendierten Körperchen in der Spitze der Gläschen; dieser Bodensatz wird zur Anfertigung der mikroskopischen Präparate benutzt. Hierbei ist stets etwas zehnprozentige Kalilauge hinzuzufügen, um die Bilder von etwa vorhandenen nicht organisierten Verunreinigungen (Eiweifsausscheidungen) zu reinigen, welche störend auf die Beobachtung einwirken und leicht zu falschen Schlüssen Veranlassung geben. Durch die bisher angeführten Untersuchungen wird es in den meisten Fällen gelingen, die Art der Trübung insoweit zu eruieren, ob dieselbe ihre Ursache in dem Gärmaterial findet, oder ob sie durch Hefen oder Bakterien hervorgerufen ist.

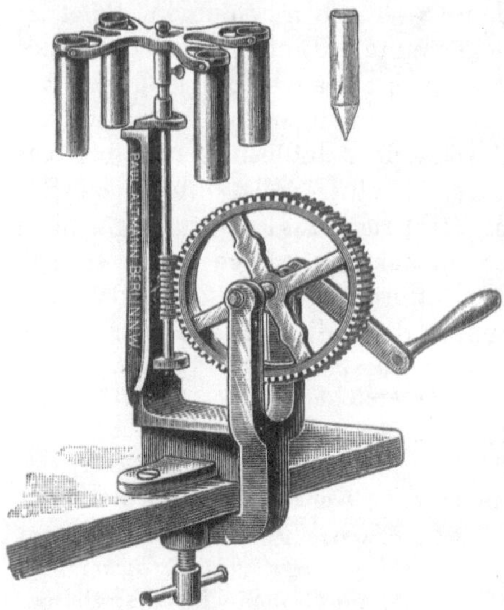

Fig. 61.

Diese werden auch stets die Hauptrolle spielen, wenn es sich um unangenehme Geruchs- oder Geschmackswahrnehmungen handelt. Die nähere Bestimmung der krankheitserregenden Art bezw. Arten wird, sofern sie ein charakteristisches mikroskopisches Bild, wie z. B. die Sarcinen in Packetform, liefern, unschwer erfolgen; ebenso lassen sich die Bakterien in eine der

Hauptgruppen, als da sind Kurzstäbchen, Langstäbchen, Kokken etc. einreihen: auch sind wilde Hefen, jedoch nicht mit Sicherheit, unter dem Mikroskop zuweilen zu erkennen.

Auf alle Fälle ist es notwendig, die Art der Trübung bezw. der nicht erwünschten Organismen noch näher zu charakterisieren, um an der Hand der Ergebnisse ein schnelles Auffinden der Infektionsquelle zu ermöglichen.

Es werden deshalb von dem über der abgesetzten Hefe befindlichen Biere Plattenkulturen in der Weise angelegt, wie es auf S. 127 für die Würzeuntersuchungen angegeben ist. Für die hier in Frage kommenden Plattenkulturen im besonderen, wie für dieselben im allgemeinen ist zu bemerken, dafs Fleischsaft- und Würzegelatine nicht immer zu dem gewünschten Ziele führen, da es vorkommen kann, dafs den gesuchten Organismen diese Nährsubstrate nicht zusagen. Ist dieses der Fall, so ist es Sache des Experiments durch Verwendung anderer Nährgelatine, als da sind Malzinfusionsgelatine, Pferdemist-Decoctgelatine etc. etc. den für die Lösung der jeweiligen Frage passenden Nährboden zu finden. Bei dieser Gelegenheit wird bemerkt, dafs sich die biologische Seite der Betriebskontrolle schwer in Schemata bringen läfst, sondern dafs für dieselbe, wie es von S. 113 an geschieht, nur skizzenhafte Ausführungen gegeben werden können. In der Natur der Sache liegt es, dafs die in Betracht kommenden Verhältnisse aufserordentlich variabel sind, und dafs für die fraglichen Untersuchungen *au fond* nur ein gründliches, im engsten Anschlufs an die Praxis durchgeführtes Studium neben ungetrübter Beobachtungsgabe als Grundlage mehr als anderswo erforderlich ist. Diese vorausgesetzt, lassen sich die im vorliegenden Falle mit den Plattenkulturen erhaltenen Resultate vorzüglich für die Charakterisierung der störenden Mikroorganismen und damit zur schnellen und sicheren Auffindung der Infektionsquelle verwenden. Zunächst ist bei einer solchen Beurteilung der Platten das makroskopische Aussehen der Kolonien ins Auge zu fassen; sehr oft zeigen sich hier so charakteristische Bilder, daſs aus ihnen auf die Art der sie bildenden Mikroorganismen geschlossen werden kann. Dem makroskopischen Bilde gesellt sich das mikroskopische der von den Kolonien gefertigten Präparate. Wesentlich für die Frage, ob der eine oder der andere Mikroorganismus die Ursache der unliebsamen Veränderungen des Bieres bildet, ist das Mengenverhältnis, in dem er sich absolut oder in Beziehung zu anderen Lebewesen, durch seine Kolonien auf den Platten vorfindet. Um ganz sicher zu gehen, daſs die vermutete Art auch wirklich der Krankheitserreger ist, wird mit derselben sterile Würze und Bier[1]) geimpft und beobachtet, ob bei einer Temperatur von 25° C. dieselben Krankheitserscheinungen sich zeigen, wie sie das zu untersuchende Bier aufweist. Ist dieses der Fall, so darf mit einiger Sicherheit der vermutete Organismus als Krankheitserreger angesprochen werden. Die nähere Bestimmung desselben ergiebt sich aus den bei der Untersuchung gemachten Beobachtungen (Art der Trübung, ob flockig oder staubig etc., Geruch, ob essigsauer oder sellerieartig etc., Geschmack etc. etc.), die unter Umständen durch ausgedehntere experimentelle Unterlagen, wie sie z. B. für Hefen von Lindner in seiner Betriebskontrolle[1]) S. 124—174, Jahrg. 1898, gegeben werden, ergänzt werden müssen.

Die Untersuchung des über dem Bodensatz befindlichen Bieres findet ihre Ergänzung durch die mikroskopische Behandlung des Bodensatzes selbst. Derselbe besteht naturgemäſs in der Hauptsache aus Hefe. Bei der Anfertigung der mikroskopischen Präparate aus derselben ist die Anwendung zehnprozentiger Kalilauge geboten.

---

[1]) Über die Sterilisation von Bier etc. Klöcker, Gärungsorganismen der Alkoholgärungsgewerbe, S. 66.

Für Schlüsse, welche aus der mikroskopischen Untersuchung gezogen werden können, gilt das auf S. 141—142 bei der Untersuchung der mit der Centrifuge ausgeschleuderten Substanzen Gesagte. Um aus dem gröſstenteils aus Hefe bestehenden Bodensatz zur weiteren Analyse derselben Plattenkulturen anzulegen, werden kleine Mengen in steriles Wasser eingetragen, mit diesem durch kräftiges Schütteln gut gemischt und von diesem Gemisch mit den kleinen, sterilen Pipetten abgemessene, bestimmte Mengen in die Nährgelatine eingetragen, die zur Anlage der Platten in den Petrischalen bestimmt ist.

Bei den bisher im Anschluſs an die »Haltbarkeitsprobe« vorgenommenen Untersuchungen mit dem eine Zeitlang im Thermostaten befindlich gewesenen Gärmaterial sind in diesem nicht mehr die ursprünglichen Infektionsverhältnisse, wie sie im Bottichbiere beim Schlauchen sich vorfanden, vorhanden. Um diese zu ermitteln, sind Versuchsanstellungen notwendig, die ihren Ausgang von dem Bottichbiere im Momente des Schlauchens nehmen, im übrigen aber dem soeben beschriebenen Gang der Untersuchung angepaſst sind. Es erfolgt zu diesem Zweck die Entnahme einer kleinen Probe aus dem Bottich, unmittelbar unter der Decke. Hierzu ist eine sterile Flasche zu verwenden, welche mit einem sterilen Korkstopfen verschlossen wird. Von dieser Probe werden zunächst eine Anzahl Präparate angefertigt, um unter dem Mikroskop eine Orientierung zu ermöglichen. Dieser folgt die Plattenmethode mit bestimmten Mengen des Bottichbieres, welches vorher mit der nötigen Menge sterilen Wassers zu verdünnen ist. Neben diese Plattenmethode tritt oft zweckmäſsig die Tropfenkultur von Lindner, wie sie auf S. 128 ff. eingehend beschrieben ist.

Die beabsichtigte Reinheit der Gärungen ist selbstverständlich nur dann zu erreichen, wenn neben einer möglichst wenig infizierten Anstellwürze dafür Sorge getragen wird, daſs mit der Anstellhefe dem Gärmaterial fremde Organismen in praktisch erheblicher Menge nicht zugeführt werden. Um hier sicher zu gehen, ist

IV. die Anstellhefe

einer genauen Untersuchung, und zwar in der Regel zweimal wöchentlich, zu unterwerfen; diese Untersuchungen werden auf jeden Satz ausgedehnt, sobald Anzeichen dafür vorhanden sind, dafs in der Hefe Störungen auftreten. Des ferneren ist jeder Satz, welcher als Anstellhefe in eine andere Brauerei gesandt wird, genau zu untersuchen und demselben ein Attest mit dem Resultat beizugeben. Es ist bei den Untersuchungen der Anstellhefe ein Unterschied zu machen zwischen absoluter Reinheit und sogenannter »praktischer Reinheit«. Während die erstere von den im Reinzuchtapparat befindlichen Hefen (s. u.) verlangt wird, ist die letztere für die im Betriebe befindlichen Hefen ausreichend. Dementsprechend sind auch die Untersuchungsmethoden, welche für die Analyse der Betriebshefe angewendet werden, andere als diejenigen, welche die Reinheit der Hefe aus dem Reinzuchtapparat kontrollieren sollen. Die Analyse der Betriebshefe wird ferner wesentlich dadurch erleichtert, dafs die Eigentümlichkeiten derselben dem Betriebslaboratorium genau bekannt sind, so dafs die Beurteilung hinsichtlich ernstlicher Verunreinigungen und der weiteren Brauchbarkeit sich einfacher gestaltet. Dieselbe stützt sich zunächst auf die mikroskopischen Bilder, welche eine Anzahl Hefenpräparate dem Auge darbieten. Um diese anfertigen zu können, mufs von den Hefen im Gärkeller eine gute Durchschnittsprobe an der richtigen Stelle genommen werden. Hierzu dienen kleine, sterile, unter dem Namen »Wägegläschen« bekannte Gefäfse (Fig. 62), welche mit einem eingeschliffenen Deckelchen gut verschlossen werden können.

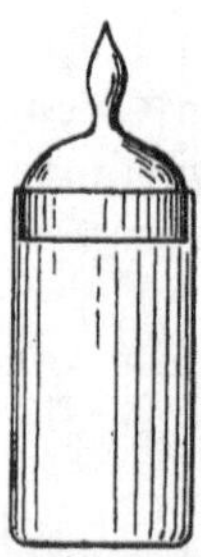

Fig. 62.

Mit einem solchen Gläschen wird aus dem Bottich nach Entfernung der Oberhefe von der Hefe, welche als spätere Anstellhefe herausgestrichen wird, eine Probe genommen; von dieser werden zunächst die mikroskopischen Präparate gefertigt. Hierbei ist 10 proz. Kalilauge in dem schon öfter besprochenen Sinne zu verwenden. Das mikroskopische Bild soll möglichst frei sein von schon durch das Mikroskop erkennbaren fremden Organismen. Bakterielle Verunreinigungen und solche durch wilde Hefen oder Schimmelpilze, welche in der Anstellhefe so reichlich vorhanden sind, dafs sie mit dem Mikroskop sich deutlich und in bemerkenswerter Menge ermitteln lassen, haben die sofortige Entfernung des betreffenden Satzes aus dem Betriebe zur Folge und veranlassen die regelmäfsige Untersuchung sämmtlicher Sätze, um die brauchbaren von den unbrauchbaren zu sondern. Eine an der Hand eines Betriebslaboratoriums durchgeführte regelmäfsige Betriebskontrolle und eine strenge Befolgung der auf Grund derselben gegebenen Vorschriften wird eine derartige Notwendigkeit zu den gröfsten Seltenheiten im Betriebe zählen lassen. Die weitere Untersuchung der Betriebshefe erfolgt nach den hierfür von Will[1]) in seinem Vortrage: »Einiges aus der Praxis des physiologischen Laboratoriums« ausgesprochenen Grundsätzen:

Hiernach wird eine gröfsere Menge Hefe in Würze geimpft; nach einem Aufenthalt von 24 Stunden bei 25° C. werden von der durch die Hefe noch getrübten Würze einige Kubikcentimeter in frische Würze übergeimpft. Nach weiteren 24 Stunden werden auch hiervon einige Kubikcentimeter frischer steriler Würze zugeführt. Will sagt hierbei: »Unsere Absicht bei diesem

[1]) Bericht über die im Anschlufs an die Generalversammlung der wissenschaftlichen Station für Brauerei in München am 21. Okt. 1899 stattgefundene Besprechung technischer Fragen; Zeitschrift f. d. ges. Brauwesen 1899, S. 615.

Verfahren geht dahin, etwa vorhandene wilde Hefe, welche gegen Schlufs der Gärung noch in der Würze suspendiert ist, mehr und mehr in den Vordergrund zu schieben. Je stärker die Infektion ist, desto rascher wird im allgemeinen die wilde Hefe in die Erscheinung treten, und desto eher wird uns schon das mikroskopische Bild einer Probe der Würze die wilde Hefe vor Augen führen. Die Zahl der Überimpfungen, welche hierzu notwendig ist, gestattet uns, bis zu einem gewissen Grad auf die Stärke der Infektion zu schliefsen. Auch hier tritt zum Schlufs der Überimpfungen (wir nehmen nicht mehr als drei vor) die Kontrolle durch Sporenkultur ein.«

Diese wird dadurch erleichtert, dafs — wie in dem vorliegenden Falle — die Untersuchung sich mit einer Hefe befafst, deren Eigenschaften — also auch die Sporen zu bilden — genau bekannt sind. Zur Ausführung der

Sporenkultur

wird von der durch die wiederholten Impfungen in steriler Würze aufgefrischten Hefe ein Teil in dünner Schicht auf einen sterilen Gipsblock aufgetragen. Die Anfertigung der Gipsblöcke geschieht in der Weise, dafs die gleichen Teile Gipspulver und Wasser gemischt werden. In einer Blechform (Fig. 63) erfolgt das Formen

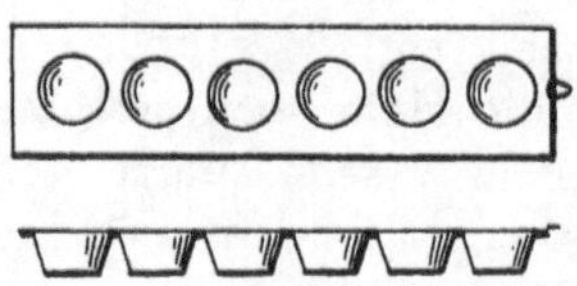

Fig. 63.

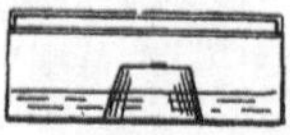

Fig. 64.

der Gipspaste. Nach dem Erhärten derselben werden die gebildeten Blöcke durch Klopfen aus der Form entfernt, welche nötigenfalls gelinde erwärmt wird. Die Herrichtung der Gipsblöcke für die Sporenkultur geschieht in der Weise, dafs je ein Gipsblock in eine mit einem Deckel versehene Glasschale gegeben und diese dann in Papier gewickelt wird, um nach Art der Petrischalen sterilisiert zu werden (S. 114). Nach dem Erkalten der die Gipsblöcke einschliefsenden Schalen werden dieselben bis zur Anlage der Sporenkultur im Glasschrank aufbewahrt. Bei dieser Untersuchung wird in die Schale etwas steriles Wasser gegeben; die obere, über die untere übergreifende Schale wird von letzterer durch zwei kleine Stückchen Gummi in geringer Entfernung gehalten, so dafs eine Luftcirkulation stattfinden kann. Auf die Oberfläche des Gipsblockes wird dann, wie schon erwähnt, die zu untersuchende Hefe in dünner Schicht aufgetragen (Fig. 64). Die so beschickte Schale wird in einen Thermostaten (Fig. 56) gestellt, dessen Temperatur konstant auf 25 ^{0} C. gehalten wird. Da die Zeit, in der bei dieser Temperatur die Betriebshefe Sporen bildet und in welcher Weise dieses geschieht, dem Betriebslaboratorium bekannt sein mufs, so ist es nicht schwer, ein Bild von der Verunreinigung der Betriebshefe durch wilde Hefen zu gewinnen, zumal auf diese Weise die letzteren noch in einem Mengenverhältnis von $^{1}/_{200}$ ermittelt werden können.[1])

V. Die Untersuchung der Luft im Gärkeller

findet zweimal wöchentlich statt; da der Gärkeller in zwei Teile, einen vorderen und einen hinteren zerfällt und aus der Lage derselben eine verschiedene Zusammensetzung der Luft in Bezug auf ihren Gehalt an Mikroorganismen resultiert, so wird auch in jedem dieser beiden Teile die Luftuntersuchung in der Weise ausgeführt, dafs je eine Petrischale mit Fleischsaftgelatine und je eine Schale mit Würzegelatine im »vorderen« und ebenso zwei Schalen im »hinteren« Gärkeller 1 Stunde der Luft exponiert und dann nach den auf Seite 120 ff. angegebenen Weisungen weiter behandelt werden.

[1]) Zeitschrift f. d. ges. Brauwesen 1891, S. 458.

VI. Die Untersuchung des Wassers im Gärkeller,

welches zum Wässern der Hefe und zum Waschen der Gärgefäſse Verwendung findet, hat einmal in jedem Monat stattzufinden; die Beschreibung der hier angewendeten Methode und die Beurteilung der dabei erhaltenen Resultate sind bei der »Untersuchung und Beurteilung des Wassers« behandelt (Seite 198 ff.).

VII. Die Handhabung und Kontrolle der Hefenreinzucht.

Dem Gärkeller werden wöchentlich zwei Sätze »Reinzuchthefe« zugeführt. Zur Propagierung derselben wird der in einem besonderen Zimmer aufgestellte, dem Hansen-Kühle'schen System in möglichster Einfachheit nachgebildete »Hefenreinzucht-Apparat« (Fig. 65) benutzt. Derselbe besteht aus dem Sterilisiercylinder *S* und dem Gärcylinder *G*.

Der Sterilisiercylinder

ist 88 cm hoch und miſst 55 cm im Durchmesser; er ist aus Kupfer gearbeitet, innen verzinnt und mit einer Dampfschlange versehen, welche an die Dampfzuleitung *D* angeschlossen ist. Der Cylinder ruht auf einem eisernen, an der Wand befestigten Konsol, welches sich seitlich oberhalb des Gärcylinders befindet. Um den oberen Rand ist ein dünnes, mit kleinen Löchern versehenes Röhrchen gelegt, um durch diese Kühlwasser über den Apparat rieseln lassen zu können, eine Einrichtung, die sich ebenfalls am Gärcylinder vorfindet. Seitlich ist ein Wasserstandsrohr *q* angebracht, welches an seinem unteren Ende eine injektorartig wirkende Dampfeinströmungs-Vorrichtung trägt; dieselbe ist dazu bestimmt, eine gründliche Sterilisation des Rohrinhaltes zu ermöglichen. Durch die mit einem

Gewindedeckel fest verschliefsbare Öffnung *O* erfolgt die Einführung der Würze in den Cylinder, dessen

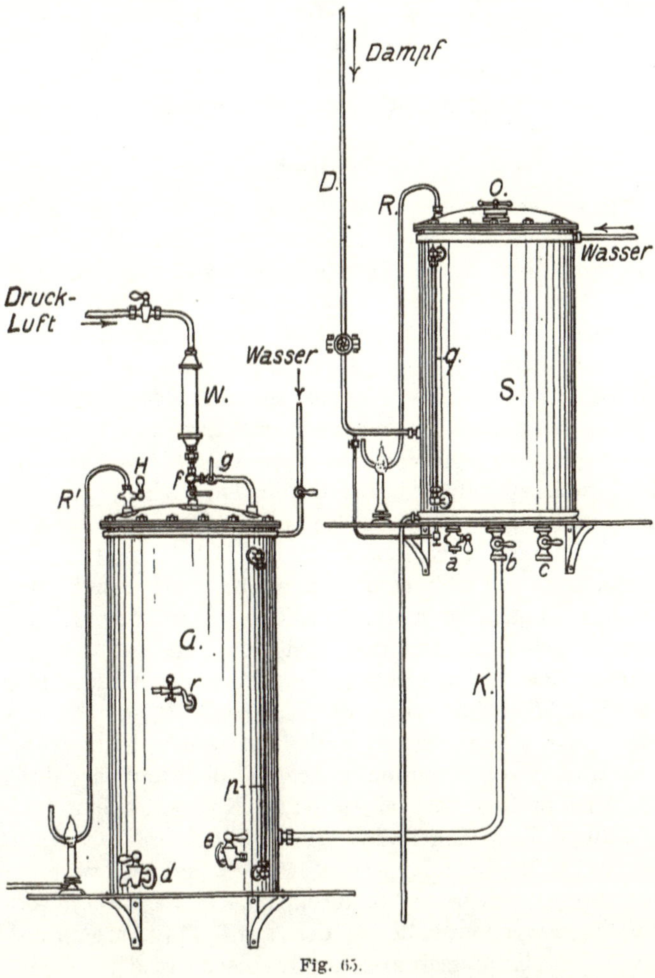

Fig. 65.

Deckel seitlich links ein zweimal gebogenes, kupfernes Rohr *R* trägt. Von den am Boden angebrachten drei Hähnen dient der eine (*b*) zur Überführung der Würze in den Gärcylinder, der Hahn *c* zum Ablassen etwaiger Würzereste und der zum Reinigen benutzten Flüssigkeitsmengen (Sodalösung, Wasser), der Hahn *a* bildet das Ende der eingelagerten Dampfschlange; durch ihn wird das Kondenswasser bezw. der Abdampf abgelassen. Die Rohrleitung *K* verbindet den Sterilisiercylinder mit dem

Gärcylinder.

Aus demselben Material und in derselben Form wie der erstere gefertigt, weist er eine Höhe von 112 cm bei einem Durchmesser von 58 cm auf. Auf dem Deckel ist links seitlich ein zweimal gebogenes, durch den Hahn H_1 verschliefsbares Rohr R_1 aufgefügt; in der Mitte und rechts seitlich befindet sich auf dem Deckel ein mit den Hähnen *f* und *g* versehenes Rohrsystem, welches dazu bestimmt ist, durch den Hahn *g* auf den Inhalt des Cylinders Luftdruck zu setzen bezw. durch den Hahn *f* und ein an diesen angeschlossenes, bis auf den Boden reichendes, mit Luftlöchern versehenes Rohr das Gärmaterial zu durchlüften. Die hierzu nötige Luft wird durch eine an eine Transmission des Betriebes angeschlossene Luftpumpe geliefert; keimfrei wird die Luft dadurch gemacht, dafs sie vor ihrem Eintritt in den Gärcylinder das Wattefilter *W* zu passieren hat. Dieses besteht aus einem 17 cm langen und 5 cm weiten Kupferrohr, dessen konisch zulaufende Enden abschraubbar sind; an dem breiten Teil eines jeden Konus ist ein feinmaschiges Sieb eingelötet. Dieses Filter wird mit Watte festgefüllt, in Fliefspapier eingewickelt und zwei Stunden bei 120° C. sterilisiert, dadurch, dafs es bei dieser Temperatur die genannte Zeit in dem auf S. 114 (Anmerkung) erwähnten Kupferschrank untergebracht wird.

An der Wand des Gärcylinders befindet sich das Wasserstandsrohr *p*; ferner sind derselben die beiden Hähne *d* und *e* eingefügt; der erstere dient zur Entnahme der Hefe, der zweite zum Ablassen des abgegorenen Bieres bezw. der Kräusen. In der Mitte des Gärcylinders ist ein Röhrchen eingesetzt, durch welches die im Laboratorium gezüchtete Reinkultur der Würze zugeführt wird und welches durch einen kleinen, mit einem Aluminiumstöpsel und Quetschhahn versehenen Gummischlauch verschlossen werden kann.

Um den »Reinzucht-Apparat« in gebrauchsfähigen Zustand zu setzen, wird derselbe in allen seinen Teilen mit heifser Sodalösung, heifsem und kaltem Wasser gründlich gereinigt. Die Hähne *b* und *c* des Sterilisiercylinders werden geöffnet, der Dampfablafshahn *a* wird durch einen Schlauch mit dem Hahn *e* des Gärcylinders verbunden; die sämtlichen anderen Hähne bleiben geschlossen. Durch das Öffnen der Dampfzuleitung tritt der dem Betriebskessel entnommene Dampf durch die Dampfschlange und den Hahn *e* in den Gärcylinder, von dem aus er durch das Rohr *K* in den Sterilisiercylinder gelangt, um diesen durch den Hahn *c*, das gebogene Rohr *R* und die Öffnung *O* zu verlassen. Nachdem der Dampf auf diese Weise $1^1/_2$ Stunden die beiden Cylinder passiert hat, wird unter den unteren Bogen des Rohres *R* eine Gasflamme gestellt; die Hähne *b* und *c* werden unter gleichzeitigem Öffnen sämtlicher Hähne des Gärcylinders geschlossen. Nach weiteren zehn Minuten werden die Hähne *f* und *g* geschlossen und das Aufsetzen des Filters *W* möglichst schnell vorgenommen. Nachdem eine Gasflamme unter den unteren Bogen des Rohres R_1 gestellt ist, werden die Öffnungen des Gärcylinders der Reihe nach geschlossen und die Dampfzuleitung abgesperrt. Der Hahn *b* wird geschlossen. Durch die Öffnung *O* wird der Sterilisiercylinder während des Ausschlagens vom Hopfenseiher aus mittels einer kleinen, an diesem befestigten Pumpe mit heifser Würze gefüllt. Diese wird eine Stunde lang mittels der Dampfschlange gekocht, während des Kochens wird die Öffnung *O* geschlossen, der Dampf der kochenden Würze also eine Stunde lang ausschliefslich durch das Rohr *R* gejagt und, nachdem unter dieses eine Gasflamme gestellt ist, der Frischdampf abgesperrt. Die an dem unteren Ende des Wasserstandsrohres *q* angebrachte injektorartig wirkende Dampfzuführungs-Einrichtnng ermöglicht ein intensives Sterilisieren des Rohrinhaltes. Die Abkühlung der auf diese Weise sterilisierten Würze geschieht durch Überrieselnlassen des Cylinders mit Brunnenwasser. Ist die Temperatur der Würze hierbei auf ca. 15° C. gesunken, so wird ca. ein Drittel derselben durch das Rohr *K* in den Gärcylinder geleitet. In diese Würze werden durch die Impfvorrichtung *r* die auf die weiter unten beschriebene Art und Weise gefertigten, in zwei grofsen Pasteurkolben befindlichen Reinkulturen hineingegeben; hierbei sind die Vorsichtsmafsregeln zu beobachten, deren Beschreibung weiter unten (S. 160 ff.) bei dem Überführen der Hefe von einem Pasteurkolben in einen anderen gegeben ist. Durch Einführen eines Luftstromes durch den Hahn *f* in die Würze wird diese mit der Hefe innig vermischt. Das Zulaufenlassen der letzten zwei Drittel Würze zu diesem Gemisch beschliefst die Operationen des Inbetriebssetzens des Apparates.

Nach 6—7 Tagen ist die so eingeleitete Gärung beendet; mit Hilfe steriler Druckluft wird das abgegorene Bier durch den Hahn *e* aus dem Cylinder entfernt und aufs Restfafs gegeben; der Hahn *d* dient zur Entnahme der Hefe. Anstatt dieser wird das Gärmaterial sehr oft im Stadium der Hochkräusen dem Apparat entnommen, um mit diesem die Weitervermehrung der Hefe im Gärkeller einzuleiten. Nach Entfernung der Hefe bezw. der Kräusen aus dem Gärcylinder, bleibt in diesem von der ersteren so viel zurück, dafs von frischem zugelassene, sterile Würze in die nötige Gärung versetzt und so eine kontinuierliche Hefenerzeugung herbeigeführt wird. Viermal im Jahre erfolgt die völlige Entleerung und Öffnung des Apparates, um ihn von neuem gründlich zu reinigen, zu sterilisieren und mit einer neuen Reinkultur zu beschicken.

Es ist selbstverständlich, dafs besondere Sorgfalt darauf verwendet wird, den Gehalt der Luft an Mikroorganismen in dem Zimmer des Hefenreinzuchts-Apparates nach Möglichkeit einzuschränken. Als besonders brauchbares Mittel hat sich für diesen Zweck das Formalin erwiesen, dessen Anwendung durch den sogenannten »Äskulap-Apparat«[1]) aufserordentlich erleichtert wird (Fig. 66 und 67). Seine Einrichtung und Benutzung ergiebt sich aus der folgenden Beschreibung, welche den Prospekten der chemischen Fabrik auf Aktien (vorm. E. Schering), Berlin beigegeben wird. Hiernach genügt ein Apparat (Gröfse I) zur vollständigen Desinfektion von Räumen bis zu 100 cbm Inhalt. Bei gröfseren Räumen ist für je 100 cbm ein zweiter Apparat zu benutzen; diese Apparate setzen eine Desinfektionsdauer von 7 Stunden voraus; zur Vornahme von Desinfektionen innerhalb eines Zeitraumes von $3^1/_2$ Stunden benutzt man den Apparat II.

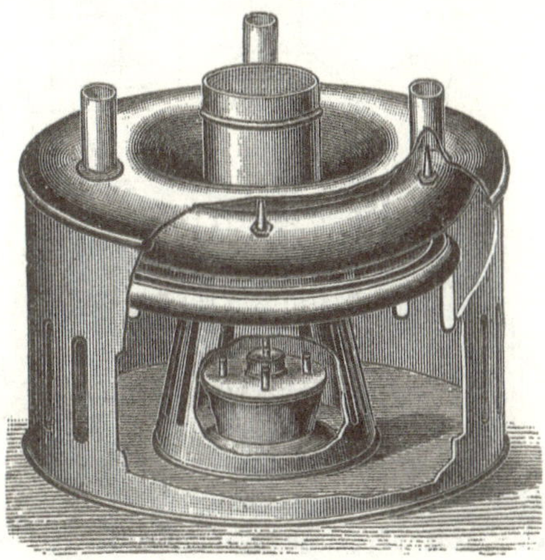

Fig. 66.

Der Schutzmantel *M* wird in die Mitte des zu desinfizierenden Zimmers auf den Fufsboden gestellt. In denselben kommt das mit 350 ccm Brennspiritus gefüllte Bassin *b*, dessen Dochte nicht mehr als 2 mm aus den Hülsen hervorragen dürfen, auf den erhöhten Teil *h*

[1]) Das Formalin wird in dieser Weise praktisch auch zur Desinfektion des Raumes der Berieselungskühler und zu sonstigen Zwecken im Betriebe verwendet.

des Bodens, über das Bassin *b* wird der Äskulap *A* gestülpt. Ferner kommt in den Mantel die offene, kreisförmige Rinne *R*, in welche die von der Gröfse des Zimmers abhängige und aus der, jedem Apparat beigegebenen Tabelle ersichtliche Menge Brennspiritus von 86 Vol.-$^0/_0$ eingegossen wird. Hieraut stellt man

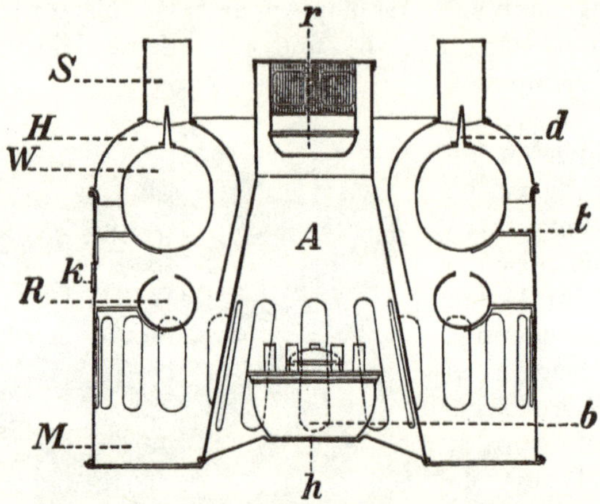

Fig. 67.

den mit $3^3/_4$ l Wasser gefüllten, ringförmigen Kupferkessel *W* auf die Träger *t*. Als Füllöffnung für den Kupferkessel dient die abschraubbare Düse *d*, welche nach der Füllung desselben mit Hilfe des beigegebenen Schlüssels wieder verschraubt werden mufs.

Auf den Mantel *M* wird alsdann die Haube *H* gesetzt und zwar so, dafs die vier Düsen des Kupferkessels in die Mitte der Röhren *S* zu stehen kommen.

Man zündet sodann mit der beigegebenen Lunte den Spiritus in der Rinne *R* durch die im Mantel befindliche Öffnung *k*, ebenso die Dochte des Bassins *b* und zwar letztere von oben her, an.

Nachdem die gemäfs der Zimmergröfse wiederum aus der erwähnten Tabelle ersichtliche Menge an Formalin-Pastillen à 1 g in den Einsatz *r* hineingezählt ist, setzt man letzteren in den Äskulap *A* und verläfst das Zimmer.

In der Regel wird diese Desinfektion des Hefenreinzucht-Raumes einmal in jeder Woche vorgenommen. Ob hiermit öfter vorgegangen werden mufs, darüber entscheiden die Ergebnisse

der Luftanalyse,

welche analog den auf S. 114 ff., 120 ff. und 149 beschriebenen Untersuchungen ausgeführt wird.

Die Herstellung der für die Beschickung des Reinzucht-Apparates erforderlichen

Reinkulturen

geschieht nach der Hansen'schen Methode. Zu diesem Zweck werden von der Betriebshefe minimale Mengen in ein mit sterilem Wasser halb gefülltes Freudenreich-Kölbchen (Fig. 50) eingeführt und mit dem Wasser gut vermischt. Von diesem Gemisch wird ein kleiner Teil in verflüssigte Würzegelatine gegeben und in dieser gleichmäfsig verteilt. Mit dieser Gelatine wird ein rundes, mit Quadraten und mit in diese eingetragenen Zahlen versehenes Deckglas (Fig. 68), nachdem dasselbe gehörig gereinigt und durch Flambieren mit einer Spiritusflamme steril gemacht ist, auf der einen Seite möglichst gleichmäfsig bestrichen. Das so präparierte Deckglas wird auf eine feuchte Kammer gelegt; die Herrichtung derselben geschieht dadurch, dafs auf einen durch Flambieren sterilisierten Objektträger ein steriler Glasring mit Vaseline aufgekittet wird; in die Mitte des durch den Ring begrenzten Raumes wird ein kleiner Tropfen steriles Wasser gegeben. Auf dem Ring wird ebenfalls mittels Vaseline das mit Würzegelatine bestrichene Deckglas, die Gelatineschicht nach unten, befestigt. (Fig. 69.) Die

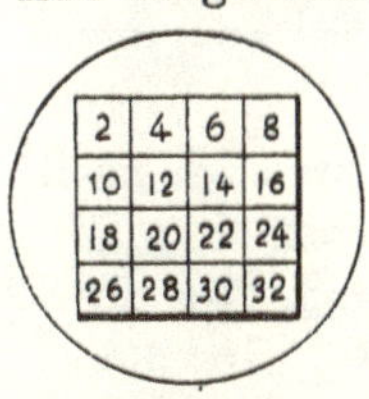

Fig. 68.

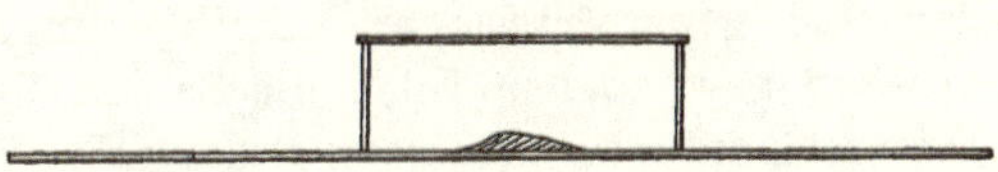
Fig. 69.

sämtlichen Arbeiten geschehen im »Sublimatkasten«. (Seite 114.) In der auf der unteren Seite des Deckglases befindlichen Gelatineschicht liegen bei gründlicher Vermischung der Hefe mit Wasser und intensiver Verteilung dieses Gemisches in der Gelatine zum Teil in kleineren Gruppen, meistens vereinzelt die einzelnen Zellen. Von dem quadrierten Deckglase ist eine stark

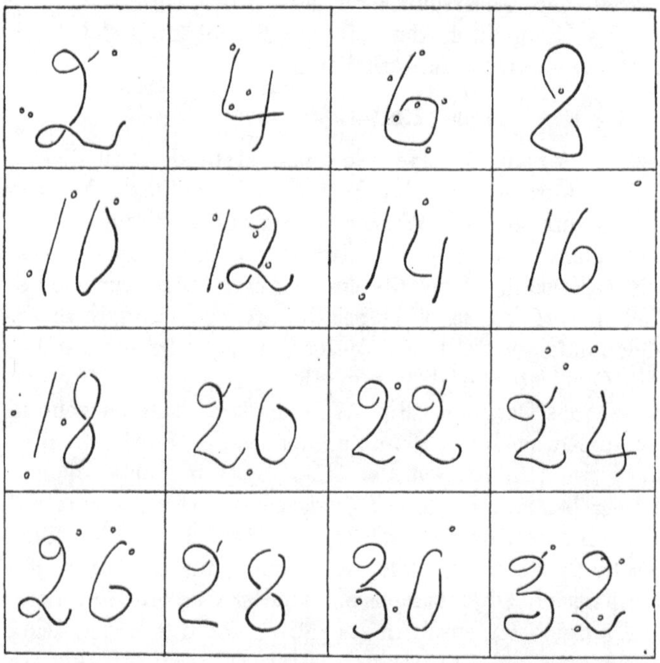

Fig. 70.

vergrößerte Zeichnung angefertigt, in welche nach dem bei ganz schwacher Vergrößerung mit dem Mikroskop gewonnenen Bilde die Zahlen ihrem Aussehen entsprechend eingetragen werden (Fig. 70). In dieses Schema werden die Zellen eingetragen, welche unter dem Mikroskope als für sich getrennt liegend konstatiert werden können; hierdurch ist die Möglichkeit geboten, diese Stellen des Deckglases zu jeder Zeit wieder aufzufinden. Die feuchte Kammer wird, sobald eine genügende Anzahl einzelner Zellen (Fig. 70) gefunden und markiert ist, unter eine Glasglocke gebracht. Die einzelnen Hefenzellen vermehren sich und bilden nach einigen Tagen Hefenflecke. Von denjenigen dieser Flecke, welche mit Hilfe des Mikroskops und des in Fig. 70 dargestellten Schemas als von einer einzigen Zelle herstammend angesprochen werden können, erfolgen Überimpfungen in sterile Würze, welche sich in Hansen'schen Kölbchen (Fig. 71) befindet. Die Vornahme dieser Operation geschieht in der Weise, dafs die feuchte Kammer in den Sublimatkasten gebracht, unter dem Schutze derselben das Deckglas abgehoben und in den Hefenfleck ein kleines Endchen sterilen, mit einer flambierten Pinzette gehaltenen Kupferdrahtes eingestochen wird. Dieses wird in den mit steriler Würze bis zur Hälfte gefüllten Hansen'schen Kolben geworfen. Nach Beendigung der Gärung wird der Inhalt derselben unter Benutzung des Sublimatkastens in einen Pasteurkolben (Fig. 72) übergeführt, welcher einen Inhalt von 250 ccm aufweist und mit steriler Würze gefüllt ist. Nachdem auch in diesem die Würze abgegoren ist, erfolgt die Überführung des Inhaltes in einen Pasteurkolben von 2 l Fassungsvermögen, in dem sich sterile Bierwürze[1]) befindet. Zwei auf diese Weise mit

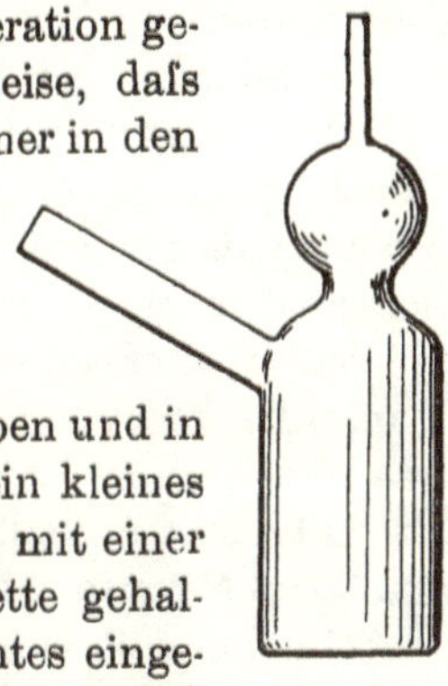

Fig. 71.

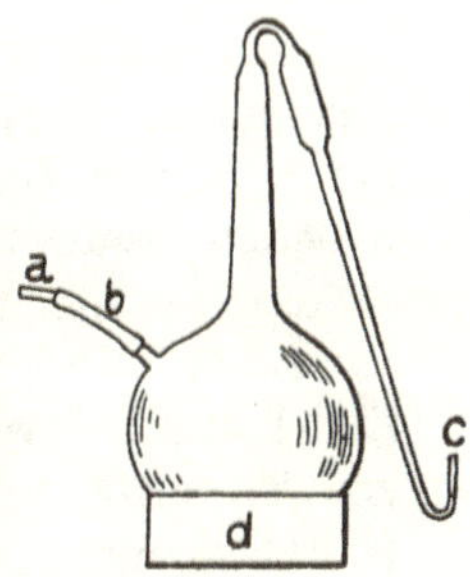

Fig. 72.

[1]) Um die Pasteurkolben mit steriler Würze zu versehen, werden dieselben zu fast dreiviertel mit Trubwürze beschickt, der Aluminiumstöpsel *a* wird aus dem Schlauchende *b* ent-

Hefe versehene Pasteurkolben dienen, nachdem in ihnen die Gärung beendet ist, zum Impfen der in dem Hefenreinzucht-Apparat befindlichen Würze. Hierbei sowie beim Überführen der Hefe von einem Pasteurkolben in den anderen und von dem Hansen'schen Kolben in den Pasteurkolben sind besondere Vorsichtsmafsregeln zu beobachten, welche Klöcker[1]) unter Beifügung einer Figur (Fig. 73) treffend, wie folgt, beschreibt:

»Soll eine Flüssigkeit mit oder ohne Vegetation aus dem einen Pasteurkolben in den anderen hinübergegossen werden, ohne dafs die Flüssigkeit von aufsen her infiziert wird, verfahren wir auf folgende Weise: Der Tisch, auf dem wir arbeiten, wird zuerst mit einer Mischung von 66 Teilen ausgekochtem Wasser und 33 Teilen Spiritus feucht gemacht, desgleichen wird der Gasbrenner samt Schlauch damit gewaschen.[2]) Dies ist übrigens eine Vorsichtsmafsregel, die bei allen derartigen Arbeiten anzuwenden ist. Weiter sollen die Ärmel dicht an das Handgelenk anschliefsen, wozu man Gummiringe anwendet, oder, was noch besser ist, man zieht einen Kittel aus Leinwand mit dicht anschliefsenden Ärmeln an. Vor allem gilt es, keinen Staub selbst mitzubringen. Die Gasflamme (der Schlauch soll von der linken Seite ausgehen) stellen wir gerade vor uns und zwischen ihr und uns ein gröfseres Becherglas, welches vorher gut

---

fernt und der Kolben auf ein Sandband gesetzt. Auf diesem wird die Würze lebhaft gekocht; nach 60 Minuten langem Kochen wird der Stöpsel *a* wieder eingefügt und der Dampf noch ca. 10 Minuten durch die feine Öffnung *c* gejagt. Während das Kochen sistiert wird, wird derselben ein spitz zusammengedrehter Bausch Asbest eingesteckt, der Kolben vom Sandbande heruntergenommen und zum Abkühlen auf den Papprahmen *d* gestellt.

[1]) Klöcker, Gärungsorganismen der Alkoholgärungsgewerbe S. 77, 78 u. 79.

[2]) Abweichend von dieser Klöcker'schen Vorschrift werden die Überführungen von Kolben zu Kolben im Sublimatkasten und mit Hilfe einer Spirituslampe vorgenommen.

gereinigt und innen und aufsen flambiert ist. Derjenige Kolben, aus welchem wir die Flüssigkeit zu giefsen wünschen, wird nach links gestellt, der andere nach rechts und beide Kolben so nahe der Gasflamme wie möglich: Zwischen beiden steht das Becherglas. Die Aufstellung ist aus der beigegebenen Skizze in Fig. 73 ersichtlich. K_1 ist also derjenige Kolben, aus welchem wir die Flüssigkeit in K_2 giefsen wollen. Die beiden Kolben nebst Unterlagen werden dann mittels der Gasflamme an der Oberfläche vorsichtig gereinigt; enthalten sie Kulturen, hat dies natürlicherweise mit grofser Vorsicht zu geschehen, damit die Organismen nicht durch die Hitze getötet werden. Das umgebogene Rohr wird danach zum Glühen erhitzt, indem man bei der Erweiterung in der Mitte des Rohres anfängt und dann nach unten bis zum Ende des Rohres geht. Der Asbeststöpsel wird dann herausgenommen. Ist es eine Durchschnittsprobe, die man zu überführen wünscht, so wird der Kolben umgeschüttelt, dabei aber die untere Biegung des Rohres während des Schüttelns in die Flamme gehalten, damit die eindringende Luft sterilisiert werden kann. Man mufs dafür Sorge tragen, dafs die Spitze des Rohres aus der Flamme hervorragt, da sonst Gas in den Kolben eingesaugt würde und Explosionen entstehen. Die Gasflamme wird dann wieder auf ihrem Platz angebracht und der Glasstöpsel des Kolbens K_2 gelockert, ohne herausgenommen zu werden (wird dies gemacht, so mufs es in der Flamme selbst sein), so dafs derselbe ganz lose in dem Gummischlauch sitzt und nur die Spitze in letzteren hineinragt. Dann wird der Bunsenbrenner so reguliert, dafs wir eine leuchtende Flamme bekommen, da letztere nicht eine so starke Wärme wie die nichtleuchtende hervorbringt; mit der linken Hand nehmen wir dann den Kolben K_1, indem

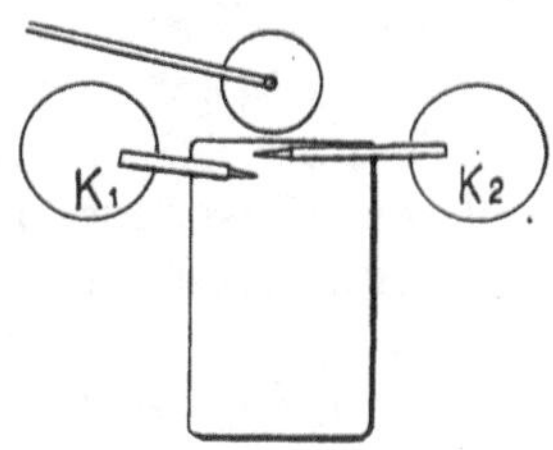

Fig. 73.

wir mit dieser Hand den Ballon fassen und mit der rechten den Schlauch vom Seitenrohre losmachen. Der Schlauch wird dann schnell in der Flamme selbst abgenommen und auf eine sterile Unterlage (Glasplatte) gelegt, während die Mündung des Seitenrohres in der Flamme bleibt, auch während der Schlauch des Kolbens K_2 mit der rechten Hand zusammengedrückt wird, so daſs dessen Glasstöpsel herunterfällt. Die Situation ist also im Augenblick die folgende: Die linke Hand hält K_1, so daſs die Mündung seines Seitenrohres in der Flamme ist und die rechte Hand drückt den Schlauch K_2's zusammen; nun wird das Rohr K_1's in den Schlauch K_2's in der Flamme selbst eingestochen. Alles dies ist so schnell auszuführen, daſs weder das Rohr noch der Schlauch zu stark erwärmt werden.

Die zwei Kolben sind also jetzt in Verbindung mit einander und wir lassen sie in dieser Stellung stehen, ohne Flüssigkeit zu übergieſsen, damit das erhitzte Rohr K_1's auskühlen kann. Wenn dies nach ganz kurzer Zeit geschehen ist, nimmt man mit der linken Hand den Gasbrenner, dessen Flamme wieder nichtleuchtend gemacht wird, und glüht damit das umgebogene Seitenrohr K_1's, wonach K_1 soviel gehoben wird, daſs die Flüssigkeit des letzteren in K_2 laufen kann, indem das umgebogene Rohr K_1's so lange von der Flamme erhitzt wird, als man Flüssigkeit übergieſst, so daſs die eindringende Luft sterilisiert wird. Wenn die gewünschte Flüssigkeitsmenge übergossen ist, wird der Bunsenbrenner wieder auf seinen Platz gestellt. Mit der rechten Hand nehmen wir dann den Glasstöpsel K_2's und sterilisieren denselben in der Flamme, die dann wieder leuchtend gemacht wird, indem wir den Glasstöpsel zwischen den zweiten und dritten Finger der rechten Hand halten, fassen wir mit dem ersten und zweiten Finger derselben Hand den Schlauch K_2's und nehmen jetzt das Seitenrohr K_1's aus letzterem heraus, indem wir es schnell in die Flamme hineinbringen; gleichzeitig stecken wir den Glasstöpsel in den Schlauch K_2's mit dem festsitzenden Glasstöpsel aus dem Becherglas und setzen ihn auf das Seitenrohr[1]) K_1's, während sich die Mündung noch in der Flamme befindet.«

Werden diese Vorschriften strenge beobachtet, so gelingt es, absolut reine Kulturen dem Hefenreinzucht-Apparat zuzuführen. Um hierin jedoch ganz sicher zu gehen, erfolgt von dem Inhalte jedes Pasteurkolbens, dessen Hefe in den Reinzuchtapparat gegeben werden soll, eine genaue Untersuchung nach den weiter unten für die Analyse des Inhaltes des Apparates selbst gegebenen Vorschriften; die Ergebnisse dieser Untersuchungen finden eine wesentliche Ergänzung in der Feststellung des Geruches und Geschmackes der im Kolben enthaltenen abgegorenen Würze. Auch die von diesem dem Betriebe zuzuführende Hefe mufs frei von Verunreinigungen sein; um hierüber Gewifsheit zu erhalten, ist der Inhalt des Apparates einmal in jedem Monat genau zu untersuchen. Hierbei müssen feinere Untersuchungsmethoden Anwendung finden, als sie zur Analyse der Betriebshefe (Seite 146 ff.) verwendet werden.

Die Untersuchung des Inhalts des Hefenreinzucht-Apparates

geschieht in der Weise, dafs demselben durch das Röhrchen *r* (Fig. 65) mit Hilfe eines sterilen Hansen'schen Kölbchens eine Probe entnommen wird, nachdem die Hauptgärung beendet ist. Diese Probe dient:

zur Vornahme der mikroskopischen Untersuchung,
zur Ausführung der Untersuchung auf Bakterien und
zur Vornahme der Untersuchung auf wilde Hefen.

[1]) Die Beschreibung des obigen Verfahrens hat hier eine so eingehende Behandlung erfahren, da von der richtigen Ausführung hierbei in Betracht kommender Handgriffe das Gelingen der Reinzucht abhängt. Dafs fast wörtlich der Text dem bereits öfter citierten Klöcker'schen Buche entnommen ist, soll darlegen, in welch treffender und praktischer Weise in demselben die Beschreibung manueller Operationen durchgeführt wird.

Das mikroskopische Bild

soll selbstverständlich fremde Organismen, welche von vornherein als solche erkenntlich sind, nicht aufweisen. Um hierbei Irrtümern nicht zu unterliegen, ist bei der Anfertigung der mikroskopischen Präparate 10 proz. Kalilauge zu verwenden; trotzdem finden sich oft noch Glutinkörperchen, welche durch das wiederholte Erhitzen der Würze in Kalilauge unlöslich geworden sind, und deren Verwechslung mit gewissen Bakterien im Bereiche der Möglichkeit liegt[1]).

Die Untersuchung auf Bakterien

stützt sich auf die Eigenschaft derselben, sich in neutralem Hefenwasser (S. 116 u. 117 Anm.) bei 25—30° C. rapide zu entwickeln, sich dadurch besonders in die Erscheinung zu schieben und sich bei der mikroskopischen Untersuchung des Hefenwassers deutlich bemerkbar zu machen. Zu diesem Zweck werden 2 Freudenreich-Kölbchen mit sterilem Hefenwasser mit einem Teil der dem Hefenreinzucht-Apparat entnommenen Probe geimpft und in den Thermostaten gestellt. Nach Verlauf von ca. 24 Stunden werden von dem Hefenwasser mikroskopische Präparate gefertigt und diese einer genauen Durchsicht unterworfen.

Neben dieser Untersuchung auf Bakterien im allgemeinen ist diejenige auf »**Sarcinen** im technischen Sinne« auszuführen. Im Anschlufs an Mitteilungen von Schönfeld[2]) benutzt Will[3]) hierfür ammoniakalisches Hefenwasser. Zu diesem Zweck werden dem neutralen Hefenwasser, welches möglichst klar und bodensatzlos sein soll, auf je ein Freudenreich-Kölbchen kurz vor dem Einimpfen der zu untersuchenden Probe, mit einer sterilen Pipette, 1 Tropfen Ammoniak vom spec. Gewicht 0,96 zugesetzt.

---

[1]) Vgl. Will, Zeitschrift f. d. ges. Brauwesen 1899, S. 614.
[2]) Wochenschrift f. Brauerei 1898, S. 321.
[3]) Zeitschrift f. d. ges. Brauwesen 1901, S. 289.

Der Untersuchung auf wilde Hefen

liegt die Beobachtung Hansens[1]) zu Grunde, dafs in einer mit Weinsäure versetzten Rohzuckerlösung vorgenommene Züchtungsversuche mit Kulturhefen, denen geringe Mengen wilder Hefe innewohnt, die letztere stark in den Vordergrund geschoben wird und die Mengenverhältnisse sich in dem Hefengemisch stark zu Gunsten der wilden Hefe verändern. Auf Grund dieser Beobachtung hat Hansen eine Untersuchungsmethode auf wilde Hefen ausgearbeitet, welche für die Analyse der Betriebshefe viel zu fein, für die Kontrolle des Inhaltes des Hefenreinzucht-Apparates aber unentbehrlich ist. Sie findet in folgender Form Anwendung:

Nachdem sich in der dem Apparate entnommenen Probe nach Vornahme der mikroskopischen Untersuchung und der Untersuchung auf Bakterien die Hefe zu Boden gesetzt hat, wird von derselben eine gute Durchschnittsprobe in ein Freudenreich-Kölbchen gegeben, welches bis zur Hälfte mit einer sterilen 10 proz. Rohrzuckerlösung gefüllt ist; diese Lösung ist mit 4% Weinsäure versetzt. Das so beschickte Kölbchen wird in einen Thermostaten, dessen Temperatur konstant auf 25° C. gehalten wird, gestellt und in demselben 24 Stunden belassen. Die Operation wird zweimal nach je 24 Stunden wiederholt. Von der so behandelten Hefe dient ein Teil dazu, in ein mit steriler Würze gefülltes Kölbchen übertragen zu werden. Nach einer Gärdauer von 24 Stunden bei 25° C. werden von der gewonnenen Hefe Gipsblockkulturen (Seite 148) angelegt, um aus der Sporenbildung auf das event. Vorhandensein wilder Hefen schliefsen zu können.

Dieses ist um so leichter, als von der im Apparat gewünschten Kulturhefe ihr Verhalten bei der Sporenkultur genau bekannt ist.

---

[1]) Vgl. Hansen, Neue Untersuchungen über den Einflufs, welchen eine Behandlung mit Weinsäure auf die Brauereihefe ausübt. Zeitschrift f. d. ges. Brauwesen 1892, S. 2.

Wie bereits oben erwähnt wurde, erfolgt ohne Rücksicht darauf, ob die Untersuchungen des Inhaltes des Hefenreinzucht-Apparates eine Verunreinigung desselben ergeben haben oder nicht, viermal im Jahre die völlige Entleerung des Hefenreinzuchtapparates, seine gründliche Reinigung und Neubeschickung. Dieselbe geschieht selbstverständlich auch sofort dann, wenn die Untersuchungen ergeben haben, daſs eine absolute Reinheit im Apparat nicht mehr vorliegt.

Es sind deshalb im Jahre eine ganze Anzahl Kulturen notwendig, die das Betriebslaboratorium für die Beschickung des Apparates anfertigen muſs. Um nun nicht jedesmal von vorn an mit den einzelnen Zellen beginnen zu müssen, sondern sofort die Impfung eines kleinen Pasteurkolbens vornehmen zu können, sind von der Betriebshefe vor Jahren so zahlreiche Kulturen angelegt, daſs deren ca. 30 im Glasschrank stets vorrätig gehalten werden. Dieser Bestand wird bei Abgang von Kulturen stets dadurch auf der gleichen Zahl gehalten, daſs von jedem Pasteurkolben mit reiner Hefe, bevor dieselbe in den Apparat gebracht wird, unter dem Schutze des Sublimatkastens mit der gröſsten Vorsicht eine Probe genommen und in Saccharoselösung übergeführt wird. Die letztere ist nach Hansen ein ausgezeichnetes Mittel zum Aufbewahren von Kulturhefen. Die dazu verwendete Lösung ist zehnprozentig; mit ihr werden Hansen-Kölbchen bis zur Hälfte gefüllt und im Dampftopf sterilisiert. Nach dem Beschicken mit Hefe werden die Kölbchen versiegelt, in ein Kästchen gestellt und im Glasschrank bis zum Gebrauch aufbewahrt. Auf diese Weise ist es möglich, lange, lange Jahre hindurch sich stets derselben Reinzuchthefe zu bedienen.

Auſser den Kulturen der eigenen Hefe besitzt das Laboratorium eine ganze Anzahl anderer Hefetypen (Münchener, Dortmunder etc. etc.), in Saccharose aufbewahrt, um im Bedarfsfalle sofort zu ihnen greifen und sie in der Praxis anwenden zu können.

G. Die Kontrolle im Lagerkeller, im Abziehraum, im Flaschenkeller und des zum Ausstoſs gelangenden Bieres.

Die historische, einen Zeitraum von über 100 Jahren umspannende Entwickelung der für die vorliegende Arbeit in Betracht kommenden Brauerei hat es mit sich gebracht, daſs die Lagerkeller von der Brauerei — wenn auch nur einige Minuten — entfernt liegen. Es hat deshalb der Transport des Bieres nach der Hauptgärung noch mit Fuhrfässern zu geschehen, denen bei der Kontrolle eine besondere Aufmerksamkeit geschenkt werden muſs. Es sei gestattet hier mitzuteilen, wie versucht ist den Gefahren, welche das Fuhrfaſs mit sich bringt, wirksam zu begegnen, eine Mitteilung, die zwar eigentlich nicht in den Rahmen dieser Arbeit gehört, für diese aber den Wert besitzt, daſs sie zeigt, wie auf Grund der wissenschaftlichen Erwägungen und unter Zugrundelegung der in einem Betriebslaboratorium erhaltenen Resultate in der Brauerei manche Schwierigkeiten überwunden werden können.

Der Deckel des Fuhrfasses ist aus Kupfer gefertigt und auf der Innenseite verzinnt. Durch Einlage eines ovalen Gummiringes und mit Hilfe der beiden Schrauben *a* und *b* erfolgt ein luftdichter Verschluſs. Dadurch, daſs das Zuleitungsrohr *L* mit der Verschraubung *G* verbunden wird, erfolgt die Zuleitung des zu schlauchenden

Bieres, welches durch entsprechende Stellung des Dreiwegehahnes *B* durch einen bis auf den Boden des Fuhrfasses reichenden, an dem Rohrende *c* befestigten Schlauch in das Faſs gepumpt wird. Die durch das Bier verdrängte Luft entweicht durch das Rückschlagsventil *A*, welches der entweichenden Luft den Austritt

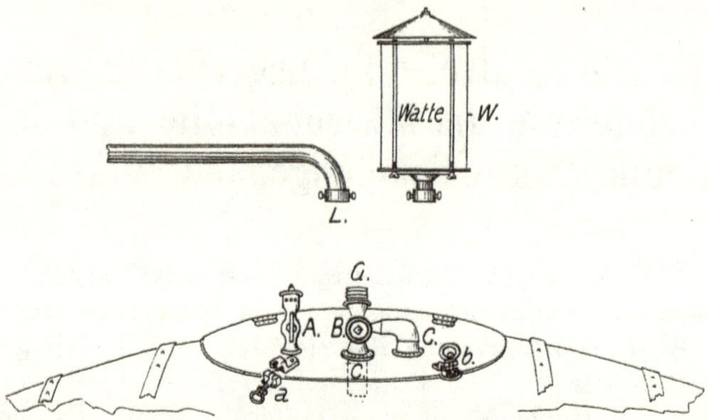

Fig. 74.

gestattend, verhindert, daſs Luft von auſsen in das Fuhrfaſs gelangt. Nach Füllung des Fasses wird das Rückschlagsventil durch einen Hahn von dem Biere abgesperrt, während der Dreiwegehahn so gestellt wird, daſs sowohl die Zuleitung durch *c*, als auch durch *C* geschlossen wird. Ist das Fuhrfaſs an die Entleerungsstelle gefahren, so wird auf das Gewinde *G* das sterile Baumwollenfilter *W* aufgeschraubt, der Dreiwegehahn so gestellt, daſs die Luftzuleitung *C*, welche unmittelbar unter dem Fuhrfaſsdeckel endet, passierbar wird und der am Boden des Fuhrfasses befindliche Abfluſshahn geöffnet. Die durch das ausströmende Bier angesogene Luft gelangt so gereinigt in das Faſs und auf das Bier. Die Reinigung des Fuhrfasses selbst wird dadurch wesentlich unterstützt, daſs zweimal wöchentlich eine gründliche Ausschwefelung stattfindet.

Die regelmäſsige Kontrolle über den Zustand der Fuhrfässer selbst, der zu dieser vom Gärkeller führenden Leitung und derjenigen, welche vom Fuhrfaſs bis zum Lagerfaſs geht, ist Aufgabe des Betriebslaboratoriums. Analog erstreckt sich dieselbe auf das Gesamtleitungssystem, welches das Bier vom Lagerfaſs bis zum Transportfaſs zu passieren hat, und welches bei moderner Einrichtung und Anwendung moderner Apparate an Kompliziertheit so zugenommen hat, daſs eine Überwachung notwendiger ist als je.

Für die hierbei in Betracht kommenden Untersuchungen ist die Versuchsanordnung so zu treffen, daſs ersichtlich werden: einmal die Haltbarkeit des Bieres überhaupt und ferner die Ursachen bezw. die Quellen einer eventuellen die Haltbarkeit des Bieres ungünstig beeinflussenden Infektion.

In erster Linie[1]) kommt hierfür in Betracht:

I. Die Haltbarkeitsprobe.

Bezüglich der Ausführung derselben und der Weiterbehandlung der entnommenen Proben wird auf die Beschreibung verwiesen, welche sich auf S. 139—146 befindet. Bei der Probenentnahme ist darauf zu achten, daſs die Proben denjenigen Bierpartien entstammen, welche als erste den betreffenden Leitungsabschnitt passieren.

---

[1]) In zweckentsprechender Weise ist bei den die eben erwähnten Punkte behandelnden Arbeiten praktisch auch die Lindner'sche Tropfenkultur (S. 128 ff.) und die von demselben Gelehrten stammende Tröpfchenkultur anzuwenden. Die Beschreibung und spezielle Anwendung der letzteren findet sich in dem Buche: Lindner, Mikroskopische Betriebskontrolle S. 185 ff. Jahrgang 1898.

Die Stellen, an denen die Probenentnahme stattfindet, sind die folgenden:

a) beim Einlauf des Bieres in die Fuhrfässer,
b) am Fuhrfaſshahn vor dem Ablassen des Bieres in den Lagerkeller,
c) am Hundskopf im Lagerkeller,
d) am Zwickel des Lagerfasses, nachdem die Umgebung der Auslauföffnung mit Spiritus gründlich gereinigt ist,
e) am Verschneidbock,
f) vor dem Filter,
g) nach dem Filter,
h) am Abfüllbock.

Die Entnahme dieser Proben erfolgt in der Regel zweimal wöchentlich; liegen Anormalitäten vor, so wird bis zur Beseitigung derselben die Probenentnahme des öfteren, unter Umständen sogar täglich durchgeführt. Unter der Voraussetzung einer gesunden, normal zusammengesetzten Würze soll die Haltbarkeit der Proben im »Haltbarkeitsthermostaten« (Fig. 60) bei 25° C. vier Wochen betragen. Sind nach Ablauf dieser Zeit ein nach der Natur der Probenentnahmestelle wesentlicher Bodensatz oder Trübung nicht aufgetreten, so wird die Flasche geöffnet und ihres Inhalts, nachdem derselbe auf Geruch und Geschmack geprüft und in dieser Hinsicht für normal befunden ist, entleert. Machen sich jedoch anormale Erscheinungen, insonderheit Trübungen bemerkbar, so ist die nähere Untersuchung sofort geboten. Dieselbe ist in der Weise durchzuführen, wie dieses auf S. 140 ff. beschrieben ist; auf diese Beschreibung wird hiermit verwiesen.

Sind mit den Bieren bei vierwöchentlichem Verweilen im Thermostaten bei 25° C. nachteilige Veränderungen nicht vor sich gegangen, so darf auf eine für praktische Verhältnisse ausreichende Beschaffenheit der hier in Frage kommenden Faktoren geschlossen werden.

Um in dieser Beziehung ganz sicher zu gehen, wird dem Flaschenkeller täglich von jeder Biersorte eine Flasche aus dem Bierlager, welches die zum Vertrieb vorrätig gehaltenen Flaschen enthält, entnommen. Diese Flaschen finden im Laboratorium Aufnahme und verbleiben in demselben bei Zimmertemperatur vier Wochen. Bodensatz und Trübungen dürfen sich in dieser Zeit nicht gebildet haben. Tritt dieses dennoch ein, so wird zur näheren Untersuchung des Inhalts geschritten. Der Befund im Verein mit den bei den übrigen Proben erhaltenen Resultaten giebt die Direktive für eine weitere experimentelle Behandlung der Verhältnisse zwischen Filter und Flaschenkeller bezw. an diesem selbst.

Aufser den Leitungssystemen spielen für die Haltbarkeit der Biere die Luftverhältnisse in den Abteilungen und im Abziehraum eine grofse Rolle, da durch die Luft, welche dem Lagerfafs beim Abziehen als Druckluft zugeführt wird, sowie durch die beim Stofsen der Fässer sich bildenden und mit der Kellerluft in engster Berührung tretenden Hauben beim Zurückfallen ins Lagerfafs bei schlechter Beschaffenheit der Luftverhältnisse leicht Infektionen herbeigeführt werden können. Es erfolgt deshalb zweimal wöchentlich

II. Die Luftanalyse

in sämtlichen in Frage kommenden Räumen.

Die Resultate derselben geben, abgesehen davon, dafs sie zur rechten Zeit warnend wirken, einen Indikator für die Wirksamkeit bezw. Beschaffenheit der Luftfilter und für die Handhabung der Kellerwirtschaft im allgemeinen. Um hier vergleichende Resultate zu erhalten, wird auch die Luft auf der Stelle des Daches, an der durch die Luftpumpen die Luft im Freien entnommen wird, regelmäfsig mitgeprüft; hierbei wird die Notierung der jeweiligen Witterungsverhältnisse, Windrichtung etc. nicht unterlassen.

In jedem der Räume, deren Luft analysiert werden soll, werden zweimal wöchentlich je eine Platte mit Würzegelatine und eine Platte mit Fleischsaftgelatine aufgestellt. Die Bereitung dieser Platten und ihre Weiterbehandlung, nachdem sie eine Stunde in den betreffenden Räumen gestanden haben, ergiebt sich aus der auf S. 114—121 und 143 ff. gegebenen Beschreibung.

Auf diese Weise findet eine kontinuierliche Orientierung über die Luftverhältnisse an folgenden Orten statt:

a) Auf dem Dache an der Entnahmestelle der Luft für die Luftpumpen.
b) In dem Luftkessel, in welchem die Luft für den Betrieb des Druckreglers und zum Abziehen komprimiert wird.
c) An dem Luftauspuff am Druckregler selbst.
d) In den Fuhrfässern.
e) In dem oberirdischen Abziehraum.
f) In Abteilung I.
g) » » II.
h) » » III.
i) » » IV.
k) » » V.
l) Im vorderen Korridor (Abteilung VI).
m) Im hinteren Korridor (Abteilung VII).

Neben den bisher geschilderten Untersuchungen ist wöchentlich mindestens einmal

III. Das Faſsgeläger

zu untersuchen; je nach Bedarf, d. h. wenn Beunruhigungserscheinungen durch die bisherige Betriebskontrolle aufgedeckt sind, ist diese Untersuchung öfter, unter Umständen täglich vorzunehmen. Sind nämlich Infektionen vorhanden, so machen dieselben sich häufig am ersten im Geläger bemerkbar, so daſs die bei der Untersuchung derselben erhaltenen Resultate oft warnend eingreifen können. Die Gelägerproben sind vor dem Abseihen in sterilen Flaschen zu nehmen und zunächst der mikroskopischen Untersuchung zu unterwerfen.

Ein Teil der Probe ist mit sterilem Wasser genügend zu verdünnen; dieses Wassergemisch dient zum Anlegen von Plattenkulturen.

Hierbei ist analog den unter E und F gegebenen Vorschriften zu verfahren; die dabei und bei der mikroskopischen Untersuchung erhaltenen Resultate unterliegen einer Beurteilung, welche unter denselben Gesichtspunkten zu geschehen hat, wie sie unter E und F niedergelegt sind.

IV. Die Spähne vor und nach dem Waschen sowie die Filtermasse vor und nach dem Waschen

werden ebenfalls regelmäfsig einer Untersuchung unterworfen.

Es geschieht dieses mit den genannten Materialien vor dem Waschen, um die von ihnen zurückgehaltenen Mikroorganismen, welche aus dem Biere stammen müssen, mit dem die betreffenden Spähne oder Filtermasse während des Gebrauches in Berührung waren, näher kennen zu lernen; die Untersuchung nach dem Waschen soll Kenntnis geben davon, ob die Reinigungsbehandlungen derartige sind bezw. so gehandhabt werden, dafs eine Gefahr für die Biere durch Spähne und Filtermasse nicht vorliegt.

Zur Ausführung dieser Untersuchungen wird von den zu untersuchenden Materialien ein Teil in steriles Wasser gegeben und mit diesem gehörig geschüttelt; dieses Spülwasser wird zur Anlage von Platten benutzt. Ein anderer Teil wird in mit steriler Würze gefüllte Kölbchen eingetragen. Nach beendeter Gärung werden Bodensatz und die über diesem befindliche Flüssigkeit zum Teil mikroskopischer Untersuchung unterworfen, zum Teil zur Anlage von Platten benutzt, der Bodensatz natürlich nicht, ohne vorher durch steriles Wasser in entsprechender Weise verdünnt zu sein.

Den bisher beschriebenen Untersuchungen schliefst sich noch diejenige

V. des Wassers

an, welches zum Wässern und Spülen der Fuhrfässer, Lagerfässer, der Leitungssysteme, der Filter etc. gebraucht wird. Dieselbe hat einmal in jedem Monat stattzufinden; die hierbei zur Anwendung kommenden Methoden, sowie die Deutung der damit erhaltenen Resultate wird bei der Untersuchung des Wassers gegeben (S. 198 ff.).

Ist die Zusammensetzung des Wassers hinsichtlich seines Gehaltes an Mikroorganismen bekannt, so gelingt es, sich über den Reinigungsgrad eines Gegenstandes etc. dadurch zu orientieren, dafs das am Ende der Reinigung abfliefsende Wasser aufgefangen und zum Impfen von Würze, Anlage von Platten etc. benutzt wird. Bei genauerer Untersuchung nach dieser Richtung ist der betreffende Gegenstand mit sterilem Wasser auszuspülen. Auf diese Weise gelingt es besonders gut, sich über den Zustand der Flaschen im Flaschenkeller zu informieren und auf Grund der erhaltenen Resultate die Reinigungsmethoden zu kontrollieren bezw. zu modifizieren.

Wie gezeigt ist, tritt von dem Moment an, in dem die Würze auf die Kühlschiffe gelangt, in die Betriebskontrolle ein Moment ein, welches derselben eine besondere Richtung giebt; von diesem Augenblick an ist es Aufgabe des Betriebslaboratoriums, sich Rechenschaft darüber abzulegen, welche Mikroorganismen in den Betrieb, in die Fabrikation, sei es in vom Brauer beabsichtigter, sei es in unerwünschter Weise, eingreifen.

Um hierüber ein einigermafsen übersichtliches Bild zu gewinnen, werden die Hauptergebnisse in ein Journal eingetragen, welches in verschiedene, den einzelnen Kontrollstationen entsprechende Abschnitte eingeteilt ist. Im folgenden ist die Einrichtung der diesbezüglichen Journalführung näher illustriert:

Inhalt des Reinzuchtapparates.

Datum der Probenahme	Mikroskopisches Bild	Hefenwasserzüchtung		Sporenkultur	
		a neutrales	b ammoniakalisches	a ohne Weinsäure	b mit Weinsäure

Betriebshefe.

Datum der Probenahme	Art der Hefe	Mikroskopisches Bild	Sporenkultur

Luft auf dem Kühlschiff.

Platte aufgestellt am	auf Fleischgelatine	auf Würzegelatine

Luft in dem Kühlapparateraum.

Platte aufgestellt am	auf Fleischgelatine	auf Würzegelatine

Luft in dem Gärkeller (vorne).

Platte aufgestellt am	auf Fleischgelatine	auf Würzegelatine

Luft in dem Gärkeller (hinten).

Platte aufgestellt am	auf Fleischgelatine	auf Würzegelatine

Luft in dem Reinzuchtzimmer.

Platte aufgestellt am	auf Würzegelatine	auf Fleischgelatine

Luft auf dem Dach.

Platte aufgestellt am	auf Fleischgelatine	auf Würzegelatine

Luft auf dem Luftkessel.

Platte aufgestellt am	auf Fleischgelatine	auf Würzegelatine

Luft aus dem Druckregler.

Platte aufgestellt am	auf Fleischgelatine	auf Würzegelatine

Luft vom Fuhrfafs.

Platte aufgestellt am	auf Fleischgelatine	auf Würzegelatine

Luft in dem Abziehraum.

Platte aufgestellt am	auf Fleischgelatine	auf Würzegelatine

Luft in der Abteilung I.

Platte aufgestellt am	auf Fleischgelatine	auf Würzegelatine

Abteilung II.

Platte aufgestellt am	auf Fleischgelatine	auf Würzegelatine

Abteilung III.

Platte aufgestellt am	auf Fleischgelatine	auf Würzegelatine

Abteilung IV.

Platte aufgestellt am	auf Fleischgelatine	auf Würzegelatine

Abteilung V.

Platte aufgestellt am	auf Fleischgelatine	auf Würzegelatine

Vorderer Korridor.

Platte aufgestellt am	auf Fleischgelatine	auf Würzegelatine

Hinterer Korridor.

Platte aufgestellt am	auf Fleischgelatine	auf Würzegelatine

Würze vom Kühlschiff.

Probe genommen am	Sud-Nummer	Art des Bieres	auf dem Schiff	gor nach Stunden	Mikroskopisches Bild	Platte gegossen am	Bemerkungen

Würze vom Kühlapparat (oben).

Probe genommen am	Sud-Nummer	Art des Bieres	auf dem Schiff	gor nach Stunden	Mikroskopisches Bild	Platte gegossen am	Bemerkungen

Würze vom Kühlapparat (unten).

Probe genommen am	Sud-Nummer	Art des Bieres	auf dem Schiff	gor nach Stunden	Mikroskopisches Bild	Platte gegossen am	Bemerkungen

Würze vom Hundskopf.

Probe genommen am	Sud-Nummer	Art des Bieres	auf dem Schiff	gor nach Stunden	Mikroskopisches Bild	Platte gegossen am	Bemerkungen

Würze vom Bottich (ohne Hefe).

Probe genommen am	Sud-Nummer	Art des Bieres	auf dem Schiff	gor nach Stunden	Mikroskopisches Bild	Platte gegossen am	Bemerkungen

Trubwürze.

Probe genommen am	Sud-Nummer	Art des Bieres	auf dem Schiff	gor nach Stunden	Mikroskopisches Bild	Platte gegossen am	Bemerkungen

Bottichbier (beim Fassen).

Probe genommen am	Sud-Nummer	Art des Bieres	abgegoren am	Sichtbarkeit der Trübung		Mikroskopisches Bild	Platte gegossen am	Bemerkungen
				Datum	nach Tagen			

Anlauf beim Einlauf (in Fuhrfässer).

Probe genommen am	Sud-Nummer	Art des Bieres	Fuhrfaſs-Nummer	abgegoren am	Sichtbarkeit der Trübung		Mikroskopisches Bild	Platte gegossen am	Bemerkungen
					Datum	nach Tagen			

Fuhrfaſshahn.

Probe genommen am	Sud-Nummer	Art des Bieres	Fuhrfaſs-Nummer	abgegoren am	Sichtbarkeit der Trübung		Mikroskopisches Bild	Platte gegossen am	Bemerkungen
					Datum	nach Tagen			

Hundskopf.

Probe genommen am	Sud-Nummer	Art des Bieres,	Fuhrfaſs-Nummer	abgegoren am	Sichtbarkeit der Trübung		Mikroskopisches Bild	Platte gegossen am	Bemerkungen
					Datum	nach Tagen			

Lagerfaſs.

Probe genommen am	Art des Bieres	geschlaucht am	Bodensatz		Trübung		Mikroskopisches Bild	Platte gegossen am	Bemerkungen
			Datum	nach Tagen	Datum	nach Tagen			

Verschneidbock.

Probe genommen am	Art des Bieres	geschlaucht am	Bodensatz		Trübung		Mikroskopisches Bild	Platte gegossen am	Bemerkungen
			Datum	nach Tagen	Datum	nach Tagen			

Vor dem Filter.

Probe genommen am	Art des Bieres	geschlaucht am	Bodensatz		Trübung		Mikroskopisches Bild	Platte gegossen am	Bemerkungen
			Datum	nach Tagen	Datum	nach Tagen			

Nach dem Filter.

Probe genommen am	Art des Bieres	geschlaucht am	Bodensatz		Trübung		Mikroskopisches Bild	Platte gegossen am	Bemerkungen
			Datum	nach Tagen	Datum	nach Tagen			

Abfüllbock.

Probe genommen am	Art des Bieres	geschlaucht am	Bodensatz		Trübung		Mikroskopisches Bild	Platte gegossen am	Bemerkungen
			Datum	nach Tagen	Datum	nach Tagen			

Bier aus dem Flaschenkeller (Zimmertemperatur).
Helles.

gezogen am	Bodensatz		Trübung		Bemerkungen
	Datum	nach Tagen	Datum	nach Tagen	

Bier aus dem Flaschenkeller (Zimmertemperatur).
Dunkles.

gezogen am	Bodensatz		Trübung		Bemerkungen
	Datum	nach Tagen	Datum	nach Tagen	

Fafsgeläger.

Probe genommen am	Herkunft und Sorte des Bieres	Mikroskopisches Bild	Platte gegossen am	Bemerkungen

Spähne vor dem Waschen.

Probe genommen am	Mikroskopisches Bild	in Würze geimpft am	abgegoren am	Mikroskopisches Bild	Platte gegossen am	Bemerkungen

Spähne nach dem Waschen.

Probe genommen am	Mikroskopisches Bild	in Würze geimpft am	abgegoren am	Mikroskopisches Bild	Platte gegossen am	Bemerkungen

Filtermasse vor dem Waschen.

Probe genommen am	in Würze geimpft am	abgegoren am	Mikroskopisches Bild	Platte gegossen am	Bemerkungen

Filtermasse nach dem Waschen.

Probe genommen am	in Würze geimpft am	abgegoren am	Mikroskopisches Bild	Platte gegossen am	Bemerkungen

Spülwasser.

Probe genommen am	Herkunft	Platte gegossen am	Bemerkungen

VI. Die Analyse der Biere,

welche zum Ausstoſs kommen, erstreckt sich auf die auf S. 169 bereits citierte Haltbarkeitsprobe und die sich an diese anschlieſsende Ermittelung der Natur einer eventuellen Trübung, ferner auf die Kostprobe, welche täglich an jeder Biersorte sorgfältig vorzunehmen ist und auf die chemische Analyse.

Durch dieselbe wird eine ständige Information über die Zusammensetzung der Biere und im gewissen

Sinne eine rückwärtige Kontrolle gegeben. Die Ausführung dieser Analyse geschieht von einer Biersorte einmal wöchentlich nach den »Vereinbarungen betreffs der Untersuchung und Beurteilung des Bieres«.[1])

Ausführung der Bieranalyse.

Von dem zu untersuchenden Bier werden ca. 500 ccm auf ca. 15 ° C. erwärmt und aus denselben durch kräftiges Schütteln und Filtrieren die Kohlensäure entfernt. Hierzu werden zwei Erlenmeyer-Kolben und ein mit einem trockenen Faltenfilter versehener Glastrichter verwendet (Fig. 75). Ist nach wiederholtem Schütteln in dem mit der Hand verschlossenen Kolben kein Druck mehr wahrzunehmen, so ist die Entkohlensäuerung beendet. In dem entkohlensäuerten Bier wird zunächst bestimmt:

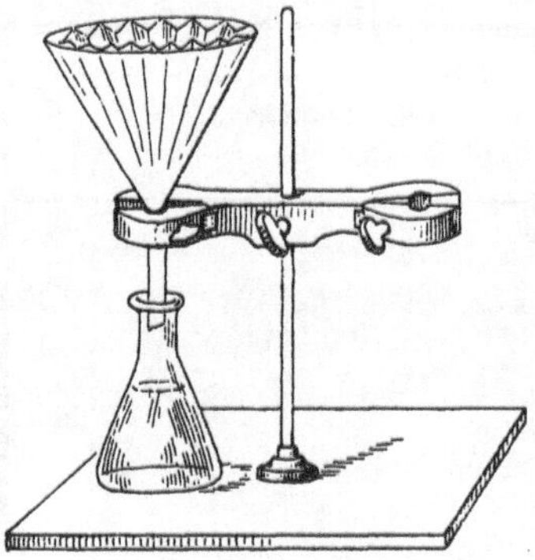

Fig. 75.

a) der scheinbare Extraktgehalt = m.

Ein Pyknometer (Fig. 32) wird bis etwas oberhalb der Marke mit entkohlensäuertem Bier gefüllt und während 30 Minuten in einem Wasserbade belassen, dessen Temperatur während dieser Zeit konstant 15 ° C. beträgt. In der auf S. 73 angegebenen Weise wird der Inhalt des Pyknometers auf die Marke eingestellt; letzteres selbst wird gut abgetrocknet und gewogen.

---

[1]) Vereinbarungen betreffs der Untersuchung und Beurteilung des Bieres, bearbeitet im Auftrage des geschäftsführenden Ausschusses der »freien Vereinigung bayerischer Vertreter der angewandten Chemie« von Dr. Eugen Prior.

Aus dem hierbei erhaltenen Gewicht, dem bekannten Gewicht des Pyknometers und dem des Wassers, welches das Pyknometer bis zur Marke faſst, berechnet sich das specifische Gewicht des Bieres:

Beispiel:

Gewicht des Pyknometers mit Bier	:	71,6140 g
» » » leer	:	20,9268 »
» » Bieres	:	50,6872 g.
» » Pyknometers mit Wasser	:	70,7858 g
» » » leer	:	20,9268 »
Gehalt des Wassers	:	49,8590 g.

Hiernach beträgt das specifische Gewicht des Bieres:

$$\frac{50,6872}{49,8590} = 1,0166.$$

Diesem specifischen Gewicht entspricht nach der Windisch'schen Tabelle[1])

ein scheinbarer Extraktgehalt von 4,22 %.

Die Bestimmung des scheinbaren Extraktgehaltes hat in doppelter Ausführung zu geschehen; aus beiden Resultaten wird das Mittel genommen.

b) Der wirkliche Extraktgehalt $= n$.

Ein kleines, ca. 120 ccm fassendes Becherglas mit Glasstab wird tariert; in das Glas werden 75 g entkohlensäuertes Bier gegeben. Auf einer Asbestplatte über einem mit Sternaufsatz versehenen Bunsenbrenner wird das Bier bis auf ein Drittel eingedampft (Fig. 76). Nach dem Erkalten wird der Inhalt des Becherglases auf das ursprüngliche Gewicht mit destilliertem Wasser

Fig. 76.

[1]) C. Windisch, Tafel zur Ermittelung des Zuckergehaltes wässeriger Zuckerlösungen aus der Dichte bei 15 ° C., zugleich Extrakttafel für die Untersuchung von Bier, Süſsweinen, Likören, Fruchtsäften etc.

aufgefüllt und mit dem Glasstab gut umgerührt. Vermittelst des Pyknometers wird in derselben Weise wie beim »scheinbaren Extraktgehalt« das specifische Gewicht des entgeisteten Bieres bestimmt und in der Windisch'schen Tabelle der entsprechende Extraktgehalt abgelesen.

Beispiel:

Specifisches Gewicht = 1,0225;
wirklicher Extrakt = 5,7 %.

Die Ausführung ist doppelt vorzunehmen und aus den beiden Resultaten das Mittel zu ziehen.

c) Die Bestimmung des Alkoholgehaltes = *A*

geschieht in der Weise, dafs ein Kochkolben genau tariert und mit 75 g entkohlensäuertem Bier beschickt wird. Der Kolben wird an einen Destillationsapparat

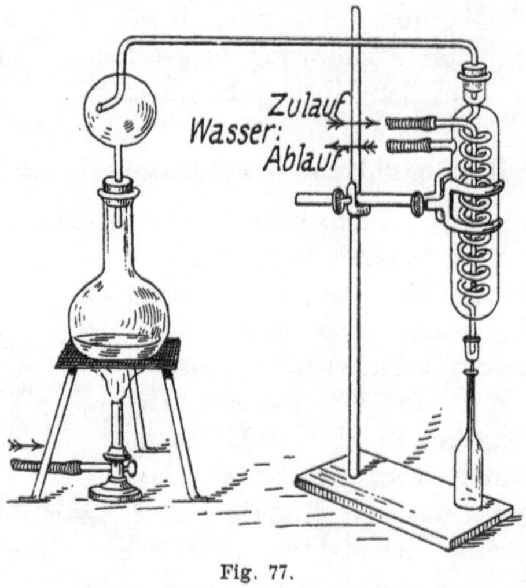

Fig. 77.

(Fig. 77) angeschlossen und das Destillat in einem Pyknometer aufgefangen. Die Destillation ist als beendet anzusehen, sobald das Pyknometer bis knapp zur Marke gefüllt ist. Nachdem dasselbe 30 Minuten bei 15 ° C. im Wasserbade gestanden hat, wird mit destilliertem Wasser genau auf die Marke eingestellt und das specifische Gewicht nach der bei der Bestimmung des scheinbaren Extraktgehaltes angegebenen Methode bestimmt. Hierauf werden in der »Alkoholtabelle nach Baumhauer von Holzner« die entsprechenden Gewichtsprozente abgelesen.

Die weitere Ausrechnung ist aus folgendem Beispiel ersichtlich:

Specifisches Gewicht des Destillats: 0,9914.
Diesem entsprechen nach der Holzner'schen Tabelle . . . . . . 4,87 Gewichtsproz., d. h.
100 g des Destillates würden . . . . 4,87 g Alkohol enthalten.
Im Pyknometer waren 49,4217 g Destillat;
in diesem sind enthalt. $\frac{4,87 \times 49,4217}{100} = 2,40$ g Alkohol.
Diese 2,40 g Alkohol stammen aus . . . . 75 g Bier;
100 g Bier enthalten demnach $\frac{2,4 \times 100}{75} = 3,2$ g Alkohol
oder das Bier hat 3,20 % Alkohol.

Die Bestimmung des Alkohols erfolgt ebenfalls in zwei Ausführungen; aus den hierbei erhaltenen Resultaten ist das Mittel zu nehmen.

d) Der ursprüngliche Extraktgehalt der Stammwürze = p

wird aus dem Alkoholgehalt A und dem wirklichen Extraktgehalt n berechnet nach folgender Formel:

$$p = \frac{100\,(2,0665 \times A + n)}{100 + (1,0665 \times A)}$$

Beispiel:

$$\frac{100\ (2{,}0665 \times 3{,}2 + 5{,}7)}{100 + (1{,}0665 \times 3{,}2)} = 11{,}9\ \%.$$

e) Der scheinbare Vergärungsgrad = V

berechnet sich aus dem ursprünglichen Extraktgehalt der Stammwürze = p und dem scheinbaren Extraktgehalt = m nach folgender Formel:

$$V = \frac{(p-m)\ 100}{p}$$

Beispiel:

$$\frac{(11{,}9-4{,}22)\ 100}{11{,}9} = 64{,}5\ \%.$$

f) Der wirkliche Vergärungsgrad = V_1

wird aus dem ursprünglichen Extraktgehalt der Stammwürze = p und dem wirklichen Extraktgehalt = n nach folgender Formel gefunden:

$$V_1 = \frac{(p-n)\ 100}{p}$$

Beispiel:

$$\frac{(11{,}9-5{,}70)\ 100}{11{,}9} = 52{,}1\ \%.$$

g) Das Anstellen von Bier mit Hefe

geschieht zur Ermittelung der Differenz, welche zwischen dem Endvergärungsgrad des zum Ausstofs gelangenden Bieres und seinem scheinbaren Vergärungsgrad besteht. Die erhaltenen Resultate dienen einerseits zur Beurteilung des Bieres unter den auf S. 133 ff. gegebenen Gesichtspunkten, anderseits zur Kontrolle der bei der Bestimmung des Endvergärungsgrades erhaltenen Resultate.

Die Ausführung geschieht in der Weise, dafs ca. 500 ccm Bier entkohlensäuert werden, wie solches bei der Bestimmung des scheinbaren Extraktes näher ausgeführt ist; in dem entkohlensäuerten Biere wird der scheinbare Extraktgehalt mit einem kleinen in $^1/_{10}$ geteilten Saccharometer bestimmt. In eine weifse Bierflasche, welche vorher gut gereinigt und getrocknet ist, werden 300 ccm entkohlensäuertes Bier gegeben und diesem 0,5 g mit Hilfe eines Leinwandsäckchens trocken geprefste Betriebshefe zugefügt. Die Flasche wird mit einem Wattebausch gut verschlossen und in einen Thermostaten gestellt, dessen Temperatur konstant auf 25° C. gehalten wird (Fig. 56). Sobald die Gärung beendet ist, äufserlich dadurch gekennzeichnet, dafs keine Kohlensäurebläschen mehr aufsteigen, wird die Flasche dem Thermostaten entnommen und das Bier mit dem Saccharometer verwogen. Nachdem weitere 24 Stunden verflossen sind, wird die Operation des Verwägens wiederholt; hat eine weitere Abnahme stattgefunden, so wird das Verwägen alle 24 Stunden solange wiederholt, bis Konstanz in der Saccharometeranzeige eingetreten ist.

Beispiel:

Biersorte	Datum	Konzentration beim Anstellen	Datum	% Bg.	Datum	% Bg.
Dunkel	5./11.	4,3 %	8./11.	4,2 %	9./11.	4,2 %

VII. Das Retourbier

ist Bier, welches von den Kunden als unbrauchbar zurückgegeben wird. Trotz der verhältnismäfsig sehr geringen Mengen, welche der Brauerei zurückgeliefert werden, wird dem Retourbier eine besondere Aufmerksamkeit geschenkt. Von seiten des Bureaus ist deshalb auf jedes Fafs, welches demselben als »Retourbier« von den Kutschern zurückgebracht wird, ein Zettel zu kleben, welcher den Namen des Kunden und den Inhalt seiner Klage enthält. Das Faſs wird darauf dem Laboratorium zur näheren Untersuchung des Inhalts und des Fasses selbst übergeben. Hierbei stellt sich dann fast immer heraus, daſs entweder ein Fehler im Pechüberzuge des Transportfasses oder aber auch Böswilligkeit oder Unerfahrenheit Fremder die Unbrauchbarkeit des Bieres herbeigeführt haben. Um hierüber und über die Menge des jährlichen Retourbieres jedoch ganz genau orientiert zu sein, wird über das Retourbier nach folgendem Muster Journal geführt, aus dem sich gleichzeitig die Untersuchungen ergeben, welche mit dem Retourbier vorgenommen werden:

Retour-

Datum	Sorte des Bieres	Herkunft	Faſs-Nummer	Literzahl	Quantum fehlend	im Faſs gefunden
14. Juli	dunkel	X. in H.	6881	21,6	10	Brotstücke 1 Weinkork Zeitungspapier
9. Aug.	hell	H. in Sch.	9300	23,0	3	etwas Zeitungspapier
3. Sept.	dunkel	M. in K.	069	35,6	15	2,5 g Pech

Die beiden ersten Fälle sind typische Beispiele, daſs mutwillig das Bier verdorben ist; in beiden Fällen hat nebenbei noch eine Verdünnung stattgefunden, da das dunkle Bier beim Ausstoſs im Juli 4,3 % und nicht 3,5 % und das helle Bier im August beim Ausstoſs 3,4 % und nicht 1,5 % zeigte. Der dritte Fall zeigt den Einfluſs eines fehlerhaften Pechüberzuges.

Neben der Kenntnis über die Beschaffenheit des eigenen Bieres zur Zeit des Ausstoſses und des jeweiligen

Retourbieres ist es aus leicht ersichtlichen Gründen von Interesse, über die Beschaffenheit

VIII. der Konkurrenzbiere

orientiert zu sein.

Dieselben werden deshalb alle drei Monate einer Untersuchung unterworfen, welche sich erstreckt: auf die Kostprobe, auf die Haltbarkeit im Thermostaten und auf die Analyse, wie sie auf S. 187 ff. näher beschrieben ist.

Bier.

Geruch	Geschmack	Art der Trübung	Mikroskopisches Bild	Saccharometeranzeige
schlecht	schlecht	sehr stark	Hefen und sehr viele Essigsäurebakterien	3,5% Bg
säuerlich (Geruch und Geschmack)				
säuerlich	sauer	stark	anscheinend obergärige Hefe	1,5 »
gut	gut	schwache Harztrübung	Harz	4,25 »

H. Die Kontrolle des Hopfens und des Wassers.

Die Fabrikation der Biere geschieht ausschliefslich nach den auf diesen Punkt sich beziehenden Vorschriften der bayerischen Gesetzgebung. Aufser den in den vorigen Abschnitten bereits behandelten Rohmaterialien — der Gerste, dem Malz und der Hefe — kommen daher hier nur noch der Hopfen und das Wasser in Betracht.

I. Der Hopfen

ist dasjenige Rohmaterial, dessen Untersuchung bezw. Bewertung das Betriebslaboratorium wenig beschäftigt. Seine Beurteilung hat zumeist auf anderer Grundlage, als der der chemischen, mikroskopischen und biologischen Untersuchung zu geschehen und hat zur Bedingung eine genaue Kenntnis der Hopfenwarenkunde, welche sich aus einer Fülle praktischer Beobachtungen und Erfahrungen zusammensetzen mufs. Das Betriebslaboratorium als solches mufs sich im grofsen und ganzen auf die Feststellung **der Schwefelung** beschränken, soweit dieselbe überhaupt von Interesse ist.

Zu diesem Zweck werden ca. 80 g Hopfen in einen Erlenmeyer-Kolben gegeben und mit so viel destilliertem Wasser übergossen, dafs der Hopfen in demselben gut eingeweicht ist und ungefähr $^1/_2$ Finger breit von demselben überragt wird. Das Ganze bleibt $1^1/_2$ Stunden bei Zimmertemperatur stehen. Nach Ablauf dieser Zeit wird chemisch reines Zink und so viel konzentrierte, chemisch reine Salzsäure zugegeben, daſs eine gelinde Gasentwickelung auftritt. Ein mit einer Lösung von essigsaurem Blei getränktes Stück Flieſspapier wird auf die Halsöffnung des Erlenmeyer-Kolbens gelegt. Eine mehr oder weniger starke Schwefelung des untersuchten Hopfens macht sich durch eine schwächere oder intensivere Braunfärbung des Flieſspapieres bemerkbar.

Als Vorbedingung für das Gelingen der Untersuchung ist erforderlich, daſs das destillierte Wasser, das Zink und die Salzsäure absolut schwefelfrei sind. Um hierüber Aufschluſs zu erhalten, werden in einen Erlenmeyer-Kolben destilliertes Wasser, Zink und Salzsäure derselben Qualität und in demselben Mengenverhältnis zusammengegeben, wie sie bei der Prüfung auf Schwefelung des Hopfens Anwendung finden. Auf die Halsöffnung des Erlenmeyer-Kolbens wird wiederum ein Stückchen Flieſspapier, welches mit einer Lösung von essigsaurem Blei getränkt ist, gelegt. Bei richtiger Beschaffenheit der genannten Reagentien darf eine Färbung des Flieſspapieres nicht eintreten.

Haben diese kurzen Bemerkungen über den Hopfen dargethan, daſs beim Einkauf und bei der Anlieferung desselben die Kontrolle durch das Betriebslaboratorium nur in auſserordentlich beschränktem Maſsstabe stattfinden kann, so kann auf dieselbe bei der Beurteilung

II. des Wassers [1])

um so mehr gerechnet werden. Die Kontrolle und Untersuchung desselben zerfällt:

1. in den mikroskopisch-biologischen Teil,

[1]) Diejenigen Leser, welche sich für »die Untersuchung des Wassers« eingehender interessieren, als es die skizzenhaften Ausführungen in diesen Blättern gestatten, seien hingewiesen auf das gründliche Werk: »Kubel-Tiemann, Die chemische und mikroskopisch-bakteriologische Untersuchung des Wassers.«

2. in den chemischen Teil und in Anschlufs an denselben,

3. in die Untersuchung über Einflufs des Wassers auf die Farbe der Würze bezw. des Bieres.

1. Die mikroskopisch-biologische Untersuchung

findet regelmäfsig viermal im Jahre zu den verschiedenen Jahreszeiten statt und erstreckt sich auf die Wässer der vier Brunnen, welche die Mälzerei und Brauerei mit Wasser versorgen. Da dieses den tieferen Erdschichten entstammt, so ist von vornherein anzunehmen, dafs es ziemlich frei von Mikroorganismen ist, eine Annahme, die durch die ausgeführten Untersuchungen ihre Bestätigung findet; hierin tritt auch in den heifseren Jahreszeiten eine Änderung kaum ein, da nachgewiesen ist, dafs die Temperatur des Wassers aus tieferen Schichten während des Jahres kaum um 3—4° schwankt, eine Vermehrung der Mikroorganismen in bemerkenswerter Menge, also auch während der wärmeren Jahreszeit nicht stattfindet. Anders liegen hingegen die Verhältnisse in den Reservoiren, in denen das Wasser für den Verbrauch aufgesammelt wird und in den Leitungen, welche das Wasser den einzelnen Verbrauchsstellen zuführen. Hier findet eine mit den Jahreszeiten wechselnde Erwärmung der Wassermengen und damit eine zeitweise nicht unerhebliche Vermehrung der ursprünglich in ihnen enthalten gewesenen Keime statt. Hierin kann für den Betrieb eine nicht zu unterschätzende Gefahr liegen; es ist deshalb wünschenswert, durch die Betriebskontrolle über die Beschaffenheit des Wassers an den einzelnen Verbrauchsstellen unterrichtet zu sein. Ergeben sich schlechte Resultate, so mufs in der Konstruktion bezw. der Art der Reinerhaltung der Reservoire bezw. Leitungen eine Änderung eintreten. Durch die Art der Probenentnahmestellen ist gleichzeitig eine Kontrolle über einzelne Leitungsabschnitte gegeben. Es liegt auf der Hand, dafs zur Vergleichung die ursprüngliche Beschaffenheit des Wassers bekannt sein mufs, um auf den Grad der Verunreinigung schliefsen zu können, den das Wasser später erleidet. Aus diesem Grunde liegt die erste Station der Probenentnahme am Brunnen selbst. Dieses mufs auch schon deshalb geschehen, um darüber ganz sicher zu sein, dafs sich mit der Zeit keine unliebsamen Zuflüsse zum Brunnen gebildet und diesen verunreinigt haben. Denn wenn auch für die Anlage des Brunnens »die örtlichen Verhältnisse so gewählt sind, dafs eine annähernd gleichmäfsige Beschaffenheit des Wassers dauernd gewährleistet wird und zufällige Verunreinigungen des Wassers nicht stattfinden können«[1]), so schliefst doch der stete Wechsel der natürlichen Wässer und die Zerstörbarkeit des Materials, aus welchem Brunnen und Brunnenschacht gefertigt sind, eine zeitweilige Verschlechterung des Wassers nicht ganz aus. Über die Beschaffenheit des letzteren mufs aber stete Klarheit herrschen. Unter Berücksichtigung dieser Gesichtspunkte erfolgt die Probenentnahme des Wassers an folgenden Stellen:

α) am Brunnen (Auslaufrohr) selbst,
β) in den Reservoiren,
γ) am Weichhause,
δ) im Gärkeller,
ε) auf der Schwenkhalle,
ζ) im Lagerkeller,
η) im Flaschenkeller.

Zur Probenentnahme des Wassers werden sterile, weifse Medizinflaschen von 300 ccm Inhalt verwendet, deren Verschlufs durch einen sterilen Wattebausch gebildet wird. Die Wasserproben werden zunächst

a) der Schwackhöfer'schen Methode

Wasser zu untersuchen, unterworfen. Nach derselben werden 25 Freudenreich-Kölbchen mit 10 ccm Würze

---

[1]) Kubel-Tiemann, I. Bd., S. 648.

und 25 Freudenreich-Kölbchen mit 10 ccm entkohlensäuertem Bier, welchem einige Tropfen Alkohol zugesetzt sind, beschickt und im Dampftopf sterilisiert; bei der Sterilisation des Bieres ist darauf zu achten, dafs es 15 Minuten lang einem Druck von einer Atmosphäre ausgesetzt wird, während die Sterilisation der Würze, wie gewöhnlich, im strömenden Dampf vor sich geht. Diese 50 Kölbchen[1]) werden nun nach dem Erkalten mit je einem Tropfen des zu untersuchenden Wassers unter dem Schutze des Sublimatkastens mit Hilfe steriler Pipetten versetzt. Die Kölbchen werden in einen Thermostaten gestellt, dessen Temperatur konstant auf 25° C. gehalten wird; an jedem der folgenden Tage werden die Kölbchen nachgesehen und auf eine eventuell eingetretene Trübung geprüft.

Diese Prüfung wird 7 Tage hindurch fortgesetzt. Eine später auftretende Trübung ist ohne praktische Bedeutung. Die Zahl der trüb gewordenen Kölbchen wird prozentual umgerechnet.

Beispiel:

Wasser aus Brunnen II, Abteilung I.

Nach 8 Tagen waren sämtliche Kölbchen mit Bier noch blank.

Nach 8 Tagen waren 2 Kölbchen mit Würze getrübt.

$$25 : 2 = 100 : x;$$

$$x = \frac{200}{25} = 8\,\%, \text{ d. h.}$$

das Zerstörungsvermögen des Wassers gegenüber Bier beträgt 0%

das Zerstörungsvermögen des Wassers gegenüber Würze beträgt . . . . 8%.

[1]) Da der Bruch einiger Kölbchen beim Sterilisieren nicht ausgeschlossen ist, so ist es praktisch, stets mehr als 50 Stück vorzubereiten, damit für den Versuch 50 Kölbchen zur Verfügung stehen.

Für die Beurteilung von Wasser nach seiner Methode hat Schwackhöfer folgende Normen aufgestellt:

besonders gut, wenn weder in Würze noch in Bier sich Mikroorganismen entwickeln;

gut, wenn in 10% der Würze sich Mikroorganismen entwickeln, das Bier hingegen intakt bleibt;

brauchbar, wenn in 50% der Würze und in keinem der Bierkölbchen sich Mikroorganismen entwickeln;

nur im Notfall brauchbar, wenn in mehr als 50% der Würze und in höchstens 19% der Bierkölbchen Mikroorganismen auftreten;

unbrauchbar, wenn der Infektionsgrad diese Grenzen übersteigt.

Diese Art, das Wasser zu beurteilen, ist für den praktischen Gebrauch ausreichend. Je nach der Stelle, an der das Wasser im Betriebe verwendet wird, wird der Mafsstab für eine strengere oder gelindere Beurteilung anzulegen sein. Für dasjenige Wasser, z. B., welches zum Waschen der Hefe Verwendung findet, wird das Prädikat »gut« verlangt werden müssen.

Die Resultate der Schwackhöfer'schen Methode, welche das Zerstörungsvermögen des Wassers gegenüber Würze und Bier überhaupt angiebt, werden in praktischer Weise ergänzt durch diejenigen

b) der Wichmann'schen Methode,

bei welcher die Zeitverhältnisse, welche das Zerstörungsvermögen als solches begleiten, entsprechenden Ausdruck finden, so dafs die Schwackhöfer'sche und Wichmann'sche Methode, miteinander kombiniert, ein anschauliches Bild für den Einflufs des zu untersuchenden Wassers auf Würze und Bier bieten. Bei der Wichmann'schen Methode werden 4 Freudenreich-Kölbchen, welche 10 ccm sterile Würze enthalten, mit je $^1/_4$, $^1/_2$, $^2/_3$ und $^1/_1$ ccm des zu untersuchenden Wassers beschickt. Die Kölbchen tragen der Reihe nach die Zahlen 1, 2, 3 und 4. Die Zahl der Kölbchen, welche sich:

am ersten Tage trüben, wird mit 10,
zweiten » » » » 8,
dritten » » » » 6,
vierten » » » » 4 und die der
am fünften » » » » 2 multipliziert.

Die sich ergebenden Produkte werden addiert; die Summe bezeichnet das Zerstörungsvermögen des Wassers gegenüber Würze. Bei dem Wasser, welches bei dem für die Schwackhöfer'sche Methode angeführten Beispiel nach dieser ein Zerstörungsvermögen von 8 % gegenüber Würze aufwies, ergab sich folgendes Resultat:

Würzekölbchen	1	trübte sich nach	7	Tagen	$0 \times 1 = 0$,
»	2	» » »	4	»	$4 \times 2 = 8$,
»	3	» » »	4	»	$4 \times 3 = 12$,
»	4	» » »	7	»	$0 \times 4 = 0$.
				Zerstörungsvermögen	$= 20$.

Würden sämtliche Kölbchen bereits nach einem Tage getrübt gewesen sein, so hätte das Zerstörungsvermögen 100 betragen nach der Rechnung:

$$\begin{array}{r} 10 \times 1 = 10 \\ 10 \times 2 = 20 \\ 10 \times 3 = 30 \\ 10 \times 4 = 40 \\ \hline 100 \end{array}$$

In derselben Weise, wie mit Würze, ist der Versuch auch mit sterilem Bier durchzuführen; dabei sind die Faktoren um 1,67 zu vergröfsern. Das Zerstörungsvermögen für Bier ist gleich hundert zu setzen, wenn am dritten Tage sämtliche Kölbchen trübe sind.

Unter Umständen ist es von Wert, sich über die Art der Mikroorganismen, welche in dem Wasser vorhanden sind, näher zu orientieren. Zu diesem Zweck müssen

c) die mikroskopische Untersuchung und die Kultur

auf verschiedenen, für die vorliegenden Zwecke geeigneten Nährsubstraten, Anwendung finden. Es sei hier gestattet zu citieren, was Kubel-Tiemann über das Zusammenwirken dieser beiden Untersuchungsfaktoren sagen, zumal dasselbe in eben dem Maſse, wie es hier für die Untersuchung des Wassers ausgeführt wird, für die sämtlichen im Brauereibetriebe auszuführenden Untersuchungen gelten kann, soweit sich dieselben mit Mikroorganismen befassen. Kubel-Tiemann schreiben darüber:[1])

»Die beiden Verfahren der mikroskopischen Untersuchung und Kultur dürfen nicht voneinander getrennt werden, sie ergänzen sich gegenseitig. Die Kultur muſs das Mikroskop unterstützen; denn in vielen Fällen sind die Unterschiede, welche die Einzelwesen zeigen, so gering, daſs sich mit dem Mikroskop die Frage nach der Art nicht entscheiden läſst. Ferner dürfte es unmöglich sein, bei auch nur mäſsigem Reichtum eines Wassers an Spaltpilzen, alle in 1 ccm enthaltenen Keime zu zählen. Das Kulturverfahren hilft uns über diese Schwierigkeiten hinweg. Wir erhalten durch dasselbe nicht Einzelwesen, sondern Kolonien, d. h., dicht zusammengedrängte Anhäufungen von Bakterien, welche, aus einem Keime hervorgegangen, die charakteristischen Eigenschaften des Wachstums der Art deutlich zu Tage treten lassen; dadurch ferner, daſs die im Wasser enthaltenen Keime einzeln in dem Nährsubstrate verteilt werden und, durch die Gelatine an den Ort festgebannt, zu Kolonien anwachsen, können wir durch Zählen der letzteren leicht ein Urteil über den ursprünglichen Keimreichtum gewinnen. Für sich allein aber

[1]) Kubel-Tiemann, II. Bd., S. 435.

reicht die Züchtung nicht aus. Auch das Wachstum der einzelnen Arten zeigt häufig grofse Ähnlichkeiten. In solchen Fällen läfst uns das Mikroskop vielfach die Unterschiede in der Form, Bewegung etc. der Einzelwesen und damit die Art der Spaltpilze erkennen.

Noch einen anderen Vorteil, nämlich eine Art Kontrolle über die Kultur, gewährt uns dieses Instrument. Bis jetzt kennt man noch keinen Nährboden, auf dem alle Spaltpilze gedeihen; bei der Kultur wird also eine Anzahl Mikroorganismen nicht zum Wachsen kommen. Es bedarf daher der Revision durch das Mikroskop, ob die in den Kolonien enthaltenen Keime denen gleich sind, welche das gefärbte Präparat uns zeigt.

Die eine Methode ohne die andere sollte daher nicht in Anwendung gezogen werden; müfste man einer entraten, so liefse sich für die Wasseruntersuchungen leichter das Mikroskop als die Kultur entbehren.«

Diesen Ausführungen entsprechend, sind von den Wasserproben, mit bestimmten Mengen derselben, genau wie bei der Untersuchung von Würze- und Bierproben (S. 127 ff.) Plattenkulturen mit Würze-, Bier- oder anderen Nährgelatinen (S. 115 ff., Anmerk.) anzulegen und die durch diese Methode gezeitigten Resultate, gestützt auf die makroskopische und mikroskopische Beobachtung, zur Beurteilung des Wassers entsprechend zu verwerten. Unterstützt wird dieselbe durch die Untersuchung von mikroskopischen Präparaten, welche von dem Wasser direkt anzufertigen sind bezw. von dem Bodensatze desselben, nachdem es 24 Stunden in einem Spitzglase bedeckt gestanden hat. Bei der letzteren Untersuchung ist jedoch in Rechnung zu ziehen, dafs die Lebewesen in den 24 Stunden bereits eine Vermehrung erfahren haben.

Ist die im vorhergehenden skizzierte mikroskopisch-biologische Untersuchung des Wassers regelmäfsig viermal im Jahre, bei Anormalitäten im Betriebe, die mit dem Wasser im Zusammenhang stehen können, dementsprechend öfter auszuführen, so ist

2. die chemische Untersuchung

im allgemeinen zweimal in jedem Jahre — einmal im Winter und einmal im Sommer — vorzunehmen. Wenngleich die Zusammensetzung des in der Mälzerei und Brauerei zur Verwendung kommenden Wassers genau bekannt sein soll, so genügt eine zweimalige Untersuchung, da die chemische Zusammensetzung des Wassers im engsten Zusammenhang mit seinem Ursprungsort wenig wechselt.

Die Proben für diese Untersuchung werden am Brunnen selbst genommen, nachdem das Wasser an der Entnahmestelle einige Zeit klar abgelaufen ist; zum Auffangen der Proben dienen tadellos gereinigte und kurz vor der Probennahme mit dem zu untersuchenden Wasser gut ausgespülte Glasstöpselflaschen.

Die Untersuchung selbst zerfällt:

a) in die qualitative Analyse,
b) in die quantitative Analyse.

a) Die qualitative Analyse

umfaſst die Prüfung:

α) auf Farbe und Klarheit,
β) auf Geruch und Geschmack,
γ) auf Kohlensäure,
δ) auf Sulfate,
ε) Chloride,
ζ) Nitrate,
η) Nitrite,
ϑ) Ammoniak und Ammoniumsalze,
ι) Calciumsalze,
κ) Magnesiumsalze,

λ) Eisenverbindungen,

μ) organische Substanzen,

ν) seltener auf Bleisalze und Schwefelmetalle.

Gang der qualitativen Analyse.

Diejenigen Untersuchungen, mit deren Ausführung ein längeres Stehenlassen verbunden ist, werden praktisch zuerst in Angriff genommen.

ϑ) Zur Prüfung auf Ammoniak

werden in einem absolut ammoniakfreien Raum 100 ccm Wasser in einem verschliefsbaren Mefscylinder mit 20 Tropfen 15—20proz., ammoniakfreier Natronlauge und mit 40 Tropfen konzentrierter Natriumkarbonatlösung gemischt; hierdurch werden die Calcium- und Magnesiumverbindungen abgeschieden. Das Gemisch wird bis zur eingetretenen Klärung auf die Seite gestellt. Ist die Klärung eingetreten, so wird die überstehende Flüssigkeit von dem gebildeten Niederschlag klar abgegossen und in einem ca. 3 cm weitem Glascylinder mit 20 Tropfen Nefsler'schem Reagenz[1]) versetzt. Jede Spur von Ammoniak macht sich sofort oder nach einiger Zeit durch eine mehr oder minder intensive Gelbfärbung bemerkbar; bei Anwesenheit grofser Mengen von Ammoniak oder Ammoniumverbindungen bildet sich ein orangebrauner Niederschlag.

Im Anschlufs an die Prüfung auf Ammoniak ist die Tanninprobe anzusetzen.

---

[1]) Die Bereitung der Nefsler'schen Reagenz:

7 g Jodkalium werden in 20 ccm Wasser gelöst und diese Lösung in eine solche von 3,2 g Quecksilberchlorid in 60 ccm Wasser gegeben. Das Zusammengiefsen der beiden Lösungen geschieht unter beständigem Umschütteln, und zwar wird von der Quecksilberchloridlösung soviel zur Jodkaliumlösung gegeben, bis der sich bildende Niederschlag nicht mehr in Lösung geht. Nach Hinzufügung von 120 ccm Kalilauge wird das Gemisch über Asbest filtriert. Das Filtrat ist das Nefsler'sche Reagenz.

Wenn auch weiter unten ausführlicher dargelegt werden wird, welchen Anforderungen ein Wasser mit Rücksicht auf seine verschiedene Verwendung im Mälzerei- und Brauereibetriebe genügen soll, so sei hier vorweggenommen, dafs zu Brauzwecken eigentlich nur ein solches Wasser verwendet werden soll, welches als gutes Trinkwasser angesprochen werden kann. Eine schnelle und vorläufige Orientierung bietet die

Tanninprobe.

Zu ihrer Ausführung werden 100 ccm Wasser in einem verschliefsbaren Standcylinder mit ca. 15 ccm Tanninlösung[1]) versetzt und bei Seite gestellt. Dabei darf sich ein gutes Wasser während der ersten 5 Stunden nicht trüben; erfolgt die Trübung bereits in der ersten Stunde, so ist das Wasser gesundheitsschädlich; eine Trübung, welche bereits in der zweiten Stunde auftritt, dient gerade nicht zur Empfehlung. Eine Braunfärbung in der dritten Stunde deutet auf Wasser von mittelmäfsiger Beschaffenheit und auf Ammongehalt.

ι) Die Ermittelung von Calciumsalzen

erfolgt in der Weise, dafs 50 ccm Wasser in einem Becherglase mit Salzsäure schwach angesäuert, durch Zusatz von Ammoniak im Überschufs alkalisch gemacht und dann mit 5 ccm Ammoniumoxalatlösung versetzt werden. In dem beiseite gestellten Becherglase bildet sich bei Anwesenheit von Calciumsalzen nach einiger Zeit ein Bodensatz von oxalsaurem Calcium, welcher in Salzsäure löslich, in Essigsäure unlöslich ist.

α) Prüfung auf Farbe und Klarheit.

Ein Becherglas wird mit dem zu untersuchenden Wasser gefüllt und bei der Prüfung auf ein rein weifses Blatt Papier gestellt.

---

[1]) Die Bereitung der Tanninlösung geschieht aus 10 g Tannin, 10 ccm Alkohol und 40 ccm Wasser.

Beim Hineinsehen von oben in das Becherglas machen sich Färbungen leicht bemerkbar. Dasselbe Becherglas wird zur Prüfung auf Klarheit auf ein schwarzes Stück Papier gestellt.

Ein klares Wasser läſst einen glänzend schwarzen Boden erkennen; bei gröſserer oder geringerer Trübung erscheint der Boden mehr oder weniger grau.

Eine Färbung, (gelblich, grünlich oder bräunlich) kann entweder von organischer Substanz oder von Eisenverbindungen herrühren. Zeigt das Wasser direkt Farbe, so passiert dasselbe entweder Erdschichten, welche mit fauligen, organischen Substanzen durchsetzt sind oder die Brunnenverkleidungen gestatten infolge schadhafter Stellen das Eindringen von durch modrige Erdschichten dringendem Regen- und Grundwasser.

Trübes Wasser läſst auf thonige und mergelige Bestandteile schlieſsen.

β) Prüfung auf Geschmack und Geruch.

Zur Ermittelung des Geschmackes ist das Wasser auf Zimmertemperatur zu bringen.

Um das Wasser auf Geruch zu prüfen, werden ca. 500 ccm auf 50° C. erwärmt. Besonders deutlich machen sich auf diese Weise Verunreinigungen durch Leuchtgas und Schwefelwasserstoff bemerkbar. Die Anwesenheit des letzteren läſst sich leicht definitiv konstatieren durch die empfindliche Reaktion mit schwefelsaurem Para-Amidodimethylanilin. Hierzu wird eine Probe Wasser in einem Reagenzglase mit 5 Tropfen Salzsäure, einigen Körnchen schwefelsaurem Para-Amidodimethylanilin und nach Lösung desselben 1—2 Tropfen Eisenchloridlösung versetzt. Bei Gegenwart von Schwefelwasserstoff tritt sofort oder, wenn die Spuren von Schwefelwasserstoff sehr gering sind, erst nach einiger Zeit (bis zu 30 Minuten) eine prachtvolle, tiefblaue Färbung von Methylenblau auf.

γ) Prüfung auf freie und gebundene Kohlensäure.

50 ccm Wasser werden mit 50 ccm filtriertem Kalkwasser[1]) in einem gut verschliefsbaren Mischcylinder gemischt; der gut verschlossene Cylinder wird beiseite gestellt. Freie oder gebundene Kohlensäure machen

[1]) Die Bereitung des Kalkwassers:

100 g gebrannter Kalk werden in einem Steintopf mit 400 ccm gewöhnlichen Wassers gelöscht; das nach dem Zerfallen zurückbleibende Pulver wird mit 5000 ccm gewöhnlichen Wassers übergossen. Unter öfterem Umrühren bleibt das Kalkwassergemisch eine halbe Stunde stehen; nach Verlauf einer weiteren halben Stunde wird die oberhalb des Bodensatzes befindliche Flüssigkeit weggegossen. Der Bodensatz wird von neuem mit 5000 ccm gewöhnlichen Wassers übergossen, mit diesem gut durchgeschüttelt und das Gemisch in einer gut verschliefsbaren Standflasche im Keller aufbewahrt. Die über dem Bodensatz befindliche Flüssigkeit wird in eine Flasche hineinfiltriert, welche in besonderer Weise für die Aufbewahrung des klaren Kalkwassers eingerichtet ist (Fig. 78), und an welche für quantitative Zwecke eine Bürette angeschlossen ist. Auch diese trägt eine besondere Vorrichtung, welche es ermöglicht, dafs das Kalkwasser sich längere Zeit hindurch unverändert hält.

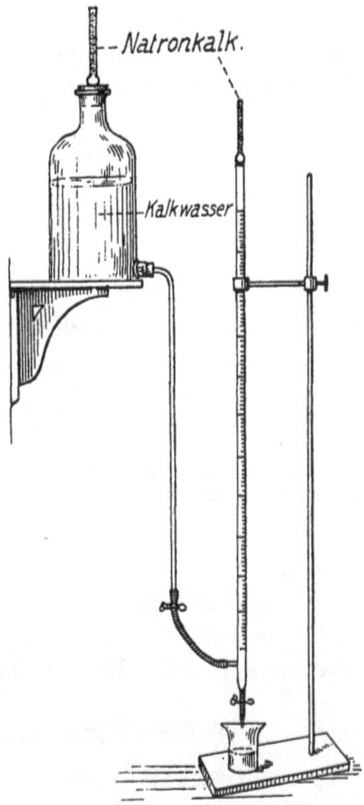

Fig. 78.

sich nach einiger Zeit durch eine durch Ausscheidung von Calciumkarbonat hervorgerufene Trübung bemerkbar.

δ) Prüfung auf Sulfate.

Ein Reagenzglas voll Wasser wird mit Salpetersäure angesäuert und mit einigen Tropfen Chlorbaryum oder Baryumnitratlösung versetzt. Bei Anwesenheit von Sulfaten entsteht sofort eine Trübung bezw. nach einiger Zeit ein krystallinischer Niederschlag von Baryumsulfat.

ε) Zur Prüfung auf Chloride

wird Wasser in einem Reagenzglase mit Salpetersäure angesäuert und mit Silbernitratlösung vermischt. Eine weiſse Trübung oder ein käsiger Niederschlag von Chlorsilber beweist die Anwesenheit von Chloriden. Ein Zusatz von Ammoniak läſst den Niederschlag bezw. die Trübung wieder verschwinden.

ζ) Nitrate.

In einem Reagenzglase werden einige Krystalle Brucin in 20 Tropfen konzentrierter Schwefelsäure gelöst und mit einer Pipette tropfenweise das zu untersuchende Wasser so zugegeben, daſs dasselbe an der Wandung des Reagenzglases herunterläuft. Bei Anwesenheit von Nitraten wird bei dieser sehr empfindlichen Reaktion ein roter Ring gebildet, der bald verschwindet.

η) Die Prüfung auf salpetrige Säure

wird am zweckmäſsigsten, wie folgt, vorgenommen:

100 ccm des zu untersuchenden Wassers werden mit Essigsäure angesäuert und in einer Glasretorte der Destillation unterworfen. Die etwa vorhandene salpetrige Säure befindet sich dann in dem Destillat. Dieses wird mit 20 Tropfen verdünnter Schwefelsäure versetzt und unter Hinzufügung einiger Tropfen Jodkaliumlösung Stärkekleister zugegeben; bei Gegenwart von salpetriger

Säure tritt sofort bezw. nach 5—10 Minuten Blaufärbung ein. Die Prüfung auf salpetrige Säure kann in der angegebenen Weise auch ohne vorherige Destillation erfolgen; doch können hierbei leicht Täuschungen eintreten, da auch Eisenoxydsalze eine Blaufärbung des Jodkalium-Stärkekleisters hervorrufen.

ϰ) Magnesiumsalze

werden in folgender Weise nachgewiesen:

Nachdem sich bei der Prüfung auf Calciumsalze (S. 207) das Calciumoxalat abgesetzt hat, wird die überstehende, klare Flüssigkeit abfiltriert und dem Filtrate Natriumphosphatlösung zugesetzt. Bei Anwesenheit von Magnesiumsalzen bildet sich nach einiger Zeit ein weifser, krystallinischer Niederschlag.

λ) Prüfung auf Eisen.

Beim Kochen von eisenhaltigem Wasser setzt sich das Eisen als Ferrihydroxyd neben Calciumkarbonat zu Boden. Das Klare wird von dem Bodensatz abgegossen, dieser in Salzsäure gelöst und mit wenig Wasser verdünnt. In dieser Lösung rufen bei Gegenwart von Eisen einige Tropfen Rhodankaliumlösung eine tiefrote Färbung von Ferrirhodanid hervor, während einige Tropfen Ferrocyankaliumlösung eine dunkelblaue Fällung von Ferriferrocyanid bewirken.

μ) Organische Substanz

wird im Wasser dadurch nachgewiesen, dafs $^1/_4$ l desselben in einer Schale auf dem Wasserbade abgedampft und der Abdampfrückstand auf einem Platinblech verbrannt wird. Bei der Anwesenheit organischer Substanz tritt eine mehr oder weniger intensive Schwarzfärbung des Rückstandes auf, wobei sich ein eventueller Stickstoffgehalt durch einen eigentümlichen Geruch nach brennendem Haar bemerkbar macht.

ν) Die Prüfung auf Metalle

wird in der Weise vorgenommen, daſs 1 l Wasser in einer Schale auf dem Wasserbade bis auf 100 ccm eingedampft wird; nach dem Erkalten wird der Rest in einen Glascylinder gegossen, mit Salzsäure angesäuert und durch Einleiten von Schwefelwasserstoff mit diesem gesättigt. Hierbei darf weder eine Färbung noch eine Fällung eintreten, wenn in dem Wasser keine Metalle enthalten sein sollen.

Der bisher beschriebenen qualitativen folgt:

b) die quantitative Analyse.

Durch sie werden bestimmt:

α) der Gesamtrückstand,
β) organische Substanz,
γ) die Kohlensäure,
δ) Calcium und Magnesium,
ε) das Eisen,
ζ) Schwefelsäure,
η) Chlor,
ϑ) Härtebestimmung.

α) Zur Bestimmung des Gesamtrückstandes

werden 500 ccm Wasser in einem Meſskolben genau abgemessen und in einer gewogenen Schale auf dem Wasserbade unter allmählichem Nachgieſsen eingedampft. Es empfiehlt sich, unmittelbar über die Schale einen Trichter zu stülpen, dessen Durchmesser den der Schale um einige Centimeter übertrifft. Hierdurch wird das Wasser vor Staub geschützt. Nachdem das Wasser bis zur Trockene verdampft ist, wird der Abdampfrückstand 2 Stunden im Trockenschrank bei 100° C. getrocknet, zum Erkalten in den Exsiccator gestellt und gewogen. Nach der Wägung wird die Schale nochmals in den Trockenschrank gestellt, um nach dem Erkalten nochmals gewogen zu werden. Die beiden Wägungen sollen übereinstimmen.

Der Verdampfungsrückstand eines guten Wassers ist weifslich, weifslich-grau oder gelblich-weifs.

Zu dieser Bestimmung wird am besten eine Platinschale benutzt, welche vor dem Gebrauch über freier Flamme ausgeglüht wird.

Beispiel:

Gewicht der Platinschale mit Abdampfrückstand von 500 ccm Wasser . .	23,7970 g
Tara der Platinschale	23,6095 »
in 500 ccm Wasser sind also enthalten Abdampfrückstand	0,1875 g

oder im Liter = 0,1875 × 2 = 0,3750 g.

β) **Die Bestimmung der organischen Substanz** geschieht durch Oxydation derselben mittels Kaliumpermanganatlösung. Zur Ausführung der Bestimmung ist erforderlich:

eine Lösung von einer beliebigen, aber genau gewogenen Menge chemisch reiner, krystallisierter Oxalsäure; in diesem Falle wird eine annähernd $^1/_{100}$ Normallösung dadurch bereitet, dafs 0,6 g Oxalsäure auf der Handwage abgewogen werden und mittels eines tarierten Uhrglases auf der analytischen Wage dann das genaue Gewicht, z. B. zu 0,6325 g, ermittelt wird. Diese 0,6325 g Oxalsäure werden quantitativ in 1 l-Mefskolben hineingepinselt; der Inhalt des Kolbens wird mit destilliertem Wasser bis zur Marke aufgefüllt. Hierbei ist darauf zu achten, dafs der Inhalt genau auf die Temperatur gebracht wird, bei welcher die Ausaichung des Kolbens stattgefunden hat; in den meisten Fällen ist hierfür 15° C. mafsgebend.

Auf die so bereitete Oxalsäurelösung wird eine annähernd $^1/_{100}$ Normal-Kaliumpermanganatlösung eingestellt, welche folgendermafsen bereitet wird:

Ungefähr 0,3 g Kaliumpermanganat werden auf der Tarierwage abgewogen; eine genaue Wägung auf der analytischen Wage ist nicht nötig, da die Einstellung der Kaliumpermanganatlösung, welche durch Lösen der 0,3 g Kaliumpermanganat in destilliertem Wasser in einem Liter-Meſskolben und Auffüllen bis zur Marke desselben bereitet wird, auf die Oxalsäurelösung von genau bekanntem Gehalte (s. oben) erfolgt.

Nach geschehener Bereitung der beiden Lösungen erfolgt die Titerstellung. Zu diesem Zwecke werden in einem zuvor gut gereinigten Becherglase 100 ccm destillierten Wassers mit 10 ccm verdünnter Schwefelsäure angesäuert und mit einigen Tropfen Kaliumpermanganatlösung blaſsviolett gefärbt. Diese Färbung soll nach fünf Minuten langem Kochen bestehen bleiben; geschieht dieses nicht, so sind noch einige Tropfen Kaliumpermanganat hinzuzufügen. In diese blaſsviolette, heiſse Flüssigkeit werden aus einer mit Kaliumpermanganatlösung gefüllten Bürette, an welcher der Stand der Lösung genau abgelesen ist, 5 ccm laufen gelassen; der noch heiſsen Lösung werden darauf 10 ccm Oxalsäurelösung zugefügt. Die violette Färbung verschwindet nach dem Umrühren mit einem Glasstabe. Zu der nunmehr farblosen Lösung wird aus der Bürette solange Kaliumpermanganatlösung hinzugelassen, bis, als eine nach 5 Minuten langem Kochen bleibende, jene blaſsviolette Färbung wieder aufgetreten ist, die bei Beginn der Operation bemerkt wurde. Der Stand der Flüssigkeit in der Bürette wird abgelesen und notiert. Die Differenz zwischen der Ablesung I und Ablesung II ergiebt die Anzahl Cubikcentimeter Kaliumpermanganatlösung, die notwendig ist, um 10 ccm der Oxalsäurelösung zu oxydieren. Dieser Versuch der Titerstellung ist so oft zu wiederholen, bis unter den einzelnen Bestimmungen Übereinstimmung erzielt wird.

Die Berechnung des Titers der Kaliumpermanganatlösung bezw. des derselben entsprechenden Sauerstoffs ergiebt sich aus folgender Berechnung:

Beispiel:

Zur Oxydation der 10 ccm Oxalsäurelösung werden verbraucht: 10,5 ccm Kaliumpermanganatlösung.

In 1000 ccm Oxalsäurelösung sind nach der bei der Bereitung derselben erfolgten Wägung enthalten 0,6325 g Oxalsäure.

In 10 ccm sind demnach enthalten

$$\frac{0{,}6325}{100} = 0{,}006325 \text{ g Oxalsäure.}$$

Da 630 Gewichtsteile Oxalsäure, 316 Gewichtsteile Kaliumpermanganat zersetzen[1]), so befinden sich in obigen 10,5 ccm Kaliumpermanganatlösung 3,172 mg Kaliumpermanganat nach der Gleichung:

$$630 : 316 = 6{,}325 : x$$
$$x = 3{,}1714.$$

In 1 ccm der Kaliumpermanganatlösung befinden sich also 3,1714 : 10,5 = 0,302 mg Kaliumpermanganat.

Da ferner 316 Gewichtsteile Kaliumpermanganat, 80 Gewichtsteile Sauerstoff abgeben, so entsprechen den 0,302 mg Kaliumpermanganat 0,0574 mg Sauerstoff nach der Rechnung:

$$\frac{0{,}302 \times 80}{316} = 0{,}0764.$$

Nachdem auf diese Weise die Titerstellung der Kaliumpermanganatlösung erfolgt ist, geht die Bestimmung der organischen Substanz im Wasser folgendermaſsen von statten:

Das Becherglas, welches zur Titerstellung verwendet wurde, wird entleert; in dasselbe werden, ohne es vorher auszuspülen, 100 ccm des zu untersuchenden Wassers hineinpipettiert; hierzu werden 10 ccm verdünnte

---

1) Nach der Formel:

$$5\,(C_2H_2O_4 + 2\,H_2O) + 2\,KMnO_4 + 3\,H_2SO_4$$
$$(630) \qquad\qquad (316)$$
$$= 2\,MnSO_4 + K_2SO_4 + 10\,CO_2 + 18\,H_2O.$$

Schwefelsäure und so viel Kaliumpermanganatlösung gegeben, dafs die Flüssigkeit schwach gefärbt erscheint. Nachdem der Stand der Kaliumpermanganatlösung in der Bürette abgelesen und notiert ist, werden aus derselben weitere 5 ccm Kaliumpermanganatlösung zugegeben; das Ganze wird 10 Minuten lang gekocht. In die heifse Flüssigkeit werden 10 ccm Oxalsäurelösung hineinpipettiert. Hierdurch verschwindet die violette Farbe. Aus der Bürette wird nun so viel Kaliumpermanganatlösung zugegeben, bis eine schwach blafsviolette Färbung aufgetreten ist, die auch nach fünf Minuten langem Kochen nicht verschwindet. Diese Bestimmung ist zu wiederholen; die beiden Untersuchungen müssen die gleichen Zahlen ergeben.

Beispiel:

100 ccm Wasser + 10 ccm Oxalsäure verbrauchen zur Oxydation .	12,2 ccm	Kaliumpermanganatlösung.
10 ccm Oxalsäure gebrauchten . .	10,5 »	
Zur Oxydation der in 100 ccm Wasser enthaltenen organischen Substanz waren also nötig	1,7 ccm	

Da 1 ccm Kaliumpermanganatlösung 0,302 mg Kaliumpermanganat enthält, so sind in 1,7 ccm

$$0{,}302 \times 1{,}7 = 0{,}5134 \text{ mg Kaliumpermanganat}$$

enthalten.

Es gebrauchten demnach:

100 ccm Wasser zur Oxydation	0,5134 mg	Kaliumpermanganat;
1000 » » » »	5,134 »	
100000 » » » »	0,5134 g	

um die Sauerstoffmenge anzugeben, genügt folgende Umrechnung:

$$\frac{0{,}5134 \times 80}{316} = 0{,}129 \text{ g pro } 100\,000 \text{ ccm Wasser.}$$

γ) Die Bestimmung der Kohlensäure.

Die Kohlensäure findet sich im Wasser auf drei Arten vor und zwar:

erstens als freie, d. h. ungebundene Kohlensäure, ferner als halbgebundene Kohlensäure, d. h. verwendet dazu, die kohlensauren Verbindungen des Calciums und Magnesiums, welche an und für sich im Wasser unlöslich sind, in Form von Bicarbonaten in Lösung zu halten, und drittens als festgebundene Kohlensäure.

Zur Bestimmung der freien und halbgebundenen Kohlensäure werden 100 ccm des zu untersuchenden Wassers in einem verschliefsbaren Kolben mit 2 ccm konzentrierter Chlorammoniumlösung, 8 ccm Chlorbaryumlösung und 40 ccm Kalkwasser (S. 209) gemischt; das Ganze wird 12 Stunden beiseite gestellt. Nach Ablauf dieser Zeit werden der Flasche von der über dem Niederschlage befindlichen Flüssigkeit mittels einer Pipette vorsichtig 50 ccm entnommen und in ein Becherglas gegeben (Fig. 79). In diesem wird mittels Oxalsäurelösung zurücktitriert, wieviel nicht in Calciumcarbonat verwandeltes Kalkwasser sich noch in der Lösung befindet. Zu diesem Zwecke ist es notwendig, einmal den genauen Gehalt der Oxalsäurelösung und ferner den Gehalt des Kalkwassers an Calciumhydrat und sein Sättigungsverhältnis zu der Oxalsäurelösung zu kennen.

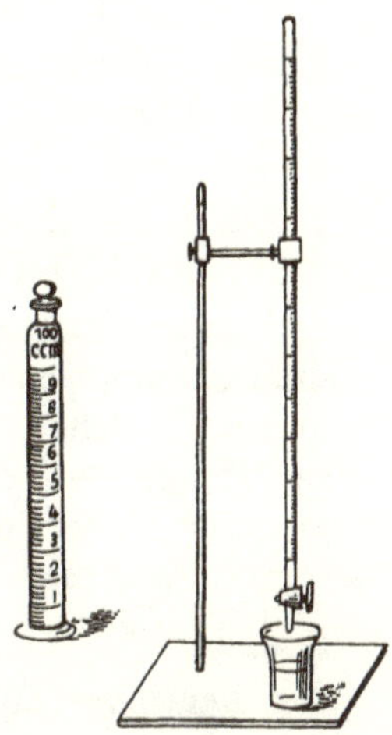

Fig. 79.

Zur Bereitung der Oxalsäurelösung werden 8 g chemisch-reine Oxalsäure abgewogen und das ganz genaue Gewicht auf der analytischen Wage ermittelt.

Diese Oxalsäure wird in 1 l Wasser gelöst und auf diese Lösung das Kalkwasser eingestellt:

Beispiel:

Genaues Gewicht der Oxalsäure: 8,1467 g,
es enthält also 1 ccm der Lösung: 8,1467 mg Oxalsäure.
Zur Neutralisation von 10 ccm = 81,467 » »
werden 30,2 ccm Kalkwasser gebraucht.

Unter Berücksichtigung der Äquivalentgewichte der Oxalsäure (63) und des Kalkhydrats (37) enthalten die 30,2 ccm Kalkwasser 47,845 mg Calciumhydrat nach der Proportion:

$$63 : 37 = 81{,}467 : x$$
$$x = 47{,}845 \text{ mg Calciumhydrat.}$$

1 ccm Kalkwasser enthält also

$$\frac{47{,}845}{30{,}2} = 1{,}584 \text{ mg Calciumhydrat.}$$

1 ccm Oxalsäurelösung enthält
8,1467 mg Oxalsäure (siehe oben).

Auf Grund dieser Daten und des Verbrauches von Oxalsäurelösung bei der Neutralisation der 50 ccm Flüssigkeit, welche mittels der Pipette von dem Niederschlag abpipettiert waren, läſst sich der Gehalt des Wassers an freier und halbgebundener Kohlensäure, wie folgt, berechnen:

Beispiel:

Zur Neutralisation der 50 ccm Flüssigkeit werden verbraucht: 2,5 ccm Oxalsäurelösung. Für die ganze 150 ccm betragende Menge wären nötig: $2{,}5 \times 3 = 7{,}5$ ccm Oxalsäurelösung. Von diesem Produkt ist abzuziehen die Anzahl Cubikcentimeter Oxalsäurelösung, welche nötig ist, um 40 ccm Kalkwasser zu neutralisieren;

40 ccm Kalkwasser verbrauchen zur Neutralisation 13,24 ccm Oxalsäurelösung, die 150 ccm Flüssigkeit aber 7,5 ccm; folglich ist eine (13,24—7,5) = 5,74 ccm

Oxalsäure entsprechende Menge Kalks an Kohlensäure gebunden.

Diese 5,74 ccm Oxalsäure enthalten:

$$5{,}74 \times 8{,}1467 = 46{,}76 \text{ mg Oxalsäure.}$$

Durch Multiplikation mit 22 (Äquivalentgewicht[1]) der Kohlensäure) und Division durch 63 (Äquivalentgewicht der Oxalsäure) wird aus den 46,76 mg die diesen entsprechende Menge Kohlensäure erhalten:

$$\frac{46{,}76 \times 22}{63} = 16{,}328.$$

Diese 16,328 mg Kohlensäure sind enthalten in 100 ccm Wasser; im Liter sind infolgedessen 163,328 mg Kohlensäure und in 100 000 ccm 16,328 g Kohlensäure im freien und halbgebundenen Zustande enthalten.

Zur Bestimmung der Gesamt-Kohlensäure wird auf die bereits bei der Bestimmung der freien und halbgebundenen Kohlensäure erwähnte Oxalsäurelösung (1 ccm der Lösung enthielt 8,1467 g Oxalsäure) eine Kaliumpermanganatlösung eingestellt, welche durch Lösen von 4 g Kaliumpermanganat in Wasser und Auffüllen der Lösung im Liter-Meſskolben bis zur Marke bereitet ist. Dieses geschieht in der Weise, wie es auf S. 213 gelegentlich der Bestimmung der organischen Substanz angegeben ist.

Um mit Hilfe dieser beiden Lösungen die Gesamtkohlensäure im Wasser zu bestimmen, werden 250 ccm desselben in einem gut verschlieſsbaren Kolben mit 100 ccm Kalkwasser versetzt und 24 Stunden beiseite gestellt. Nach Ablauf dieser Zeit wird der aus kohlensaurem Kalk bestehende Niederschlag abfiltriert und auf dem Filter solange mit verdünnter Essigsäure (2 : 100) gelöst, bis kein Aufbrausen mehr wahrgenommen

---

[1]) Diejenigen Leser, welche sich über Äquivalentgewichte, ihre Rolle bei der Maſsanalyse und über diese selbst näher orientieren wollen, seien verwiesen auf »Medicus, Kurze Anleitung zur Maſsanalyse.«

wird. Diese Lösung wird in einen Meſskolben von 500 ccm Inhalt hineinfiltriert; das Filter wird mit verdünnter Essigsäure und mit destilliertem Wasser gut ausgewaschen; die Waschflüssigkeiten gelangen ebenfalls in den Meſskolben. Die nunmehr in demselben enthaltene Flüssigkeit wird mit Ammoniak schwach alkalisch gemacht, mit 50 ccm Oxalsäurelösung versetzt und auf einer Asbestplatte zum Sieden erhitzt. Nach einiger Zeit wird abgekühlt, der Inhalt des Kolbens bei der Temperatur, welche für die Aichung desselben maſsgebend war (15° C. bezw. 17,5° C.), mit Wasser bis zur Marke aufgefüllt und filtriert. Von dem blanken Filtrat werden 100 ccm in ein Becherglas hineinpipettiert, 10 ccm konzentrierte Schwefelsäure hinzugegeben und das Ganze auf ca. 70° C. erwärmt. Bei dieser Temperatur werden aus einer Bürette so viel Cubikcentimeter der Kaliumpermanganatlösung hinzugefügt, bis eine schwache rötliche Färbung bestehen bleibt.

Die Berechnung geschieht nach folgendem Beispiel:

1 ccm der Oxalsäurelösung enthält 8,1467 mg Oxalsäure. 10 ccm Oxalsäure werden von 10,8 ccm der Kaliumpermanganatlösung gesättigt.

100 ccm des Filtrates gebrauchen 6,7 ccm Kaliumpermanganatlösung. Die Gesamtlösung gebraucht also

$$6{,}7 \times 5 = 33{,}5 \text{ ccm Kaliumpermanganatlösung.}$$

Da 10,5 ccm derselben von 10 ccm Oxalsäure gesättigt werden, so sind für 33,5 ccm 31 ccm Oxalsäure notwendig nach der Proportion:

$$10{,}8 : 10 = 33{,}5 : x;$$

$$x = \frac{3350}{108} = 31{,}01.$$

Da 50 ccm Oxalsäurelösung verwendet und 31 ccm derselben zurücktitriert sind, so werden

$$50 - 31{,}01 = 18{,}99 \text{ ccm gebunden.}$$

Diese 19 ccm enthalten

$$8{,}146 \times 18{,}99 = 154{,}692 \text{ mg}$$

an Kalk gebundene Oxalsäure.

Wird für das Äquivalentgewicht der Oxalsäure (63) das Äquivalentgewicht der ursprünglich an den Kalk gebunden gewesenen Kohlensäure (22) eingesetzt, so ergeben sich 54,02 mg Kohlensäure nach der Proportion:

$$63 : 22 = 154,692 : x;$$

$$x = \frac{154,692 \times 22}{63} = 54,019.$$

Diese 54,019 mg Kohlensäure sind nach den obigen Ausführungen in 250 ccm Wasser enthalten; im Liter befinden sich demnach

$$54,019 \times 4 = 216,076 \text{ mg Kohlensäure.}$$

δ) Calcium und Magnesium

sind stets zusammen im Wasser enthalten. Das erstere wird maſsanalytisch bestimmt, das letztere wird aus der Differenz des hierbei erhaltenen Resultates und der Gesamthärte berechnet. Dieses genügt für den gewöhnlichen Gebrauch. Bei ganz genauen Bestimmungen hat die Gewichtsanalyse[1]) einzusetzen.

Zur maſsanalytischen Bestimmung des Calciums sind erforderlich:

Eine Oxalsäurelösung von bekanntem Gehalt an Oxalsäure und eine Kaliumpermanganatlösung, welche auf diese Oxalsäurelösung eingestellt wird.

Die Bereitung und Einstellung dieser Lösungen gegeschieht in der Weise, wie es auf S. 213 u. ff. bei der Bestimmung der organischen Substanz angegeben ist.

Mit diesen Lösungen wird die Bestimmung des Calciums folgendermaſsen vorgenommen:

Von dem zu untersuchenden Wasser werden 100 ccm in einen Meſskolben von 200 ccm Inhalt hineinpipettiert, mit 20 ccm Oxalsäurelösung und mit so viel Ammoniak versetzt, bis der Inhalt schwach alkalisch

---

[1]) Siehe »Gewichtsanalytische Bestimmung des Kalkes und der Magnesia« in »Kubel-Tiemann« Bd. I S. 85 ff. oder Medicus, Gewichtsanalyse Seite 33.

reagiert. Auf einer Asbestplatte wird die Flüssigkeit zum Sieden erhitzt; nach geschehener, durch Einstellen des Kolbens in kaltes Wasser beschleunigter Abkühlung wird der Kolbeninhalt mit destilliertem Wasser bis zur Marke aufgefüllt und durch ein Doppelfilter filtriert. Von dem Filtrat werden 100 ccm in das Becherglas gegeben, welches zum Einstellen der Kaliumpermanganatlösung auf die Oxalsäurelösung benutzt wurde; nach einem Zusatz von 10 ccm konzentrierter Schwefelsäure und Erhitzen auf 70—80° C., wird aus einer Bürette so lange Kaliumpermanganatlösung zugegeben, bis die dabei entstehende rosenrote Färbung nach mindestens 10 Minuten langem Erhitzen nicht wieder verschwindet. Aus der Anzahl der verbrauchten Cubikcentimeter Kaliumpermanganatlösung berechnet sich der Calciumgehalt des Wassers folgendermaſsen:

1 l Oxalsäurelösung enthält . . .	6,385 g Oxalsäure,	
10 ccm Oxalsäurelösung entsprechen	10,5 ccm	Kaliumpermanganatlösung,
100 » Filtrat gebrauchten . . .	8,4 »	
das Gesamtfiltrat gebraucht also.	$8{,}4 \times 2 = 16{,}8$ ccm.	

Diesen 16,8 ccm entsprechen 16 ccm Oxalsäurelösung nach der Proportion:

$$10{,}5 : 10 = 16{,}8 : x;$$

$$x = \frac{16{,}8 \times 10}{10{,}5} = 16{,}0.$$

Da 20 ccm Oxalsäurelösung dem Wasser zugesetzt werden, so sind $20 - 16 = 4$ ccm Oxalsäurelösung gebunden worden.

Da 1 l Oxalsäure 6,385 g Oxalsäure enthält, so sind in 1 ccm 6,385 mg und in 4 ccm 25,54 mg Oxalsäure vorhanden.

Aus dieser Zahl wird das gesuchte Calciumoxyd erhalten unter Zugrundelegung seines Äquivalentgewichtes (28) und des der Oxalsäure (63) nach folgender Gleichung:

$$63 : 28 = 25{,}54 : x;$$

$$x = 11{,}35.$$

Diese 11,35 mg Calciumoxyd sind in 100 ccm Wasser enthalten;

in 1000 ccm Wasser finden sich also 113,5 mg oder
in 100000 ccm Wasser 11,35 g Calciumoxyd.

Aus dieser Zahl und der Gesamthärte (S. 227 ff.) wird das Magnesium berechnet, wie es das folgende Beispiel zeigt:

Die Gesamthärte beträgt . .	13,98 mg Calciumoxyd,
gefunden wurden	11,35 » »
Die Differenz zwischen beiden beträgt	2,63 mg Calciumoxyd.

Diese Differenz wird durch Multiplikation mit 0,7143 auf die äquivalente Menge Magnesia[1]) gebracht:

Im vorliegenden Falle beträgt also die Menge Magnesia:

$$2{,}63 \times 0{,}7143 = 1{,}878 \text{ mg.}$$

ε) Zur Bestimmung des Eisens

wird der Abdampfrückstand (S. 212 ff.) benutzt. Derselbe wird in Salzsäure gelöst und wiederholt mit Salzsäure, eventuell unter Zugabe einiger Krystalle, von chlorsaurem Kali eingedampft. Der Rückstand wird in Wasser mit Hilfe einiger Tropfen Salzsäure gelöst und die Lösung von der ausgeschiedenen Kieselsäure abfiltriert. Das Filtrat wird mit Ammoniak alkalisch gegemacht und so lange gekocht, bis der Geruch nach Ammoniak verschwunden ist. Der gebildete Niederschlag wird mittels eines Filters gesammelt und auf diesem mit heifsem Wasser so lange ausgewaschen, bis das ablaufende Waschwasser keine Chlorreaktion (S. 210) mehr zeigt. Der so ausgewaschene Niederschlag wird in einem Tiegel getrocknet, geglüht und nach dem Erkalten gewogen. Um in dem aus Eisen- und Aluminiumoxyd bestehenden Glührückstand das Eisen zu bestimmen, wird er in einigen Tropfen konzentrierter

1) $CaO : MgO = 56 : 40 = 1 : 0{,}7143$.

Schwefelsäure gelöst unter Zugabe einiger Cubikcentimeter destillierten Wassers. Die Lösung wird mit einem Stückchen eisenfreien Zink so lange digeriert, bis sie farblos geworden ist und ein mit einem Glasstäbchen herausgenommener Tropfen auf einem Porzellandeckelchen beim Zusammenbringen mit einem Tropfen konzentrierter Rhodankaliumlösung nicht die mindeste Rotfärbung mehr erkennen läſst. Hierauf wird die Lösung mit möglichst luftfreiem Wasser verdünnt, von dem unveränderten Zink klar abgegossen und letzteres mit Wasser wiederholt abgespült. Nach Zusatz von einigen Cubikcentimeter verdünnter Schwefelsäure wird aus einer Bürette so viel von der von der Bestimmung der organischen Substanz her bekannten Kaliumpermanganatlösung (S. 214 ff.) zugegeben, bis eine violettrote Färbung bestehen bleibt. Die Anzahl der verbrauchten Cubikcentimenter ist mit dem Titer der Kaliumpermanganatlösung für Eisen zu multiplizieren.

Beispiel:

10 ccm Oxalsäure (= 6.325 mg Oxalsäure) entsprechen 10,5 ccm Kaliumpermanganatlösung (S. 215);

$$\frac{6,325}{10,5} = 0,602$$

ist somit der Urtiter; aus demselben ergiebt sich der Eisentiter der Kaliumpermanganatlösung durch Multiplikation mit dem Atomgewicht des Eisens (56) und Division durch das Äquivalentgewicht der Oxalsäure (63); der Eisentiter beträgt also 0,535, denn

$$\frac{0,602 \times 56}{63} = 0,535.$$

Zur Bestimmung des Eisens werden verbraucht 2,1 ccm Kaliumpermanganatlösung; dieser entsprechen

$$2,1 \times 0,535 = 1,123 \text{ mg Eisen.}$$

Dieselben sind enthalten in den bei der Bestimmung des Abdampfrückstandes angewandten 500 ccm Wasser (S. 212 ff.); im Liter sind demnach

$$1,123 \times 2 = 2,246 \text{ mg Eisen.}$$

Soll die Menge des gefundenen Eisens als Eisenoxyd seinen Ausdruck finden, so berechnet sich dasselbe aus folgender Proportion:

$$112 : 160 = 2{,}246 : x,$$
$$(Fe_2)\ (Fe_2O_3)$$

$$x = 3{,}2 \text{ mg Eisenoxyd im Liter.}$$

Aus dieser Zahl und dem Gewicht des aus Eisen- und Aluminiumoxyd bestehenden Glührückstandes wird durch Subtraktion der ersteren von letzterem das in 1 l enthaltene Aluminiumoxyd erhalten.

ζ) Die Schwefelsäure

wird im Wasser gewichtsanalytisch bestimmt. Hierzu werden 500 ccm Wasser in einem Becherglase mit Salzsäure angesäuert und zum Kochen erhitzt. Darauf wird dem heifsen Wasser solange heifse Chlorbaryumlösung zugesetzt, wie noch eine Vermehrung des Niederschlages wahrgenommen werden kann. Das Becherglas wird gut zugedeckt und stehen gelassen, bis die Flüssigkeit erkaltet ist und der Niederschlag sich gut abgesetzt hat. Nach dem vollständigen Absetzen desselben wird die klare Flüssigkeit durch ein Filter von bekanntem Aschengehalt gegossen; hierbei ist ein Aufrühren des Niederschlags nach Möglichkeit zu vermeiden. Derselbe wird einige Male mit destilliertem Wasser ausgekocht und schliefslich unter Zuhilfenahme einer Gummifahne ohne Verlust auf das Filter gebracht. Dieses wird mit kochendem Wasser so lange ausgewaschen, bis im Waschwasser Silbernitratlösung ein Opalisieren nicht mehr hervorruft. Das nasse Filter mit dem Niederschlag wird in einen tarierten Platintiegel gebracht, in diesem zunächst ganz schwach und vorsichtig, dann stärker erhitzt und zum Schlufs so lange geglüht, bis der Tiegelinhalt rein weifs ist. Nach dem Erkalten im Exsiccator wird sofort gewogen. Aus dem hierbei gefundenen Gewichte des

Baryumsulfats ergiebt sich die Schwefelsäure nach folgender Berechnung:

$$\underset{(BaSO_4)}{233} : \underset{(SO_3)}{80} = 0{,}036 : x;$$

$$x = 12{,}36 \text{ mg}.$$

Hierbei präsentiert 0,036 g das gefundene Gewicht. Diese 0,036 g und infolgedessen die 12,36 mg Schwefelsäure sind in 500 ccm Wasser enthalten, so dafs sich

$$\text{im Liter} = 12{,}36 \times 2 = 24{,}72 \text{ mg}$$

Schwefelsäure vorfinden.

η) Zur Bestimmung des Chlors

sind erforderlich:
eine Silbernitratlösung, welche annähernd $^1/_{10}$ normal ist, eine Kochsalzlösung von genau bekanntem Gehalt und eine Kaliumchromatlösung, welche durch Lösen von 1 Teil Kaliumchromat in 10 Teilen Wasser erhalten wird.

Zur Bereitung der Silbernitratlösung werden 17 g Silbernitrat auf der Tarierwage abgewogen, in Wasser gelöst und die Lösung in einem Mefskolben zum Liter aufgefüllt. Die Lösung ist in einer Flasche aus schwarzem Glase aufzubewahren.

Die Kochsalzlösung wird dadurch hergestellt, dafs ca. 1 g chemisch reines, *vollständig trockenes* Natriumchlorid auf einem Uhrglase mit der analytischen Wage genau gewogen, ohne Verlust in einen 100 ccm Mefskolben gebracht, in diesem gelöst und die Lösung genau bis zur Marke aufgefüllt wird.

Mit Hilfe dieser Lösungen erfolgt die Chlorbestimmung in folgender Weise:

100 ccm des zu untersuchenden Wassers werden mit 2 bis 3 Tropfen der Kaliumchromatlösung gelb gefärbt; aus einer Bürette wird so lange von der Silbernitratlösung zugegeben, bis eine bleibende braunrötliche Färbung auftritt, welche auch beim Umschütteln nicht wieder verschwindet. Aus der Zahl der verbrauchten

ccm und dem Titer der Lösungen ergiebt sich der Chlorgehalt des Wassers nach folgendem Beispiel:

100 ccm Kochsalzlösung enthalten 1,0593 g Natriumchlorid.

10 ccm dieser Kochsalzlösung erfordern 17 ccm Silbernitratlösung zur Titration.

Da diese 10 ccm Kochsalzlösung 0,10593 g Chlornatrium enthalten, so entsprechen 0,10593 g Chlornatium 17 ccm Silbernitratlösung oder

1 ccm Silbernitratlösung $\frac{0,10593}{17} = 0,00623$ g Chlornatrium.

Hiernach enthält

1 ccm Silbernitratlösung $\frac{6,23 \times 170}{58,5} = 18,104$ mg Silbernitrat

und entspricht $\frac{6,23 \times 35,5}{58,5} = 3,78$ mg Chlor.

Bei der Titration des Wassers wurden verbraucht 0,7 ccm Silbernitratlösung; diesen entsprechen

$$0,7 \times 3,78 = 2,646 \text{ mg Chlor,}$$

so dafs im

$$\text{Liter} = 26,46 \text{ mg Chlor}$$

enthalten sind.

Ist der Chlorgehalt eines Wassers sehr gering, so ist dasselbe vor Ausführung der Untersuchung auf den zehnten Teil einzudampfen.

ϑ) Härtebestimmung.

Die Härte des Wassers wird bedingt durch seinen Gehalt an Kalk und Magnesia. Da ein Teil davon als Bicarbonat im Wasser enthalten ist und durch Kochen ausfällt, so kann dem Wasser durch Kochen ein Teil seiner Härte genommen werden.

Die Härte des Wassers vor dem Kochen wird als Gesamthärte bezeichnet; die nach dem Kochen noch bestehende Härte ist die permanente Härte; die Differenz zwischen beiden ist die temporäre Härte.

Zur Ermittelung der Härte wird Seifenlösung von bestimmten Gehalt benutzt, welche dadurch bereitet wird, dafs 5 g medizinische Seife (Sapo medicatus der Apotheken) in 30 ccm 96proz. Alkohol auf dem Wasserbade gelöst werden; die Lösung wird heifs filtriert und mit 1000 ccm 56proz. Alkohol versetzt.

Wird mit einer solchen Seifenlösung kalk- und magnesiafreies Wasser geschüttelt, so bildet sich sofort ein Schaum; um denselben mit Kalk und magnesiahaltigem Wasser herbeizuführen, ist um so mehr Seifenlösung notwendig, je gehaltreicher das Wasser ist.

Um die oben bereitete Seifenlösung einzustellen, bedarf es einer Lösung von 0,523 g reinen, krystallisierten Baryumchlorids in 1 l Wasser; 100 ccm dieser Lösung entsprechen 12 deutschen Härtegraden = 12 mg Calciumoxyd.

100 ccm dieser Chlorbaryumlösung werden in ein Glas mit eingeschliffenem Stöpsel gegeben und ihnen aus einer Bürette Seifenlösung nach und nach zugesetzt. Dieses wird so lange fortgesetzt, bis bei kräftigem Umschütteln sich ein dichter, kleinblasiger Schaum bildet, welcher mindestens 5 Minuten halten mufs. Ist dieses erreicht, so wird die Seifenlösung mit 56proz. Alkohol so weit verdünnt, dafs 45 ccm derselben genau 100 ccm Baryumchloridlösung entsprechen.

Bei der Härtebestimmung des Wassers werden 100 ccm desselben in das gut gereinigte Stöpselglas gegeben und ihnen so lange von der Seifenlösung zugefügt, bis nach kräftigem Schütteln Schaum der oben geschilderten Qualität gebildet wird.

Dabei ist zu beobachten, dafs bei der Bestimmung der Gesamthärte, Wasser welches härter als 12 deutsche Härtegrade ist, d. h. mehr als 45 ccm Seifenlösung verbraucht, verdünnt werden mufs. Um einen Anhaltspunkt zu haben, ob und wie stark verdünnt werden mufs, werden 20 ccm des Wassers mit 6 ccm Seifenlösung gemischt und tüchtig geschüttelt. Das Wasser wird nicht verdünnt: wenn nur eine Trübung auftritt; das Wasser wird verdünnt, wenn mehr oder minder dicke, an die Oberfläche steigende Flocken entstehen, und zwar um so stärker, je dicker diese Flocken sind.

Zur Bestimmung der bleibenden Härte werden 200 ccm Wasser in einen Kolben gebracht und das Niveau des Wasserstandes mit einem Fettstift markiert. Das Wasser wird eine halbe Stunde lang gekocht; während dieser Zeit wird das verdampfte Wasser wiederholt durch destilliertes Wasser ersetzt. Nach dem Kochen und Abkühlen wird mit destilliertem Wasser auf das ursprüngliche Quantum aufgefüllt und, nachdem sich die Carbonate des Magnesiums und Calciums abgesetzt haben, filtriert. Im Filtrat wird die Härte so bestimmt, wie es für die Gesamthärte angegeben ist.

Der Anzahl ccm, welche bei den Härtebestimmungen verbraucht werden, entspricht ein bestimmter Härtegrad, welcher aus der folgenden Tabelle von Faifsl und Knaufs (Kubel-Tiemann I. Bd. S. 70—71) direkt abgelesen werden kann:

Verbrauchte Seifenlösung	Härtegrad
3,4 ccm	0,5
5,4 »	1,0
7,4 »	1,5
9,4 »	2,0
Die Differenz von 1 ccm Seifenlösung = 0,25 Härtegrad.	
11,3 ccm	2,5
13,2 »	3,0
15,1 »	3,5
17,0 »	4,0
18,9 »	4,5
20,8 »	5,0

Die Differenz von 1 ccm Seifenlösung = 0,26 Härtegrad.

22,6 ccm	5,5
24,4 »	6,0
26,2 »	6,5
28,0 »	7,0
29,8 »	7,5
31,6 »	8,0

Die Differenz von 1 ccm Seifenlösung = 0,277 Härtegrad.

33,3 ccm	8,5
35,0 »	9,0
36,7 »	9,5
38,4 »	10,0
40,1 »	10,5
41,8 »	11,0

Die Differenz von 1 ccm Seifenlösung = 0,294 Härtegrad.

43,4 ccm	11,5
45,0 »	12,0

Die Differenz von 1 ccm Seifenlösung = 0,31 Härtegrad.

Beispiel:

Gesamthärte.

Das Wasser wurde von 50 ccm auf 100 ccm verdünnt:

Es werden gebraucht 28 ccm Seifenlösung,
entsprechend . . . . 6,99 ^{0}.

Hiernach beträgt die Gesamthärte des Wassers
6,99 × 2 . . . . = 13,98 ^{0},
permanente Härte des Wassers . . . = 3,98 ^{0},
temporäre Härte: 13,98—3,98 . . . = 10 ^{0}.

Die Härte eines Wassers hat

3. einen Einfluſs auf die Farbe der Würze bezw. des Bieres,

welcher durch die Einwirkung des doppeltkohlensauren Kalkes beim Hopfenkochen begründet ist. Da die Bierfarbe, insbesondere bei der Erzeugung lichter Biere, eine Rolle spielt, so ist bei einer vollständigen Wasseranalyse für Brauzwecke auch das direkte Verhalten des Wassers beim Kochen mit Hopfen[1]) zu prüfen. Dieses geschieht nach der Mierau'schen Methode, indem 0,3 g zerpflückter Hopfen eine halbe Stunde lang im Becherglase mit 100 ccm des zu prüfenden Wassers gekocht werden. Nach Verlauf dieser Zeit wird abgekühlt, der Inhalt des Becherglases in einen 100 ccm Meſskolben gebracht und mit destilliertem Wasser bis zur Marke aufgefüllt. Nach tüchtigem Umschütteln wird der Inhalt des Kolbens filtriert und in dem Filtrat mittels des Lintner'schen Verdünnungskolorimeters (S. 79) die Farbe bestimmt. Dieser Versuch wird zu gleicher Zeit mit 0,3 g desselben Hopfens und 100 ccm destillierten Wassers durchgeführt. Aus dem Unterschiede in der Farbe der beiden Filtrate läſst sich der Einfluſs des Wassers erkennen, ausgedrückt durch die Differenz der beiden Zahlen, welche die verbrauchten ccm $N/_{100}$ Jodlösung angeben.

Die bisher geschilderten Untersuchungsmethoden des Wassers und deren Resultate ermöglichen eine genaue Beurteilung und Kontrolle der im Mälzerei-Brauereibetriebe und zum Kesselspeisen zur Verwendung gelangenden Brunnenwasser. Für die beiden ersteren Zwecke gilt der Ausspruch Lintner's[2]), daſs »ein Wasser, welches die Eigenschaften eines guten Trinkwassers besitzt, auch zu Brauereizwecken vollkommen geeignet ist«. Diese Eigenschaften sind nach Kubel-Tiemann[3]) vorhanden, wenn die Wässer in 100000 Teilen:

»1. nicht mehr als 50 Teile mineralische und organische, bei dem Verdampfen auf dem Wasserbade zurückbleibende Stoffe;

---

[1]) Mierau »Über den Einfluſs des Wassers auf die Farbe des Bieres und eine einfache Methode, diesen nachzuweisen«. Wochenschrift für Brauerei 1895, Seite 407.

[2]) Lintner sen., Lehrbuch der Bierbrauerei, Seite 119.

[3]) Kubel-Tiemann, II. Bd. Seite 650 u. 651.

2. nicht mehr als 18—20 Teile Erdalkalimetalloxyde (Calcium- und Magnesiumoxyd);

3. nicht mehr als 2—3 Teile Chlor, entsprechend 3,3—5 Teilen Kochsalz;

4. nicht mehr als 8—10 Teile Schwefelsäure (SO_3);

5. nicht mehr als 0,5—1,5 Teile Salpetersäure (N_2O_5) enthalten, dafs

6. Ammoniak und salpetrige Säure darin entweder gar nicht oder in kaum nachweisbaren Spuren vorkommen, und dafs

7. die in 100000 Teilen Wasser vorhandenen organischen Substanzen nicht mehr als 0,8 bis höchstens 1 Teil Kaliumpermanganat reduzieren.«

Diese Anforderungen werden, namentlich unter Berücksichtigung des Gärkeller- und Lagerkellerbetriebes dahin ergänzt, dafs

8. das Wasser nach der Schwackhöfers'chen Methode als »gut« bezeichnet werden kann und

9. nach der Wichmann'schen Methode Würze gegenüber ein Zerstörungsvermögen von höchstens 25 aufweist, oder allgemein gesagt, dafs

die Wässer möglichst frei von Mikroorganismen sein sollen, welche in der Würze oder im Biere Krankheiten zu erregen im Stande sind.

Bei der Herstellung lichter Biere sollen

10. die Wässer nach der Mierau'schen Methode keine intensive Zufärbung aufweisen.

Diese Anforderungen werden von den in der Brauerei Schifferer zur Verwendung gelangenden Wässern erfüllt. Leider eignen sich dieselben nicht in demselben Mafse

4. zum Kesselspeisen;

infolgedessen geschieht die Reinigung derselben vor dem Speisen durch Erwärmen auf ca. 65 ° C. und Unschädlichmachen der Kesselstein bildenden Verbindungen durch Zusatz zweckentsprechender Chemikalien.

Für das Betriebslaboratorium handelt es sich dabei um die Ermittelung bezw. Kontrolle

a) der Zusammensetzung des Wassers, welche sich aus der chemischen Analyse ergiebt;
b) des Wirkungswertes der zuzusetzenden Chemikalien;
c) der Berechnung der Mengen der dem Wasser zuzusetzenden Chemikalien, und
d) der Arbeit des Apparates.

a) Die Zusammensetzung des zum Kesselspeisen bestimmten Wassers

ergiebt sich durch die chemische Analyse, welche, wie bereits an anderer Stelle gesagt wurde, mindestens zweimal in jedem Jahre zu wiederholen ist. Als Beispiel für die Zusammensetzung eines Speisewassers sei hier die Analyse des der Abteilung II entnommenen Wassers gegeben, welche auch den weiter unten geschilderten Arbeiten zu *b* und *c* zu Grunde gelegt ist:

Gesamtrückstand	534 mg im l,
Kaliumpermanganatverbrauch . .	2,78 per l,
totale Härte	18,56 °,
temporäre Härte	11,85 °,
permanente Härte	6,71 °,
Calciumoxyd	166,2 mg im Liter,
Magnesiumoxyd	16,6 » » »
Chlor	37,8 » » »
Schwefelsäure	63 » » »
salpetrige Säure	0
Salpetersäure	0
Ammoniak	0
Gesamtkohlensäure	239 » » »
freie und halbgebundene Kohlensäure	132 » » »

Die durch die Analyse gefundenen Körper sind jedoch nicht in freiem Zustande im Wasser vorhanden, sondern gegenseitig aneinander gebunden. Unter Berücksichtigung dieser Thatsache ergeben chemische Erwägungen und Berechnungen für das vorliegende Wasser als Kesselsteinbildner das Vorhandensein von

löslichen Magnesiumsalzen
schwefelsaurem Kalk oder Gips
und kohlensaurem Kalk.

Der letztere wird als doppeltkohlensaures Salz im Wasser in Lösung gehalten, während er als neutrales kohlensaures Salz im Wasser unlöslich ist. Um ihn aus der ersteren Form in die letztere überzuführen, wird **Kalkmilch** angewendet, welcher begierig Kohlensäure aus den doppeltkohlensauren Salzen aufnimmt und diese in die unlösliche neutrale Form überführt.

Der schwefelsaure Kalk ist in den Mengen, in denen er im Wasser vorkommt, in diesem löslich. Beim Verdampfen desselben scheidet er sich als unangenehm auftretender Kesselsteinkomponent aus. Zur Beseitigung desselben wird **Seifenstein,** ein Gemisch von Natriumhydroxyd und Natriumkarbonat, angewendet, wobei sich unter Mitwirkung einer anderen chemischen Umsetzung in Wasser sehr leicht löslich schwefelsaures Natrium bildet und das Calcium als unlöslich kohlensaurer Kalk ausfällt.

Die bei den erwähnten Reaktionen entstandenen Ausscheidungen werden aus dem Wasser durch einen Filtrationsprozeſs ausgeschieden; das so gereinigte Wasser wird zum Kesselspeisen benutzt.

b) Die Ermittelung des Wirkungswertes der dem Wasser zuzusetzenden Chemikalien.

Um die für die Reinigung des Wassers erforderlichen Mengen der zuzusetzenden Chemikalien berechnen zu können, ist es notwendig, den Wirkungswert derselben zu bestimmen. Dieser wird unregelmäſsig gemindert durch die Verunreinigungen, welche dem Kalk und dem Seifenstein beigemengt sind und bei dem ersteren in höherem Maſse als beim letzteren noch durch den stetig vorhandenen Einfluſs der Kohlensäure der atmosphärischen Luft, welche einen Teil des zu Calciumhydroxyd gelöschten Calciumoxyds in unwirksamen, kohlensauren Kalk verwandelt. Aus diesem Grunde sind zunächst niemals zu groſse Quantitäten der Reinigungsmittellösungen auf einmal anzufertigen, des ferneren ist aber bei der jedesmaligen Verwendung neu angelieferter Materialien, ebenso wie vor jedem Abschluſs, in diesen die Wertbestimmung auszuführen.

Die Wertbestimmung des Kalkes (ungelöschter Kalk) erfolgt in der Weise, daſs 2 g Kalkstein mit ca. 5 g warmem destillierten Wasser in einem 2000 ccm fassenden Meſskolben gelöscht und in diesem bis zur Marke mit destilliertem Wasser aufgefüllt werden. Nach öfterem, gehörigem Umschütteln, werden 100 ccm Kalkwasser abfiltriert und in demselben mit Salzsäure von bestimmtem Gehalt und Cochenille-Tinktur als Indikator der Gehalt des Kalksteines an Calciumoxyd bestimmt. Aus der Anzahl der verbrauchten ccm Salzsäure berechnet sich der Calciumoxydgehalt nach folgendem Beispiel:

100 ccm Kalkwasser gebrauchten 2 ccm Salzsäure vom Titer 36,2; es enthalten die

$$2 \text{ ccm} = 36{,}2 \times 2 = 72{,}4 \text{ mg Salzsäure.}$$

Unter Zugrundelegung des Äquivalentgewichts des Calciumoxyds (28) und der Salzsäure (36,5) entsprechen 72,4 mg Salzsäure 0,0555 g Calciumoxyd nach der Rechnung:

$$\frac{72{,}4 \times 28}{36{,}5} = 55{,}5 \text{ mg} = 0{,}0555 \text{ g}.$$

1000 ccm Kalkwasser enthalten also 0,555 g und
2000 » » 0,555 × 2 = 1,110 g Calciumoxyd.

Diese 1,11 g stammen von 2 g Kalkstein.

100 g Kalkstein enthalten also 55,5 g nach der Gleichung:

$$2 : 1{,}11 = 100 : x;$$
$$x = 55{,}5.$$

Der Kalkstein ist demnach 55,5prozentig bezüglich seines Gehaltes an für die Wasserreinigung in Betracht kommenden Calciumoxyds. Da durch den Einfluſs der atmosphärischen Kohlensäure aus dem Calciumoxyd leicht unwirksames kohlensaures Calcium gebildet wird, so ist es geboten, den Kalkstein in tadellos verschlieſsbaren Blechbüchsen (Fig. 80) aufzubewahren.

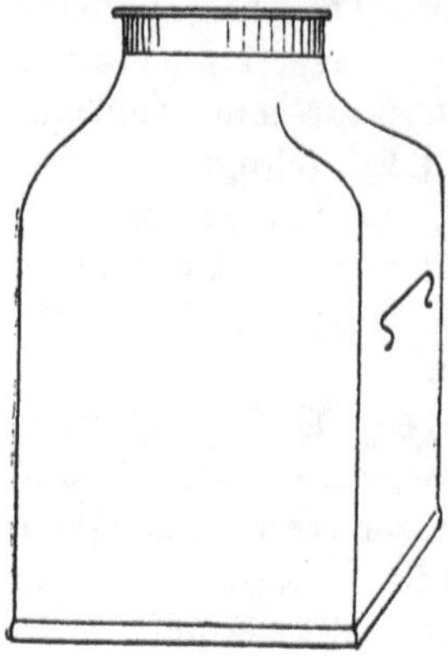

Fig. 80.

Die Wertbestimmung des Seifensteins beruht auf der Ermittelung seines Gehaltes an Ätznatron und kohlensaurem Natron. Letzteres findet sich stets in erheblicher Menge im Seifenstein vor, beeinträchtigt aber seine Wirkung insofern nicht, als es selbst auf die aus dem Wasser zu entfernenden schwefelsauren Calciumsalze eine der des Ätznatrons ähnliche Wirkung ausübt. Um Ätznatron und kohlensaures Natron nebeneinander zu bestimmen[1]), werden 50 g Seifenstein in Wasser gelöst und in einem Meſskolben auf 1000 ccm aufgefüllt. In 50 ccm dieser Lösung wird in einem Becherglase 1 Tropfen Phenolphtaleïn (1 g auf 100 Alkohol) zugegeben und aus einer Bürette so viel titrierte Salzsäure hinzugefügt, bis die rote Farbe verschwunden und die Flüssigkeit gerade farblos geworden ist. Derselben werden alsdann 1—2 Tropfen Methylorange (0,1 g auf 100 Wasser) zugesetzt und weiter titriert, bis die gelbe Farbe in nelkenrot übergegangen ist. Dabei wurde die Anzahl Cubikcentimeter, welche von der Farblosigkeit bis zum Auftreten der nelkenroten Färbung gebraucht werden, zur Titration der Hälfte des vor-

[1]) Göbel, Chemiker-Zeitung 1889, Seite 696.

handenen kohlensauren Natrons gebraucht; die gleiche Anzahl Cubikcentimeter, als der zweiten Hälfte des vorhandenen kohlensauren Natrons zukommend, sind abzuziehen von dem Verbrauch der Salzsäure, welche von Beginn der Titration bis zur Farblosigkeit Verwendung fand; der Rest Salzsäure entfällt dann auf das vorhandene Ätznatron. Folgendes Beispiel möge diese Verhältnisse, sowie die aus denselben abzuleitende Berechnung näher erläutern:

50 g Seifenstein wurden in 1000 ccm destilliertem Wasser gelöst. Lösungsverhältnis 5 : 100 oder 2,5 : 50. Bis zur Farblosigkeit wurden verbraucht: 45,5 ccm Salzsäure. Von der Farblosigkeit bis zur nelkenroten Färbung: 3,0 ccm Salzsäure. Das gesamte kohlensaure Natron berechnet sich also aus: 3,0 × 2 = 6,0 ccm Salzsäure. Auf das Ätznatron entfallen 45,5 — 3,0 = 42,5 ccm Salzsäure.	Der Titer der Salzsäure beträgt 43,3 mg.

Für das kohlensaure Natron kommen also 6,0 × 43,3 = 259,8 mg Salzsäure in Betracht, welche unter Zugrundelegung des Äquivalentgewichtes der Salzsäure (36,5) und des kohlensauren Natrons (53) 377,24 mg dieses Salzes entsprechen nach der Rechnung:

$$\frac{259{,}8 \times 53}{36{,}5} = 377{,}24.$$

Diese 0,37724 g sind enthalten in 2,5 g Seifenstein; 100 g desselben enthalten also

$$\frac{0{,}37724 \times 100}{2{,}5} = 15{,}08\,\%\ \text{kohlensaures Natron.}$$

Für das Ätznatron kommt ein Salzsäureverbrauch von 42,5 ccm in Betracht, welcher

$$42{,}5 \times 43{,}3 = 1840{,}25\ \text{mg Salzsäure}$$

entspricht.

Diese 1840,25 mg Salzsäure sind unter Zugrundelegung des Äquivalentgewichtes für Salzsäure (36,5) und für Ätznatron (40) gleich

$$\frac{1840{,}25 \times 40}{36{,}5} = 2016{,}712 \text{ mg Ätznatron.}$$

Diese 2,0167 g sind in 2,5 g Seifenstein enthalten, so dafs derselbe einen Gehalt von

$$\frac{2{,}0167 \times 100}{2{,}5} = 80{,}66\,\% \text{ Ätznatron}$$

aufweist.

c) Die Berechnung der Mengen der dem Wasser zuzusetzenden Chemikalien

erfolgt unter Zugrundelegung der temporären und permanenten Härtegrade, da diese durch die Mengen der Kesselstein bildenden Calcium- und Magnesiumsalze bedingt werden und zwar die temporäre Härte durch die Bicarbonate des Calciums und Magnesiums, welche durch Zusatz von Ätzkalk in die einfach kohlensauren Salze übergeführt und somit ausgefällt, die permanente Härte durch die schwefelsauren Salze, welche durch Seifenstein unschädlich gemacht werden.

Die temporäre Härte betrug 11,85°; jeder Härtegrad entspricht ziemlich 1 mg Calciumoxyd in 100 ccm Wasser; es sind daher pro 100 ccm Wasser so viel Milligramm Calciumoxyd zuzusetzen, als das Wasser Härtegrade besitzt; im vorliegenden Fall also 11,85 mg pro 100 ccm oder 118,5 mg pro Liter des zu reinigenden Wassers.

Die permanente Härte betrug 6,71°. Unter Zugrundelegung der Äquivalentgewichte von Calciumoxyd (28) und Ätznatron (40) entsprechen diesen 6,71°, d. h. 6,71 mg Calciumoxyd

$$\frac{6{,}71 \times 40}{28} = 9{,}5857 \text{ mg Ätznatron}$$

oder unter Zugrundelegung der Äquivalentgewichte von Calciumoxyd (28) und kohlensaurem Natron (53)

$$\frac{6,71 \times 53}{28} = 12,70 \text{ mg kohlensaures Natron.}$$

Den bisher gegebenen Ausführungen ist zu entnehmen, dafs dem zu reinigenden Wasser pro Liter zuzusetzen sind:

118,5 mg Calciumoxyd durch Kalkstein,
95,857 » Ätznatron oder } durch
127,0 » kohlensaures Natron } Seifenstein.

Die Einrichtung der Wasserreinigung ist derart, dafs einem Quantum von 5 l auf 65° C. angewärmten Wassers die hierfür nötige Chemikalienmenge durch ein Ventil automatisch zugeführt wird.

Für diese 5 l Wasser sind also nötig:

$118 \times 5 = 590$ mg Calciumoxyd,
$95,857 \times 5 = 479,285$ mg Ätznatron oder
$127,0 \times 5 = 635,0$ mg kohlensaures Natron.

Das Ventil, welches die automatische Zuführung der Reinigungsmittellösungen regelt, ist so zu stellen, dafs es jedesmal 20 ccm durchläfst; in diesen 20 ccm müssen also die eben angegebenen Quanten der Chemikalien enthalten sein.

Aus Zweckmäfsigkeitsgründen auf einmal zu bereiten sind 140 l der Reinigungsmittel (Natrium-Calciumoxydhydrat-Lösung).

Die Berechnung der hierfür erforderlichen Mengenverhältnisse hat dann folgendermafsen zu geschehen:

für Seifenstein:

$$20 : 0,479 = 140000 : x,$$
$$x = 3353 \text{ g Ätznatron.}$$

Diese 3353 g Ätznatron entsprechen

$$\frac{3353 \times 53}{40} = 4442,7 \text{ g kohlensaures Natron}$$

und

$$\frac{3353 \times 28}{40} = 2347,1 \text{ g Calciumoxyd.}$$

Es entsprechen also

3353 g Ätznatron . .	=	2347,1 g	Calciumoxyd und
4442,7 » kohlens. Natron	=	2347,1 »	»
100 » Seifenstein . .	=	15,08 »	kohlens. Natron
und		80,66 »	Ätznatron,
1 kg » . .	=	150,8 »	kohlens. Natron
und		806,6 »	Ätznatron.

Nach den Gleichungen

$$53 : 28 = 150{,}8 : x;$$
$$x = 79{,}66 \text{ g Calciumoxyd},$$
$$40 : 28 = 806{,}6 : x;$$
$$x = 564{,}62 \text{ g Calciumoxyd},$$

entspricht

1 kg Seifenstein $= 79{,}66 + 564{,}62 = 644{,}28$ g Calciumoxyd.

Da die permanente Härte $6{,}71^0 = 6{,}71$ mg Calciumoxyd in 100 ccm, 67,1 mg im Liter und 335,5 mg = 0,3355 g in 5 l beträgt, mit den 140 l Lösung bei einem Zusatz von 20 ccm pro 5 l 35000 l Wasser gereinigt werden sollen, so sind die Mengen Calciumoxyd, welche hierin enthalten sind und

$$35000 \times 0{,}0671 = 2348{,}5 \text{ g}$$

betragen, zu entfernen.

Entspricht 1 kg Seifenstein 644,28 g Calciumoxyd, so sind für

$$2348{,}5 \text{ g} = \frac{2348{,}5}{644{,}28} = \underline{3{,}64 \text{ kg Seifenstein}}$$

erforderlich.

Für Kalk:

$$20 : 0{,}59 = 140000 : x,$$
$$x = 4130 \text{ g Calciumoxyd}$$

sollten in den 140 l Lösung enthalten sein, wenn nicht bei der Umsetzung zwischen dem Natriumhydroxyd, welches zur Beseitiguug der permanenten Härte dem Wasser zugefügt wurde, und dem Gips Calciumhydroxyd[1]) gebildet und seinerseits auf die temporäre Härte bereits

[1]) Beim Magnesiumsulfat findet eine analoge Umsetzung statt.

erniedrigend einwirken würde. Hierdurch wird es nicht nötig, die erforderlichen 4130 g Calciumoxyd in Form von Kalkstein hinzuzugeben, sondern ihnen mufs die Menge Calciumoxyd, welche sich in dem bei der oben erwähnten Umsetzung gebildeten Calciumhydroxyd befindet, abgezogen werden. Wie grofs die Menge des Letzteren ist, ergiebt sich aus folgender Berechnung:

Zugesetzt wurden . . . 3,64 kg Seifenstein.

1 kg Seifenstein enthält 806,6 g Natriumhydroxyd,

3,64 kg Seifenstein enthalten also

$$806{,}6 \text{ g} \times 3{,}64 = 2936{,}024 \text{ g Natriumhydroxyd.}$$

Da sich 136 Teile Gips mit 80 Teilen Natriumhyroxyd zu 74 Teilen Calciumhydroxyd umsetzen[1]), in welchen 56 Teile Calciumoxyd enthalten sind[1]), so liefern 80 Teile Natriumhyroxyd 56 Teile Calciumoxyd, d. h.

die für die Beseitigung der permanenten Härte angewendeten 2936,024 g Natriumhydroxyd liefern 2055 g Calciumoxyd nach der Gleichung:

$$80 : 56 = 2936{,}024 : x,$$
$$x = 2055.$$

Diese 2055 g sind von den 4130 g Calciumoxyd (s. oben) zu subtrahieren, so dafs 4130 — 2055 = 2075 g Calciumoxyd in Form von Kalkstein zugesetzt werden müssen.

Da der Kalkstein 55,5 % Calciumoxyd und 44,5 % Verunreinigungen enthielt, so sind 3738,7 g Kalkstein zu verwenden nach der Rechnung:

$$100 : 55{,}5 = x : 2075,$$
$$x = 3738{,}7,$$
$$= \text{rund } \underline{3{,}74 \text{ kg Kalkstein.}}$$

---

1) Nach der Formel:

$$\underset{(136)}{CaSO_4} + \underset{(2\times 40=80)}{2\,NaOH} = \underset{(74)}{Ca(OH)_2} + \underset{(142)}{Na_2SO_4}$$

$$Ca(OH)_2 \;(74) \rightarrow \underset{(56)}{CaO} \;\; \underset{(18)}{H_2O}$$

Die praktische Bereitung der Reinigungslösung hat nun so zu geschehen, dafs 3,74 kg Kalkstein mit wenig Wasser in einem Holzfasse gelöscht und vorläufig mit ca. 50 l Wasser verdünnt werden; in einem zweiten Holzfasse werden 3,64 kg Seifenstein mit ca. 50 l heifsem Wasser gelöst. Beide Flüssigkeiten werden nun in das Vorratsfafs gegossen, welches mit einer Marke versehen ist, bis zu welcher es 140 l fafst. Bis zu dieser Marke ist mit Wasser aufzufüllen; das Fafs wird mit einem geeigneten Deckel möglichst luftdicht verschlossen. Bei Bedarf wird nach **tüchtigem Umrühren** dem Fasse die nötige Menge der Wasserreinigungslösung entnommen.

d) Die Kontrolle der Arbeit des Apparates

geschieht einmal täglich in folgender Weise:

a) In einem Mefsglase werden 80 ccm Wasser mit drei Tropfen Phenopthaleïn versetzt, ist der Chemikalienzusatz zu gering, so tritt eine Rotfärbung des Wassers nicht ein. Ist die letztere vorhanden, so wird tropfenweise Salzsäure[1]) zugesetzt. Zwei Tropfen derselben sollen Entfärbung herbeiführen; ist hierzu mehr Salzsäure notwendig, so ist die Menge der Chemikalien zu grofs, verschwindet die rote Färbung schon nach dem Zusatz von einem Tropfen Salzsäure, so ist die Menge der zugesetzten Chemikalien zu gering.[2])

b) In einem zweiten Mefsglase werden 80 ccm Wasser mit drei Tropfen Phenolphtaleïn versetzt; nach Eintritt der roten Färbung wird in dem Wasser ein Löffelchen Chlorbaryum gelöst. Tritt nach dem Zusatz des Chlorbaryums eine Entfärbung des Wassers ein, so ist die Menge des Ätzkalkes zu vergröfsern.

Ist die Rotfärbung nach dem Zusatz von Chlorbaryum nicht verschwunden, so wird filtriert und das Filtrat tropfenweise mit Salzsäure[1]) versetzt. Nach Zusatz von

---

[1]) 0,912 g Salzsäure auf 100 ccm dest. Wasser.

[2]) Der Zusatz der Reinigungsmittellösung kann durch Einstellen eines Ventils geregelt werden.

einem Tropfen Salzsäure soll Entfärbung eintreten; ist mehr Salzsäure (z. B. zwei Tropfen) erforderlich, so ist die Menge der angewandten Seifensteinlösung zu gering.

Zur genaueren Kontrolle wird von Zeit zu Zeit die chemische Analyse, insonderheit die Härtebestimmung des gereinigten Wassers durchgeführt; in demselben sollen höchstens 2 ° bis 2,5 ° enthalten sein.

Die Wasserreinigung ist nach Weinlig[1]) noch als rentabel zu bezeichnen, wenn die Kosten derselben pro 1 cbm Speisewasser 5 Pfennig nicht übersteigen.

[1]) Scholl's Führer des Maschinisten, Seite 310.

J. Die Kontrolle verschiedener Gebrauchsmaterialien (Pech, Filtermasse, Ammoniak, Sulfitnatron und die Öle).

Durch die bisher beschriebenen Arbeiten des Betriebslaboratoriums ist, soweit die Mitwirkung des Letzteren in Betracht kommt, eine Sicherheit im Betriebe gewährleistet, welche in gleichmäfsig guter Qualität der erzeugten Biere und einer infolge dieser Thatsache und einer rationellen Arbeitsweise resultierenden Rentabilität zum Ausdruck gelangt.

Dieses Resultat würde jedoch unter Umständen in Frage gestellt werden können, wenn nicht die Untersuchung einer Reihe von Gebrauchsmaterialien, welchen oft nicht die nötige Beachtung geschenkt wird, dem Rahmen der Laboratoriumsarbeiten eingefügt würden.

In erster Linie ist hier

I. das Pech

zu nennen. Es ist ohne weiteres ersichtlich, dafs der Brauer durch Verwendung eines minderwertigen Peches um die Frucht ernster und mühevoller Arbeit gebracht und ohne Kenntnis der Pechzusammensetzung leicht dazu kommen kann, ein Pech über seinen wahren Wert zu bezahlen. Bei der Untersuchung des Peches handelt es sich also darum

einmal, die Qualität desselben hinsichtlich seiner Brauchbarkeit bezw. Unschädlichkeit überhaupt festzustellen und

ferner darum, den wirklichen Wert des Peches durch die Ermittelung seiner Zusammensetzung annähernd zu konstatieren.

Auf Grund der sich hierbei ergebenden Resultate hat der Ankauf der benötigten Pechmengen unter besonderen, vom Fabrikanten zu leistenden Garantien zu erfolgen; die Innehaltung der letzteren ist bei der Anlieferung der Peche zu kontrollieren.

Es ist das Verdienst Brand's, in einer Reihe von Arbeiten[1]) das Augenmerk auf diesen wichtigen Gegenstand gelenkt und durch seine Untersuchungen eine sichere Grundlage geschaffen zu haben.

Hiernach sind zur genaueren Beurteilung des Peches folgende Untersuchungen notwendig:

1. ein Pichversuch,
2. die Bestimmung des Schmelzpunktes und
3. die Ermittelung der Pechzusammensetzung.

Von dem Lieferanten sind Pechproben von mindestens 0,5 kg zur Beurteilung vorzulegen.

1. Die Ausführung des Pichversuches

geschieht nach Brand[2]) folgendermaſsen:

»In einem Messinggefäſse, das durch einen doppeltdurchbohrten Kork verschlossen werden kann, werden 15 g des zu untersuchenden Peches auf 300 ° C. erhitzt

---

[1]) Welche Beschaffenheit muſs ein Brauerpech haben, Zeitschrift f. d. ges. Brauwesen 1892, S. 445. Über die Analyse von Brauerpech, Zeitschrift f. d. ges. Brauwesen 1893, S. 67. Beiträge zur Kenntnis des Brauerpeches, Zeitschrift f. d. ges. Brauwesen 1895, S. 137.

[2]) Zeitschrift f. d. ges. Brauwesen 1893, S. 70.

Das Thermometer, welches durch die eine Öffnung des Korkes in die Pechschmelze hineinreicht, gestattet, die Temperatur des schmelzenden Peches zu beobachten, das zweite ca. 1 cm weite und ca. 10 cm hohe Glasrohr im Korke dient als Kühl- und Abzugsrohr für allenfalls sich bildende Dämpfe. Wenn das geschmolzene Pech 300° C. erreicht hat, wird dasselbe in einen vorher auf ca. 100° C. erwärmten trockenen, mit Deckel versehenen Holzkrug (Fig. 80a) gegossen und durch Schwänken darin gleichmäſsig verteilt. Bei dieser Prozedur tritt jeder Nebengeruch, der durch Zusätze von Fetten, Ölen etc. bedingt ist, sehr deutlich hervor, vorhandene Feuchtigkeit macht sich durch Spratzen bemerkbar und es lassen sich durch diesen Versuch oft schon Schlüsse auf die Brauchbarkeit und Zusammensetzung des Peches ziehen. Unangenehme ranzige Gerüche sind besonders deutlich zu erkennen. Ebenso giebt der Versuch Aufschluſs über die Härte und Gleichmäſsigkeit des Pechüberzuges. Sind mechanische Verunreinigungen, Holz- und Rindenteilchen u. s. w. in gröſserer Menge vorhanden, so werden dieselben an dem ungleichmäſsigen Pechüberzug resp. an dem krümlichen Aussehen desselben leicht erkannt. Ist das gepichte Gefäſs ausgekühlt, so wird dasselbe, ohne es vorher mit Wasser auszuschwanken, mit destilliertem Wasser gefüllt und ca. 1—2 Tage mit geschlossenem Deckel stehen gelassen; nach dieser Zeit wird eine Geschmacksprobe bei unreinem Pech unangenehmen Nebengeschmack erkennen lassen, während gute Peche dem Wasser nur einen schwachen, aromatischen Pechgeschmack erteilen.«

Fig. 80a.

Die Ergebnisse dieses Pichversuches finden eine wesentliche Ergänzung durch die Resultate

2. der Schmelzpunktbestimmung.

Zur Ausführung derselben wird etwas Pech in einer Porzellan-Reibschale zerstoſsen und dann zu einem ganz feinen Pulver zerrieben.[1]) Hiervon wird etwas in ein Schmelzpunktbestimmungsröhrchen[2]) gegeben und dieses mittels eines kleinen, schmalen Gummiringes einem Thermometer seitwärts so angefügt, dafs der mit Pech gefüllte Teil sich in einer Höhe mit der Quecksilberkugel befindet. Das an einem Stativ befestigte Thermometer wird in ein mit Wasser gefülltes Becherglas gesenkt (Fig. 81) und die Temperatur desselben allmählich gesteigert. Sobald der Schmelzpunkt des Peches erreicht ist, sinkt das undurchsichtige Pechpulver zusammen und geht in den durchsichtigen Zustand über. Die Temperatur, bei der dieses geschieht, wird am Thermometer abgelesen und als Schmelzpunkt bezeichnet.

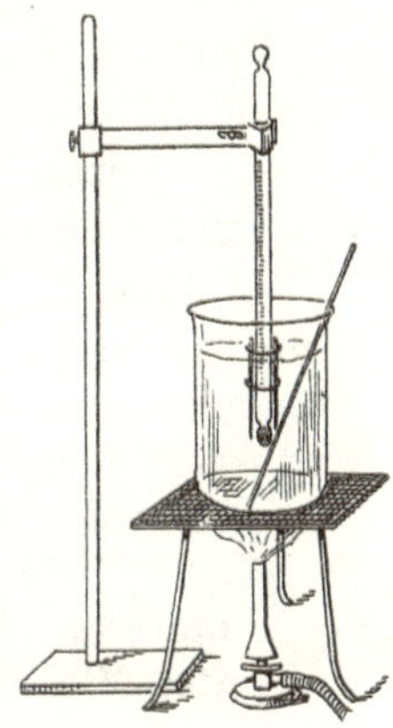

Fig. 81.

Derselbe soll zwischen 43—48° C. liegen.

Da das Bepichen der Transportgebinde mit einem Pech-Einspritzapparat vorgenommen wird, so ist es ferner von Wichtigkeit, dafs dieser Schmelzpunkt sich nach längerem Erhitzen nur wenig verändert. Um dieses zu konstatieren, wird Pech eine Stunde lang in einer Porzellanschale auf ca. 250° C. gehalten. Nach geschehener Erstarrung und Abkühlung des Peches wird die Schmelzpunktbestimmung auf die oben angegebene Weise wiederholt. Die durch das ein-

[1]) Ist das Pech zu weich, um sich bei gewöhnlicher Temperatur gut zerreiben zu lassen, so wird es in der Schale zuerst mit Eis auf eine niedrigere Temperatur und damit auf die gewünschte Sprödigkeit gebracht.

[2]) Die Herstellung dieser Röhrchen erfolgt in der Weise, dafs ein Reagenzglas im Gebläse erhitzt und zu einer langen, ganz dünnen Röhre ausgezogen wird. Dieselbe wird mit der dreikantigen Feile in kleine, ca. 5—6 cm lange Röhrchen zerschnitten, welche an einem Ende zugeschmolzen werden.

stündige Erhitzen herbeigeführte Erhöhung des Schmelzpunktes soll 3—4° C. nicht übersteigen.

Aufser den Resultaten, welche der Pichversuch und die Schmelzpunktbestimmung liefern, ist die Kenntnis

3. der Zusammensetzung des Peches

zur Bewertung desselben erforderlich.

Um dieselbe zu ermitteln, wird praktisch folgendes Schema benutzt, welches dem Leyser-Heifs[1]) Seite 867 entnommen ist:[2]) (S. Tab. S. 250 u. 251.)

Bei dieser Ermittelung der Pechzusammensetzung ist besonders darauf zu achten, ob mineralische Zusätze vorhanden sind. Derartig versetzte Peche sind von vornherein vom Ankauf ausgeschlossen, da diese Zusätze zum mindesten wertlos, oft sogar schädlich sind. Die Ermittelung erfolgt dadurch, dafs zerkleinertes Pech mit der doppelten Menge 95proz. Alkohols übergossen und unter öfterem Umrühren stehen gelassen wird. Die Lösung wird durch ein Filter filtriert, der auf letzterem zurückbleibende Rückstand mit 95proz. Alkohol ausgewaschen, alsdann in einem Becherglase mit heifsem Alkohol digeriert und die Lösung durch ein gewogenes Filter filtriert. Der auf dem Filter zurückbleibende Rückstand enthält dann aufser geringen organischen Verunreinigungen (Holz- und Rindenteilchen) die mineralischen Farbzusätze.

Auf Grund der beschriebenen Untersuchungsmethoden ist es möglich, aus der Reihe der zur Untersuchung vorliegenden Peche dasjenige auszuwählen, welches im Betriebe gute Dienste zu leisten verspricht. Es sind deshalb von dem Fabrikanten Garantien zu fordern,

---

[1]) E. Leyser, Die Malz- und Bierbereitung, 10. Aufl. von Heifs, Die Bierbrauerei.

[2]) Näheres über die Pechuntersuchungen ist den citierten Arbeiten Brand's zu entnehmen.

dafs die Pechlieferungen mit der untersuchten Probe nach jeder Richtung hin übereinstimmen, dafs also der Pichversuch und die Schmelzpunktbestimmung dieselben Resultate zeitigen und dafs die Zusammensetzung der gelieferten Peche der der Probe entspricht, da die letztere mafsgebend für den wahren Wert des Peches ist. Die Innehaltung der Garantien ist bei jeder Pechlieferung zu kontrollieren.

Ist auf diese Weise dem Betriebe ein gutes Pech gesichert, so sind Gefahren für das Bier von dieser Seite ausgeschlossen, sofern die Picharbeit selbst in richtiger, sachgemäfser Weise gehandhabt wird. Wesentlich hierfür ist jedoch die Temperatur, auf welche das Pech während der Verarbeitung gebracht wird. Dieser Thatsache wird seitens der Praxis ja auch insofern Rechnung getragen, als mittels eigens für diesen Zweck konstruierter Thermometer eine Kontrolle ausgeübt wird. Da diese Instrumente sich jedoch leicht verändern, so sind sie seitens des Betriebslaboratoriums einmal monatlich auf ihre Richtigkeit hin zu prüfen; eine etwaige Abweichung ist dem Oberböttcher unverzüglich bekannt zu geben. Differenzen von 18—25 ^{0} C. gehören nicht zu den Seltenheiten, können aber, sofern von ihnen keine Notiz genommen wird, Überhitzen des Peches und die damit verbundenen Übelstände im Gefolge haben.

Ebenso wie das Pech, ist

II. die Filtermasse

sowohl vor dem Ankauf als auch bei der Anlieferung einer Prüfung zu unterwerfen. Dieselbe besteht darin, dafs ein Stückchen Filtermasse ganz fein zerzupft und in eine mit Bier gefüllte Flasche gegeben wird. Die Flasche wird gut verschlossen und 3 Tage bei Zimmertemperatur stehen gelassen. Nach Ablauf dieser Zeit darf bei einer Geschmacksprobe ein Einflufs der Filter-

	Fichtenpech (Naturpech)	Kolophonium mit Harzöl	Kolophonium mit Mineralölen	Kolophonium mit fetten Ölen oder Fetten	Kolophonium mit Paraffin oder Erdwachsarten	Überhitztes Kolophonium
In 95%igem heifsen Alkohol	leicht löslich bis auf geringe Rückstände meist organischer Natur (Rindenstaub) u. allenfallsigen Farbenzusatz.	leicht löslich bis auf mehr oder minder grofsen Farbenzusatz.	klar löslich bis auf Farbzusatz.	klar löslich bis auf Farbzusatz. Bei Talg schwache Trübung, aber ohne flockige Ausscheidung wie bei Paraffin.	klar löslich bis auf Farbzusatz. Im heissen Filtrat scheidet sich aber beim Erkalten das Paraffin etc. flockig aus.	nur teilweise löslich
In Methylalkohol	vollkommen löslich bis auf Farbzusatz.	vollkommen löslich bis auf Farbzusatz.	läfst einen grossen Teil des Mineralöls ungelöst.	läfst den gröfsten Teil ungelöst.	klar löslich, aber in der Kälte scheidet sich wieder das Paraffin aus wie bei Alkohol.	nur zum Teil löslich, aber lösl. in einer Mischung von 1 Teil rektifiziertem Terpentinöl und 3 Teilen Äther.
			Zur Abscheidung der Öle dient folgendes Verfahren: in einem kleinen Trichter, dessen Rand mit Gaze verbunden ist, giebt man 5 g Pech und taucht denselben verkehrt in ein Becherglas mit 50 ccm Methylalkohol, sodafs das Pech davon bedeckt ist. Das Kolophonium und das allenfalls vorhandene Harzöl lösen sich, dagegen das fette Öl sammelt sich in Tröpfchen am Boden des Becherglases: Die Tropfen werden mit Methylalkohol weiter gewaschen bis zur völligen Reinigung. Das fette Öl läfst sich nun verseifen und ist in Aceton oder Alkoholchloroform löslich zum Unterschied von Mineralöl.		NB. Da Paraffinzusatz auch bei Pechen mit Zusatz von fetten Ölen vorkommt, so mufs, um auf dieselben zu prüfen, das Paraffin aus dem heifsen, alkoholischen Filtrat vorher ausgeschieden werden durch starkes Erkalten. Dann wird der Alkohol verjagt u. der trockene Rückstand erst mit Methylalkohol im Trichter wie umstehend behandelt.	

In alkalischer Kalilösung (das Pech, 50 g, in Alkohol gelöst und mit gleichen Teilen alkoholischer Kalilösung [1]) gekocht.	Vollständig verseift. Mit Wasser verdünnt bleibt die Lösung klar oder giebt nur geringe Ausscheidung. Zu beachten ist hier, dafs heute unsere Fichtenharze noch Zusätze von Kolophonium und Harzöl enthalten.	Verseifen nicht vollständig. Mit Wasser verdünnt entsteht eine Emulsion, welche bei 30—40° C. das Harzöl allmählich abscheidet. Mit Wasser gewaschen bis alkalische Reaktion aufhört zu weiteren Reaktionen fähig: Blitzen auf Platinblech (charakteristischer Geruch) in Aceton und Alkoholchloroform 10 : 1 löslich.	Verseifen nicht vollständig. Weitere Behandlung wie bei Harzöl nebenstehend angegeben: In Aceton und Alkoholchloroform 10 : 1 unlöslich.	Verseift vollständig. Mit Wasser verdünnt bleibt klar.	Verseift nur teilweise. Auch hier empfiehlt sich nach Ausscheidung des Paraffins aus der weingeistigen Lösung diese für sich noch zu verseifen, um eventuell die Harzöle, welche meist gleichzeitig anwesend sind, nachzuweisen.	Verseift nicht mehr.

[1]) Alkoholische Kalilauge hält sich schlecht und ist deshalb öfter frisch in folgender Weise nach Brand zu bereiten: 200 g Kalihydrat werden in destilliertem Wasser gelöst; die Lösung wird auf 250 ccm aufgefüllt. In einem 200 ccm-Kolben werden 25 ccm der Kalihydratlösung mit Alkohol bis zur Marke aufgefüllt. Nach tüchtigem Schütteln wird die über etwa ausgeschiedenem kohlensaurem Kali befindliche Lauge für obige Zwecke in Gebrauch genommen.

masse auf das Bier nicht wahrzunehmen sein. Derselbe Versuch ist auszuführen mit dem Unterschiede, dafs statt Bier 4 proz. Alkohol genommen und die Flasche in einem Thermostaten bei 25° C. belassen wird. Auch hier darf sich eine geschmackliche Beeinflussung des Alkohols nicht wahrnehmen lassen.

III. Das flüssige Ammoniak,

welches den Eismaschinen zugeführt werden soll, ist vor seiner Ingebrauchnahme in folgender Weise auf etwaige Verunreinigungen, welche unter Umständen ganz erhebliche Störungen hervorrufen können, zu untersuchen. Aus der eisernen Flasche wird ein Glas nebenstehender Form (Fig. 82) mit soviel Ammoniak gefüllt, dafs dasselbe aus der seitlich angebrachten kleinen Öffnung überzufliefsen beginnt. Das so gefüllte Gefäfs wird in ein Becherglas gestellt, welches Wasser von Zimmertemperatur enthält. Während des Verdampfens des Ammoniaks ist das Wasser im Becherglase auf Zimmertemperatur zu halten, bis eine vollständige Verdampfung des Ammoniaks eingetreten ist. Nachdem dieses geschehen ist, bleiben in dem graduierten Teile des Probierglases die Verunreinigungen (Wasser etc.[1])) zurück; die annähernd[2]) procentuale Menge derselben wird durch die aufgetragenen Zahlen, welche zehntel Procente markieren, direkt angegeben und soll 0,5 % nicht übersteigen.

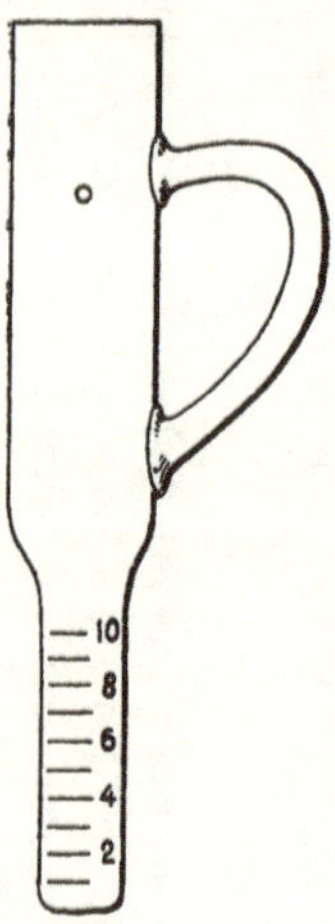

Fig. 82.

[1]) Über die nähere Zusammensetzung ev. Verunreinigungen siehe »Lange, Über verflüssigtes Ammoniak«, Wochenschrift für Brauerei 1897, S. 153 ff.

[2]) Um die wirklich prozentuale Menge zu erhalten, wäre das spezifische Gewicht des Ammoniaks zu berücksichtigen;

IV. Das Sulfitnatron

wird wegen seines hohen Gehaltes an freier schwefliger Säure in ausgedehntem Maſse als Desinfektions- und Reinigungsmittel benutzt. Da der Wert desselben durch den Gehalt an schwefliger Säure bedingt wird, so ist die Letztere zu bestimmen.

Zu diesem Zweck werden 5 ccm der käuflichen Natriumsulfitlösung in einen Meſskolben von 250 ccm gegeben, welcher bis zur Marke mit destilliertem Wasser aufgefüllt wird. Nach tüchtigem Umschütteln werden dem Kolben 50 ccm entnommen und in einen Erlenmeyer-Kolben pipettiert. Diese 50 ccm enthalten 1 ccm ursprüngliche Sulfitnatronlösung. Nach Zugabe von einigen Tropfen Stärkelösung[1]) wird aus einer Bürette soviel $\frac{N}{10}$ Jodlösung (Seite 70) zugefügt, bis die Stärke durch überschüssiges Jod blau gefärbt wird. Durch einige Tropfen Natriumthiosulfatlösung wird diese Färbung zum Verschwinden gebracht. Nachdem die nunmehr farblose Flüssigkeit mit 3—4 Tropfen Cochenille-Tinktur (Seite 22) rotgelb gefärbt ist, wird aus einer Bürette soviel empirische Ammoniaklösung (Seite 24) zugegeben, bis die Farbe in blauviolett übergegangen ist.

Aus der Anzahl der verbrauchten Cubikcentimeter $\frac{N}{10}$ Jodlösung und Ammoniaklösung berechnet sich die schweflige Säure nach folgendem Beispiel:

für die Praxis genügt die obige Methode. Eine genauere gewichtsanalytische Bestimmung findet sich in der auf S. 251 Anm. 1 citierten und ferner in einer von Bunte und Eitner in Schillings Journal für Gasbeleuchtung und Wasserversorgung XL. Jahrgang Nr. 11 veröffentlichten Arbeit. »Über verflüssigtes Ammoniak« siehe ferner Wochenschrift für Brauerei 1897, S. 421 ff.

[1]) Bereitung der Stärkelösung: 0,5 g lösliche Stärke werden in einem Reagenzglase mit destilliertem Wasser übergossen und in der Wärme gelöst.

50 ccm der 50fach verdünnten Natriumsulfitlösung verbrauchen . 48,2 ccm $\frac{N}{10}$ Jodlösung,

1 ccm $\frac{N}{10}$ Jodlösung enthält . . . . 12,7 mg Jod,

48,2 ccm $\frac{N}{10}$ Jodlösung enthalten also . . . 12,7 × 48,2 = 612,14 mg Jod.

Diese 612,14 mg Jod entsprechen unter Zugrundelegung der Äquivalentgewichte für Jod (127) und schweflige Säure (32) 154,24 mg schwefliger Säure nach der Proportion:

$$127 : 32 = 612,14 : x;$$
$$x = 154,24.$$

Diese 612,14 mg Jod entsprechen ferner 616,96 mg bei der Titration gebildeter Jodwasserstoffsäure (Äquivalentgewicht = 128) nach der Proportion:

$$127 : 128 = 612,14 : x;$$
$$x = 616,96.$$

Zur Neutralisation dieser Jodwasserstoffsäure, sowie der bei der Titration ferner gebildeten Schwefelsäure werden verbraucht: 29,4 ccm empirische Ammoniaklösung.

1 ccm dieser Ammoniaklösung enthält . . . 3,98 mg Ammoniak,

29,4 ccm dieser Ammoniaklös. enthalten also . 3,98 × 29,4 = 117,01 mg Ammoniak.

Von diesen 117,01 mg Ammoniak sind 81,94 mg gebraucht zur Sättigung der gebildeten 616,96 mg Jodwasserstoffsäure nach folgender Gleichung:

128 : 17 (Äquivalentgewicht des Ammoniaks) = 616,96 : x;

$$x = 81,94.$$

Werden diese zur Sättigung der Jodwasserstoffsäure verbrauchten 81,94 mg Ammoniak vom Gesamtammoniakverbrauch = 117,01 mg abgezogen, so resultieren 35,07 mg Ammoniak, welche zur Sättigung der aus der freien schwefligen Säure gebildeten Schwefelsäure gebraucht werden. Diesen 35,07 mg Ammoniak entsprechen 66,03 mg schweflige Säure nach der Gleichung:

$$17 : 32 = 35,08 : x;$$
$$x = 66,01.$$

Hiernach betrug:

die gesamte schweflige Säure	154,23 mg,
die freie schweflige Säure . .	66,01 »
die gebundene schweflige Säure	88,22 mg.

Diese Zahlen geben die Mengen schwefliger Säure an, welche in 1 ccm der käuflichen Sulfitnatronlösung enthalten sind.

Das specifische Gewicht, mittels Pyknometer bestimmt (S. 72), betrug 1,1747, so daſs 1 ccm = 1,1747 g wiegt.

Hiernach enthält die Sulfitnatronlösung

13,98 % ges. schweflige Säure (1174,7 : 154,23 = 100 : x),
5,619 » freie » » (1174,7 : 66,01 = 100 : x),
7,510 » geb. » » (1174,7 : 88,22 = 100 : x).

Der Gehalt der Sulfitnatronlösung soll mindestens 4—5 % des Desinfektions-Agens, der freien schwefligen Säure, enthalten. Da dieselbe in schlecht geschlossenen Gefäſsen und bei wärmerer Lagerung aus der Lösung nach und nach entweicht, so ergiebt sich die Forderung, derartige Lösungen, deren Wirkungswert durch ihren Gehalt an freier schwefliger Säure bedingt wird, in gut verschlieſsbaren Gefäſsen in möglichst kalten Räumen zu lagern.

Auſser den bisher angeführten Gebrauchsmaterialien sind es ferner

V. die Öle,

welche vor ihrem Ankauf und vor ihrer Ingebrauchnahme unbedingt gründlich untersucht werden müssen.

Um sich davor zu schützen, daſs die anzukaufenden Öle über ihren wahren Wert bezahlt werden und namentlich, daſs durch die Schmiermittel Betriebsstörungen bezw. direkte Beschädigungen der Maschinenteile herbeigeführt werden, sind Lieferungsbedingungen zu stipulieren, deren Innehaltung bei jeder Ablieferung zu kontrollieren ist. Als Grundlage hierfür sind die »speciellen Bedingungen der kgl. Eisenbahnwerkstätten — Inspektion Leinhausen«[1]) maſsgebend.

1. Die beim Einkauf der Öle zu fordernden Garantien.

Hiernach soll

a) »das dickflüssige Mineralschmieröl

(vegetabilische Öle werden in der Brauerei nicht verwendet) bei 50° C. ein specifisches Gewicht von nicht unter 0,870 und nicht über 0,910 besitzen, auf 250° C. erhitzt, entflammbare Dämpfe nicht entweichen lassen, wasser- und säurefrei sein, einen nur schwachen Geruch besitzen und mit Petroleum-Benzin von 0,68—0,70 specifischem Gewicht eine vollkommene und klare Lösung von heller Farbe liefern.

Der Flüssigkeitsgrad des dickflüssigen Mineralschmieröls darf bei 50° C., auf destilliertes Wasser = 1 bezogen, nicht unter 35,0 sein. Zur Feststellung dient ein geaichtes Engler'sches Viskosimeter (s. unten) ferner darf das Öl keine fremdartigen Beimischungen enthalten und selbst bei längerem Lagern keinen Bodensatz bilden; auch darf es kein Trocknungsvermögen besitzen, d. h. in dünner Lage längere Zeit den Einwirkungen der Luft

[1]) Diese Bedingungen sind entnommen dem Buche: »Holde, Die Untersuchung der Schmiermittel«. Auf dasselbe seien die Leser verwiesen, welche sich für eine genauere Orientierung über die »Schmiermittel« überhaupt interessieren.

ausgesetzt, weder verharzen, noch zu einer firnisartigen Schicht eintrocknen.

b) Das Cylinderöl zum Schmieren von unter Dampf gehenden Maschinenteilen

soll wasserfrei, frei von verseifbaren Bestandteilen und Mineralsäuren sein und darf von organischen Säuren nur Spuren von 0,01 von 100 (berechnet als Schwefelsäureanhydrid) enthalten. In Petroleum-Benzin soll es klar löslich sein, ein specifisches Gewicht bei 20° C. zwischen 0,890—0,940 haben und, auf 260° C. erhitzt, keine entflammbaren Dämpfe entwickeln. Bei gewöhnlicher Temperatur soll das Öl möglichst leichtflüssig sein, soweit dies die verlangten anderen Eigenschaften zulassen. Der Flüssigkeitsgrad bei 50° C. und bei 100° C., nach Engler bezogen auf Wasser von 20° C., sowie die Temperatur, bei welcher das Öl noch fliefsend ist, sind im Angebote anzugeben. Zur Bestimmung ist der Pensky'sche Apparat zu verwenden.«

c) »Das Schmiermaterial zum Schmieren der nicht unter Dampf gehenden Teile schnell laufender Dampfmaschinen, Dynamomaschinen u. s. w., das Dynamoöl (Elektromotoren!)

soll entsprechend den Vorschriften der Kgl. Eisenbahn-Maschineninspektion I Berlin[1]) ein helles, leichtflüssiges und wasserfreies, in Petroleumbenzin klar lösliches Mineralöl sein. Es soll frei von Mineralsäuren sein und darf von organischen Säuren nur Spuren bis zu 0,01 von Hundert (auf Schwefelsäure-Anhydrid berechnet) enthalten. Ferner soll dasselbe bei 20° C. ein spec. Gewicht von 0,860—0,910, sowie einen Flüssigkeitsgrad nach Engler, bezogen auf Wasser von 20° C. von 15—25 bei 20° C. und 2,5—4,5 bei 50° C. besitzen. Auf 180° erhitzt, darf es noch keine entflammbaren Dämpfe

---

[1]) Holde, Untersuchung der Schmiermittel, S. 240.

entwickeln und soll bei 0° C. noch fliefsend sein. Bei Bestimmung des Flammpunktes ist der Pensky'sche Apparat zu benutzen.«

d) Das Kompressoröl

soll harz- und säurefrei sein und darf bei den Temperaturen, welche verdampfendes Ammoniak hervorbringt, keine Ausscheidungen und beim Ausgiefsen keine zu grofse Zähflüssigkeit zeigen.[1])

2. Die Öluntersuchung.

Unter Berücksichtigung des Gesagten sind bei dem Ankauf bezw. bei der Anlieferung von Ölen folgende Untersuchungen vom Betriebslaboratorium auszuführen:

1. Die Bestimmung der Viscosität,
2. die Feststellung des Flammpunktes,
3. die Untersuchung auf Harz und Säure,
4. die Ermittelung fetten Öles,
5. die Ermittelung des Erstarrungspunktes,
6. die Bestimmung des specifischen Gewichtes.

a) Die Bestimmung der Viscosität

hat mit dem »Engler'schen Zähigkeitsmesser« (Fig. 83) zu geschehen. Nach der dem Apparat von dem Lieferanten »Kähler und Martini« beigegebenen Beschreibung besteht derselbe aus zwei ineinanderstehenden Metallschalen *M*, dem Ölbehälter und dem Wasserbade, der erstere innere ist mit einem Deckel *D* verschlossen, durch welchen gleichzeitig das Thermometer *T* für die Temperaturmessung des Öles gesteckt ist. Das Thermometer für das Wasserbad wird mittels einer Klemme mit Halter, welche am äufseren Mantel befestigt ist,

---

[1]) Nach liebenswürdiger brieflicher Mitteilung von Prof. Ganzenmüller.

getragen. Das innere Gefäſs ist in dem äuſseren durch 3 seitliche Stege befestigt, auch dient noch das Ausfluſsröhrchen *e*, welches durch den oben durch den Deckel ragenden Ventilstift *v* verschlossen wird, als Stützpunkt.

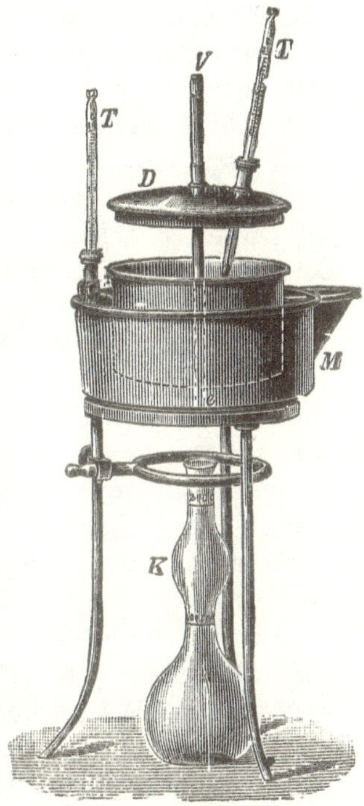

Fig. 83.

Drei Niveaumarken im inneren Behälter sind in gleicher Höhe vom Boden angebracht, um einesteils zum Abmessen der Ölprobe, anderenteils zur Beurteilung richtiger wagerechter Aufstellung des Apparates zu dienen. Bis zu den Niveaumarken (3 kleine Spitzen) muſs der Ölbehälter genau 240 ccm enthalten. Ein Dreifuſs dient als Träger des Apparates, unter welchen beim Gebrauche ein Meſskolben *K* mit 2 Marken am Halse zu 200 und 240 ccm genau unter die Mitte des Ausfluſsröhrchens *e* gestellt wird. Um den Apparat auf seine Richtigkeit zu prüfen — Aichung des Apparates — wird die Zeit in Sekunden bestimmt, welche 200 ccm Wasser von 20° C. gebrauchen, um aus dem bis zu den Niveaumarken gefüllten Ölbehälter auszuflieſsen. Zu dem Behufe wird die innere Schale zuerst mit etwas Äther, dann mit Weingeist und zuletzt mit Wasser ausgespült, dabei das Ausfluſsröhrchen mittels einer Feder und eines kleinen Papierpropfens gereinigt, sowie der Ventilstift eingesetzt. Darauf werden in dem Meſskolben genau 240 ccm Wasser abgemessen und in die Schale gegossen, welche dadurch genau bis zu den Niveauspitzen gefüllt sein muſs; das Wasser muſs genau 20° C. haben. Der

Meſskolben, welcher nicht getrocknet sein darf, sondern nur durch ca. 1 Minute langes Auslaufenlassen von der Hauptmasse des innen anhängenden Wassers zu befreien ist, wird unter die Ausfluſsöffnung gestellt, der Ventilstift herausgezogen und genau die Zeit in Sekunden beobachtet, welche vergeht, bis sich der Meſskolben bis zur unteren Marke (200 ccm) gefüllt hat. Vor Ablaufenlassen der Flüssigkeit, also vor Öffnen des Ventilstiftes, ist darauf zu achten, daſs sich die Flüssigkeit in vollkommener Ruhe befindet, besonders darf sie in Folge vorherigen Rührens mittels des Thermometers nicht mehr rotieren. Ist der Apparat richtig justiert, so beträgt die Auslaufszeit zwischen 51—53 Sekunden. Die genaue Zahl ist als Mittel aus mindestens drei Bestimmungen, die nicht mehr als $^1/_2$ Sekunde voneinander abweichen, zu ermitteln und diese ist dann gleich 1 zu setzen. Ganz genaue Bestimmungen müssen in einem der Temperatur von 20^0 C. nahekommenden Raume ausgeführt werden.«

Diese Aichung des Apparates wird dadurch erspart, daſs demselben eine Prüfungsbescheinigung seitens der Physikalisch-Technischen Reichsanstalt, Abteilung II, beigegeben wird, der dessen Beschaffenheit aus nebenstehendem Exemplar, wie es für den im Betriebslaboratorium im Gebrauch befindlichen Zähigkeitsmesser vorliegt, zu ersehen ist:

Es heiſst dann weiter in der Beschreibung der Handhabung des Apparates:

»Bei der Prüfung der Öle selbst ist auf das Sorgfältigste darauf zu achten, daſs alle Feuchtigkeit aus dem Apparate entfernt ist, was durch Austrocknen und wiederholtes Ausspülen mit Alkohol, Äther und Petroleum geschieht; endlich wird der Apparat nochmals mit dem zu prüfenden Öle ausgespült, zuletzt bis zu den Niveaumarken mit dem zu prüfenden Öle gefüllt und das Öl unter Umrühren mindestens 3 Minuten auf 20^0 C. gehalten und endlich in genau derselben Weise,

Prüfungs-Bescheinigung

für

den Zähigkeitsmesser *RS* 828

nach Engler.

Die Ausflufszeit für 200 ccm destilliertes Wasser von 20 Grad C. beträgt

51 Sekunden.

Die Angaben des beigegebenen Thermometers sind zur Zeit bei

15 Grad um 0,1 Grad zu niedrig,
20 Grad ohne wesentlichen Fehler,
25 Grad um 0,1 Grad zu niedrig,
40 Grad ohne wesentlichen Fehler.

Die Länge des aus Platin hergestellten Ausflufsröhrchens beträgt 20,1 mm, sein Durchmesser oben 2,9 mm und unten 2,8 mm. Das zur Aufnahme des zu prüfenden Öles bestimmte Gefäfs ist innen vergoldet und hat einen innern Durchmesser von 106,5 mm. Die mittlere Höhe der Niveaumarken über der unteren Mündung des Ausflufsröhrchens beträgt 51,9 mm.

Als Kennzeichen der vollzogenen Prüfung ist auf den äufseren Cylindermantel und auf den Deckel des Zähigkeitsmessers der Reichsadler nebst Jahreszahl aufgeschlagen worden.

Charlottenburg, den 18. Februar 1901.

Physikalisch-Technische Reichsanstalt

Abteilung II.

L.-S.

wie beim Wasser, die Ausflufszeit in Sekunden bestimmt. Die hierbei erhaltene Zahl, z. B. 130 Sekunden, dividiert durch die Ausflufszeit des Wassers, z. B. 52 Sekunden, giebt den sog. Viscositätsgrad:

$$130 : 52 = 2{,}50.$$

Öle, welche fremde Stoffe suspendiert enthalten, müssen vor ihrer Prüfung sorgfältig gereinigt (filtriert) werden. Handelt es sich darum, die Zähflüssigkeit der Öle bei höherer Temperatur, etwa von 100—150° C., zu bestimmen, so wird natürlich an Stelle des Wassers in den Aufsenraum schweres Mineralöl gebracht werden müssen. Bei Wiederholung der Bestimmung darf das zuerst benutzte Öl nicht noch einmal verwendet, sondern mufs durch frisches ersetzt werden.«

Die auf diese Weise ausgeführte Viscositätsbestimmung der Öle gestattet zunächst bei Vergebung der Öllieferungen auf ein gewisses Mindestmafs von Viscosität, wie es in den bereits angeführten Lieferungsbedingungen niedergelegt ist, hinzuwirken, ferner aber gestattet dieselben aus zwei mit gleicher Preisnotierung zum Ankauf vorliegenden Öle sich dasjenige zu sichern, welches die gröfsere Rentabilität im Betriebe verspricht. Bei Erwägungen dieser Art ist zu berücksichtigen, dafs nach der Petroff'schen Theorie der Reibung »der Gesamtreibungswiderstand geschmierter Maschinenteile dem Koëffizienten der inneren Reibung (d. i. Mafsstab der Zähigkeit) des Öles und der Geschwindigkeit der reibenden Teile direkt proportional, dagegen dem pro Flächeneinheit ausgeübten Drucke umgekehrt proportional ist«. Im Anschlufs und auf Grund dieser Theorie kommt Holde[1]) zu dem sehr richtigen Schlufs, dafs bei geringem Drucke und hoher Geschwindigkeit sehr dünnflüssige Öle, d. h. solche von geringer innerer Reibung, bei mäfsig hohem Druck und grofser Geschwindigkeit mäfsig dickflüssige Öle u. s. w. zu wählen sind. Holde

[1]) Holde, Die Untersuchung der Schmiermittel, S. 3.

sagt: »Würde man z. B. bei den sehr schnell, aber ohne Druck rotierenden Spindeln der Spinnereimaschinen, bei Centrifugen etc. sehr zähflüssige Öle zur Schmierung benutzen, so würde eine unnütze Kraftvergeudung herbeigeführt werden, welche ihren Ausdruck in dem vermehrten Reibungswiderstande der geschmierten Teile und der gröfseren Beanspruchung der Betriebsmaschine, unter Umständen auch im Kohlenverbrauch finden müfste.« Aufser den Geschwindigkeits- und Druckverhältnissen der rotierenden Flächen ist die Temperatur der geschmierten Flächen zu berücksichtigen, um die für den einzelnen Zweck passende Viscosität auszuwählen.

Aus dem Gesagten geht hervor, wie wichtig es ist, stets über die Viscosität der zur Anwendung kommenden Öle orientiert zu sein und auf Grund der Untersuchungen auf die Innehaltung der vom Lieferanten geforderten Garantien zu drücken.

b) Die Feststellung des Flammpunktes

geschieht mit dem »Flammpunktprüfungs-Apparat« nach Pensky-Martens (Fig. 84). Nach der dem Apparat von der Bezugsquelle Sommer und Runge beigegebenen Beschreibung und Gebrauchsanweisung besteht derselbe aus einem Gefäfse *E* zur Aufnahme des zu untersuchenden Öles. Die Durchbrechungen des Deckels dieses Gefäfses sind durch einen Drehschieber verdeckt, und durch den Deckel ragt ein Thermometer und ein Rührer in den Ölbehälter. Die langsame und gleichmäfsige Erwärmung des Öles wird durch einen metallenen Heizkörper *H* vermittelt, in welchen der Ölbehälter *E* eingesenkt wird und welcher gegen starke Ausstrahlung durch einen rotierenden Luftmantel mittels der Schutzglocke *L* geschützt wird.

Die Erwärmung erfolgt durch einen beigegebenen Gasbrenner. Die Prüfung des Entflammungspunktes erfolgt durch Öffnung des Schiebers mittels Drehung

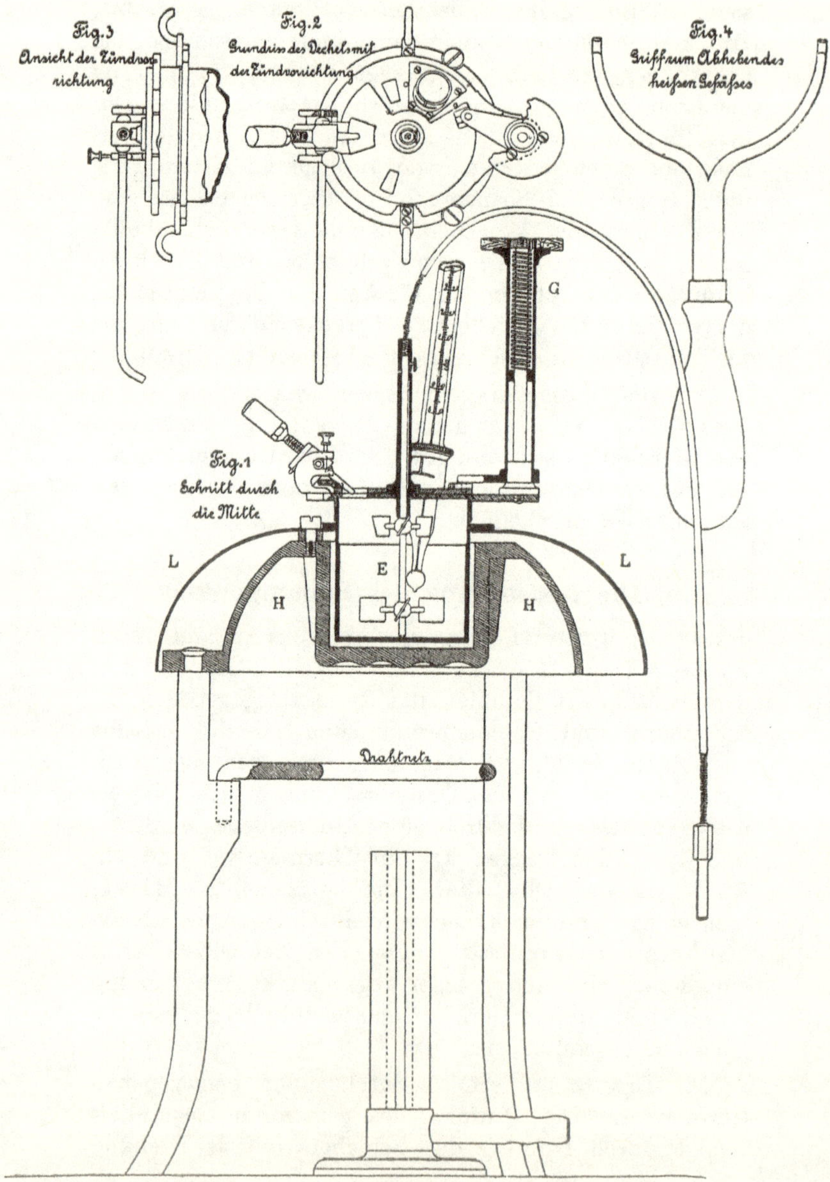
Fig. 3
Ansicht der Zündvor-
richtung
Fig. 2
Grundriss des Deckels mit
der Zündvorrichtung
Fig. 4
Griff zum Abheben des
heißen Gefäßes
G
Fig. 1
Schnitt durch
die Mitte
L
E
L
H
H
Drahtnetz

Fig. 84.

eines Handgriffs *G*, wobei eine kleine Zündflamme in die Hauptöffnung eingeführt resp. der Oberfläche des Öles genähert wird. Man wiederholt diese Manipulation mit steigender Temperatur in bestimmten Intervallen und findet den Entflammungspunkt bei derjenigen Temperatur, bei welcher durch Öffnung des Schiebers eine Explosion des im Raum über dem Öl befindlichen Gasgemenges eintritt.

Zum Gebrauch wird das Ölgefäſs *E* mit dem auf Entflammbarkeit zu prüfenden Öl genau bis zur Füllmarke (eingedrehtem Rand) angefüllt. Hiernach wird der Deckel so auf dasselbe gesetzt, daſs der vorragende Deckelfortsatz rechtwinklig zur Verbindungslinie der beiden am Topfrand befindlichen Haken steht, dann wird dieser ganze Einsatz mittels der beigegebenen Gabel in den Heizkörper gebracht. (Hierbei sind Schwankungen möglichst zu vermeiden, damit die Gefäſswände oberhalb des Ölniveaus nicht benetzt werden). Hierauf steckt man das Thermometer in die Hülse.

Der Heizkörper wird mittels des untergesetzten Brenners erhitzt, und zwar kann die Erwärmung anfänglich rasch betrieben werden, bis das Thermometer ca. 20—30° C. unterhalb der zu erwartenden Entflammungstemperatur steht. Dann wird das bis dahin zur Seite gedrehte Drahtgitter über die Heizflamme gebracht und die letztere entsprechend verkleinert, so daſs das Steigen des Thermometers nun in 30 Sekunden höchstens 2° beträgt. Will man noch genauere Angaben erzielen, so verlangsamt man das Steigen der Temperatur noch mehr.

Nach je 30 Sekunden wird jetzt die Zündvorrichtung in Thätigkeit gesetzt, d. h. der Schieber wird zur Seite gedreht, wodurch das Ölgefäſs geöffnet und das Zündflämmchen, welches auf etwa Erbsengröſse reguliert sein soll, in den Raum über dem Öl eingesenkt wird, indem man den Holzknopf (Handgriff *G*) oben am Apparat nach rechts dreht, bis man den Anschlag fühlt. In dieser Stellung beharre man ca. 1 Sekunde. Bei der Erwärmung des Öls benutzt man den Rührer mittels des Spiraldrahtes und Knopfes, indem man ihn durch zwei Finger dreht. Während des Eintauchens der Zündflamme unterläſst man das Rühren.

Diejenige Temperatur, bei welcher zuerst durch das Einsenken des Zündflämmchens eine plötzliche explosionsartige Verbrennung des in dem Raum über dem Öl enthaltenen Ölgases bewirkt wird, ist der **Entflammungspunkt** des betreffenden Öles. Da dieses Zündflämmchen bei der Explosion öfters verlischt, ist durch ein gebogenes Gaszuleitungsrohr ein Sicherheitsflämmchen angebracht.

Da ganz geringe Beimengungen leichterer Öle (Petroleum, Naphtha etc.) den Entflammungspunkt bedeutend herabsetzen können, so ist der Apparat von solchen beim Gebrauch frei zu halten. Desgleichen ist das Gefäſs völlig trocken zu halten, da Spuren von Wasser störende Dampfbildungen veranlassen; es empfiehlt sich deshalb, vorher das zu prüfende Öl zu entwässern, am besten durch Schütteln mit Chlorcalcium und eintägiges Stehenlassen.

Bei Apparaten mit Gasheizung wird auch das Zündflämmchen mit Gas erzeugt. Wo Gas nicht zur Verfügung steht, wird das Zündflämmchen mit Rüböl oder Mineralöl gespeist. Die Regulierung der Flammengröſse erfolgt in letzterem Fall durch Verschiebung des Dochtes in seiner Hülse. Bei Gasbenutzung ist das Lämpchen behufs Regulierung mit einer Ventilschraube versehen.

Um den Apparat, namentlich den Drehschieber, leicht reinigen zu können, läſst sich dieser leicht abheben, wenn man den Holzknopf so weit hebt, daſs der Stift unten am Mitnehmerhebel auſser Eingriff mit dem Drehschieber kommt.

Näheres über die Resultate der Untersuchungen mittels dieses Apparates ist im zweiten Heft des Jahrganges 1889 der Mitteilungen aus den Königlich technischen Versuchsanstalten zu Berlin, Seite 64—74, mitgeteilt.

Die bei der Bestimmung des Entflammungspunktes erhaltenen Resultate geben ein direktes Bild der Verdampfbarkeit eines Öles. Ein Öl mit hohem Entflammungspunkt zeigt eine schwere Verdampfbarkeit und wird bei seiner Verwendung weder die Luft im Maschinenhause wesentlich verschlechtern noch grofse Feuersgefahr in sich schliefsen. Von besonderem Werte ist ein hoher Entflammungspunkt bei Cylinderölen, da dieselben bei den in den Cylindern herrschenden hohen Temperaturen, falls die Öle niedrigen Entflammungspunkt aufweisen, sich leicht verflüchtigen und die mit dieser Verflüchtigung verbundenen grofsen Übelstände im Gefolge haben.

c) Die Untersuchung auf Harz und Säure.

a) Bei der Untersuchung auf Harz kommt es in erster Linie darauf an, festzustellen, ob dem Öle Kolophonium zugesetzt ist. Da dieses ein säureartiger Körper ist, so macht sich seine Anwesenheit schon durch den Säuregehalt (s. unten) bemerkbar; 1 % Schwefelsäureanhydrid entspricht ungefähr 9 % Kolophonium. Der qualitative Nachweis des Kolophoniums geschieht durch die Morawski'sche Reaktion. Zunächst werden, um überhaupt auf alkohollösliches freies Harz, welches in allen Mineralölen vorkommt, zu prüfen, 10 ccm des zu untersuchenden Öles in einem Reagenzglase mit dem gleichen Quantum 70 %igen Alkohols heifs durchgeschüttelt; das Gemisch wird unter der Wasserleitung schnell abgekühlt. Nachdem sich die gebildeten beiden Schichten getrennt haben, wird die obere durch ein Filter in eine Porzellanschale von ca. 10 cm Durchmesser filtriert, in welcher sich ein Glasstab befindet; mit dieser zusammen ist die Schale vorher gewogen. Die Schale mit dem klaren Filtrat wird auf eine Asbestplatte gestellt und mittels einer kleinen Flamme eingedampft; die Menge des Rückstandes wird nach dem Abkühlen schätzungsweise bestimmt; mit dem Glasstab wird auf

Konsistenz geprüft. Da es, wie bereits gesagt, von Wert ist, zu wissen, ob der Rückstand aus natürlichem Harz oder aus beigemengtem Kolophonium besteht, wird die Morawski'sche Reaktion in der Weise ausgeführt, dafs 1 ccm Essigsäureanhydrid in der Schale zugesetzt und nach gutem Umrühren 1 Tropfen Schwefelsäure vom spezifischen Gewicht 1,530 beigefügt wird. Bei Anwesenheit von Kolophonium tritt eine Rotviolettfärbung ein, während die natürlichen Harze eine gelblich-braune bis tiefschmutzigbraune Färbung entstehen lassen. Die Menge des Abdampfrückstandes soll bei hellen Ölen 0,3 %, bei dunklen 1 % nicht übersteigen.

b) Die Bestimmung der Säure geschieht mafsanalytisch auf folgende Weise:

Ein aus Kaliglas bestehender Erlenmeyer-Kolben von 300 ccm Inhalt ist durch einen zweimal durchbohrten Gummistopfen verschlossen; die eine Durchbohrung trägt einen kleinen, bis zu einer Marke 10 ccm fassenden, mit Hahn nach unten verschliefsbaren Trichter (Fig. 85). Derselbe wird mit dem zu untersuchenden Öl bei geschlossenem Hahn so gefüllt, dafs sich oberhalb desselben keine Luftblase im Öl befindet. Es werden nun 20 ccm absoluter Alkohol und 80 ccm Äther in einem trockenen Kolben miteinander gemischt und unter Anwendung von Phenolphtaleïn als Indikator und $\frac{N}{10}$ Normal-Natronlauge als Neutralisationsmittel neutralisiert. Von diesem neutralen Alkohol-Äthergemisch werden durch den Trichter unter Ausspülen desselben 50 ccm zu dem Öl gegeben und nach Entfernung des Gummistopfens, ohne die Kolbenöffnung mit der Hand zu schliefsen, gut durchgeschüttelt.

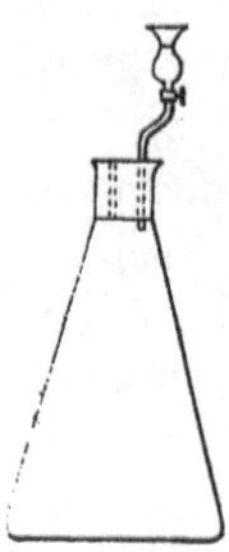

Fig. 85.

Zu der öligen Mischung werden einige Tropfen Phenolphtaleïn zugegeben und aus einer in Zehntel geteilten

Bürette so lange $\frac{N}{10}$ Natronlauge zugefügt, bis eine schwach rötliche Färbung auftritt. Jedem Cubikcentimeter der Lauge entsprechen 0,004 g Schwefelsäureanhydrid, in welcher Form der Gehalt des Öles an Säure seinen Ausdruck findet. Die Berechnung dieses Säuregehaltes zeige folgendes Beispiel:

verbraucht wurden: 0,6 ccm $\frac{N}{10}$ Natronlauge

$= 0{,}6 \times 0{,}004 = 0{,}0024$ g Schwefelsäureanhydrid;

spezifisches Gewicht des Öles (s. u.) $= 0{,}9058$.

$$10 \text{ ccm} = 10 \times 0{,}9058 = 9{,}058 \text{ g Öl}.$$

$$9{,}058 : 0{,}0024 = 100 : x;$$

$$x = 0{,}0264.$$

Das Öl hat einen Säuregehalt von 0,0264 % berechnet als Schwefelsäureanhydrid.

In der beschriebenen Weise läſst sich die Säurebestimmung bei hellen Ölen ohne weiteres durchführen; sobald die Farbe der Untersuchungsobjekte jedoch so dunkel wird, daſs die Phenolphtaleïn-Reaktion nicht mehr deutlich erkannt werden kann, ist eine Modifikation der Untersuchungsmethode geboten.

Es wird alsdann ein mit gut eingeschliffenem Glasstöpsel versehener Cylinder von 20 cm Höhe und 2,5 cm Weite angewendet, welcher mit drei übereinander befindlichen Marken versehen ist (Fig. 86). Bis zur untersten derselben, welche den Stand von 20 ccm markiert, wird der Cylinder mit dem zu untersuchenden Öl gefüllt, welches mit weiteren 50 ccm absolutem Alkohol gut durchgeschüttelt wird. Nach vollständiger Trennung der Öl- und Alkoholschicht werden von letzterer 25 ccm in ein Erlenmeyer-Kölbchen gegeben, um auf die oben beschriebene Weise mit Phenolphtaleïn als Indikator und mit $\frac{N}{10}$ Natronlauge titriert zu werden.

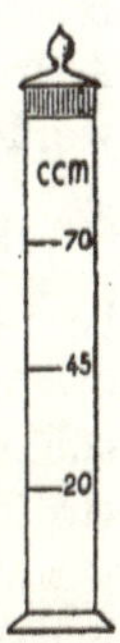

Fig. 86.

Ergiebt die Titration hierbei einen Säuregehalt von über

0,003 %, so wird der Alkoholrest von dem Öl im Cylinder abgegossen und dasselbe von neuem mit 50 ccm absoluten Alkohol ausgeschüttelt. Diese Operation wird so oft wiederholt, bis der Säuregehalt nicht mehr über 0,003 % beträgt. Der Säuregehalt des Öles berechnet sich dann aus der Summe der bei den verschiedenen Titrationen erhaltenen Zahlen.

Beispiel:

erste Titration:	Säuregehalt = 0,33 %	berechnet als Schwefelsäureanhydrid.
zweite Titration:	» = 0,11 %	
Säuregehalt des Öles	= 0,33 + 0,11 = 0,44 %	

d) Bei der Ermittelung fetten Öles

genügt die qualitative Untersuchung. Dieselbe wird ausgeführt, da vegetabilische Öle bezw. Gemische von solchen mit Mineralölen in der Brauerei nicht verwendet werden sollen; das Schmiermaterial soll aus reinen Mineralölen bestehen. Um diese zu prüfen, werden 3—4 ccm Öl in einem Reagenzglase mit Natriumhydroxyd eine Viertelstunde lang in einem Paraffinbad erhitzt und zwar helle Öle auf ca. 230 ° C., dunkle Öle und Cylinderöle auf ca. 250 ° C. Ist fettes Öl vorhanden, so tritt eine sog. Verseifung ein, welche sich dadurch kenntlich macht, dafs nach dem Erkalten ein Gelatinieren oder Auftreten von Seifenschaum an der Oberfläche beobachtet werden kann.

e) Die Ermittelung des Erstarrungspunktes

ist namentlich bei der Untersuchung von Kompressoröl von grofser Wichtigkeit. Ganz allgemein ist diese Untersuchung so auszuführen, dafs ca. 3 ccm. Kompressoröl in ein Reagenzglas gegeben und dieses in ein Gefäfs gestellt wird, in dem flüssiges Ammoniak verdunstet (Fig. 87). Hierbei darf das Öl keine Ausscheidungen zeigen und beim Ausgiefsen aus dem Reagenzglase nicht zu zähflüssig sein. Genauer wird der Erstarrungspunkt eines Öles überhaupt mit Hülfe des Hofmeister'schen Apparates (Fig. 88) bestimmt. Derselbe besteht aus dem äufseren aus Blech gefertigten Topf *b*, dem inneren Gefäfs *a* und dem in diesem befindlichen Reagenzglasgestell, welches 6 Reagenzgläser in sternförmiger Anordnung zu fassen imstande ist. Jedes derselben trägt eine Marke, bis zu

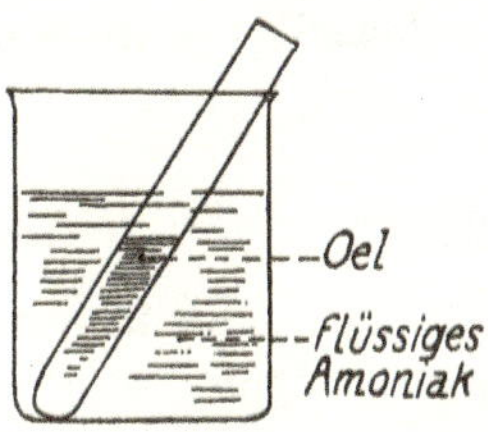

Fig. 87.

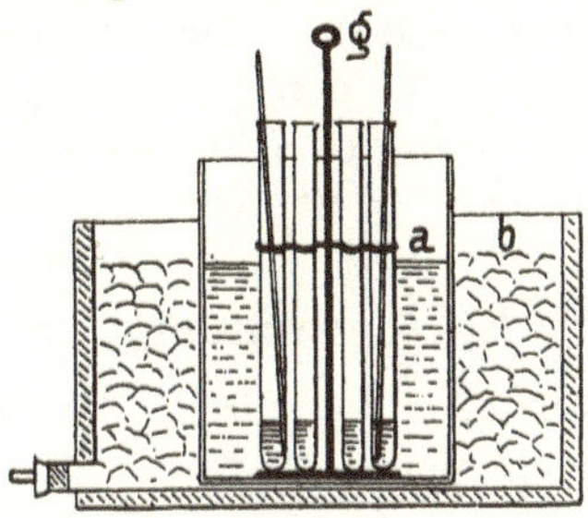

Fig. 88.

welcher die Füllung mit dem zu untersuchenden Öle zu geschehen hat. Der Topf *b* wird mit einer Mischung aus Salz und Eis[1]) gefüllt, in das Gefäfs *b* wird eine Salzlösung gegeben, deren Zusammensetzung sich nach den gewünschten Kältegraden, welche durch dieselbe konstant gehalten werden sollen, ändert[2]), und in diese

---

[1]) Durch diese Mischung im Verhältnis 1 : 2 ist eine Temperatur bis zu — 21° C. zu erzielen.

[2]) Kältemischungen, welche hierfür verwendet werden können, sind nach Holde:

für — 0°	gewöhnliches Eis	In 100 Teilen Wasser.
für — 3°	13 Teile Kalisalpeter	
für — 4°	13 Teile Kalisalpeter, 2 Teile Kochsalz	
für — 5°	13 Teile Kalisalpeter 3,3 Teile Kochsalz	
für — 8,7°	35,8 Teile Chlorbaryum	
für — 10°	22,5 Teile Chlorkalium	
für — 14°	20 Teile Salmiak	
für — 15—15,4°	25 Teile Salmiak.	

Kältemischung werden die mit Öl bis zur Marke gefüllten Reagenzgläser gestellt. Es ist nun zu beobachten, bei welcher Temperatur und in welcher Zeit bei derselben eine Erstarrung des Öles eintritt. Hierzu sind die Reagenzgläser des öfteren nachzusehen und das Dickflüssigwerden bezw. Erstarren der Öle zu beobachten. Für jedes zu untersuchende Öl sind 2 Reagenzgläser zu benutzen. In dem einen derselben befindet sich ein Glasstab, um mit Hilfe desselben die jeweilige Konsistenz des Öles zu prüfen.

f) Die Bestimmung des spezifischen Gewichtes

geschieht mit einem für diese Zwecke konstruierten Pyknometer (Fig. 89). Dasselbe wird zunächst mit destilliertem Wasser, welches in dem Wägezimmer Zimmertemperatur angenommen hat, gewogen. Da das Pyknometer vor seiner Füllung in sauberem und trockenem Zustande ebenfalls genau gewogen ist, so läſst sich aus beiden Wägungen das Gewicht des Wassers bei Zimmertemperatur ermitteln. Dasselbe ist auf Wasser von 4 ° C. umzurechnen.[1]) In das getrocknete und mit dem zu untersuchenden Öl ausgespülte Pyknometer wird sodann von

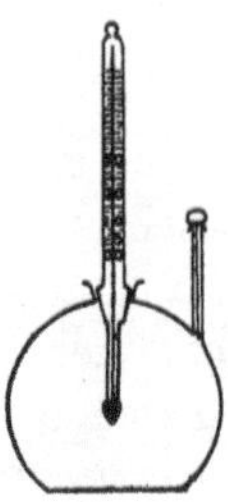

Fig. 89.

[1]) Diese Umrechnung geschieht mit Hilfe der nebenstehenden, im Chemiker-Kalender 1900 Seite 191 befindlichen Tabelle in der Weise, daſs das gefundene Wassergewicht mit der Zahl, welche der angewandten Temperatur entspricht, multipliziert wird.

Beispiel:

Gewicht des Pyknometers mit Wasser bei 17 ° C.:	82,8646 g
Pyknometer leer	28,3698 g
Gewicht des Wassers	54,4948 g,

welche das Pyknometer bei einer Wassertemperatur von 17 ° C. faſst; bei 4 ° C. würde das Pyknometer 54,4948 × 1,001162 = 54,5581 g fassen. (Tabelle zu dieser Anmerkung s. S. 273).

Tabelle:

Dichtigkeit und Volumen des Wassers bei 0° bis 100°.

Einheit bei 4° (Volkmann).

t	Dichte Gewicht von 1 ccm Wasser in g	Volumen von 1 g Wasser in ccm	t	Dichte Gewicht von 1 ccm Wasser in g	Volumen von 1 g Wasser in ccm	t	Dichte Gewicht von 1 ccm Wasser in g	Volumen von 1 g Wasser in ccm
°			°			°		
0	0,999878	1,000122	14	0,999297	1,000703	40	0,99236	1,00770
1	0,999933	1,000067	15	0,999154	1,000847	45	0,99035	1,00974
2	0,999972	1,000028	16	0,999004	1,000997	50	0,98817	1,01197
3	0,999993	1,000007	17	0,998839	1,001162	55	0,98584	1,01436
4	1,000000	1,000000	18	0,998663	1,001339	60	0,98334	1,01694
5	0,999992	1,000008	19	0,998475	1,001527	65	0,98071	1,01967
6	0,999969	1,000031	20	0,998272	1,001731	70	0,97789	1,02261
7	0,999933	1,000067	21	0,998065	1,001939	75	0,97493	1,02570
8	0,999882	1,000118	22	0,997849	1,002156	80	0,97190	1,02891
9	0,999819	1,000181	23	0,997623	1,002383	85	0,96876	1,03225
10	0,999739	1,000261	24	0,997386	1,002621	90	0,96549	1,03574
11	0,999650	1,000350	25	0,997140	1,002868	95	0,96208	1,03941
12	0,999544	1,000456	30	0,99577	1,00425	100	0,95856	2,04323
13	0,999430	1,000570	35	0,99417	1,00586			

dem Öl gegeben, nachdem dasselbe auf eine etwas unter der des Zimmers liegende Temperatur gebracht ist. Durch Einstellen in ein Wasserbad von Zimmertemperatur wird das Gefäſs nebst Inhalt auf dieselbe Temperatur gebracht, $^1/_2$ Stunde in dem Wasserbade belassen und dann, nachdem es gut abgetrocknet ist, gewogen. Das spezifische Gewicht wird vorläufig dadurch ermittelt, daſs das ermittelte Ölgewicht durch das auf 4° C. berechnete Wassergewicht dividiert wird. Das so gefundene spezifische Gewicht bedarf einer durch die Temperaturunterschiede bedingten Korrektur, welche in der Weise ausgeführt, daſs für jeden Grad, um den die Zimmertemperatur, welche das Öl angenommen hatte, von der Normaltemperatur abweicht, 0,00068 vom spezifischen Gewicht abgezogen bezw. demselben zugezählt werden.[1])

Fig. 90.

Beispiel:

Wassergewicht berechnet auf 4° C.	50,7930 g
Ölgewicht bei 18° C.:	46,1320

spezifisches Gewicht: $\frac{46{,}1320}{50{,}7930} = 0{,}9082$

korrig. spez. Gewicht: 0,9082 — (20—18) × 0,00068 = 0,90684, da als Normaltemperatur 20° C. (S. 257) gefordert war.

Schneller und genau bis in die dritte Decimale läſst sich das spezifische Gewicht mit sehr sorgfältig geaichten Aräometern (Fig. 90) bestimmen. Zu einem kompletten Satz gehören 6 Stück, welche in einem Leder-Etui vereinigt sind und zusammen die spezifischen Gewichte von 0,850 bis 2,000 angeben.

[1]) Nach liebenswürdiger brieflicher Mitteilung von Dr. Holde.

K. Die Kontrolle der Thermometer und Saccharometer. Der Laboratoriumsbericht und die Wochentafel.

Im Betriebe sowohl wie im Betriebslaboratorium selbst sind eine grofse Anzahl von Thermometern und Saccharometern im Gebrauch, von deren korrekter Beschaffenheit des öfteren nicht nur die Qualität der Biere, sondern auch die Durchführung rationeller Arbeit abhängig sein kann. Die regelmäfsige Prüfung der genannten Instrumente ist deshalb eine Aufgabe des Laboratoriums, die des öfteren und sehr sorgfältig ausgeführt werden mufs. In der Regel wird es genügen, zu diesem Zweck das zu prüfende Instrument mit dem Normal-Thermometer (siehe unten) bezw. Normal-Saccharometer, die stets in tadelloser Beschaffenheit vorrätig zu halten sind, zu vergleichen. Aber auch diese Normalinstrumente selbst bedürfen von Zeit zu Zeit der Kontrolle. Die Ausführung derselben erfolgt bei

I. den Thermometern

nach den von Wiedemann und Ebert angegebenen klar und präcis ausgedrückten Vorschriften. Dieselben lauten wie folgt[1]):

[1]) Wiedemann u. Ebert, Physikalisches Praktikum S. 194 ff.

1. Bestimmung des Nullpunktes.

»Man steckt das Thermometer, dessen Kugel mit etwas Flanell umwickelt ist, in ein Gefäfs *A* (Fig. 91), füllt dieses mit reinem Schnee oder fein gepulvertem Eis und giefst etwas Wasser darauf. Das Eis darf das Thermometer nicht direkt berühren, da seine Temperatur oft unter 0⁰ liegt, während

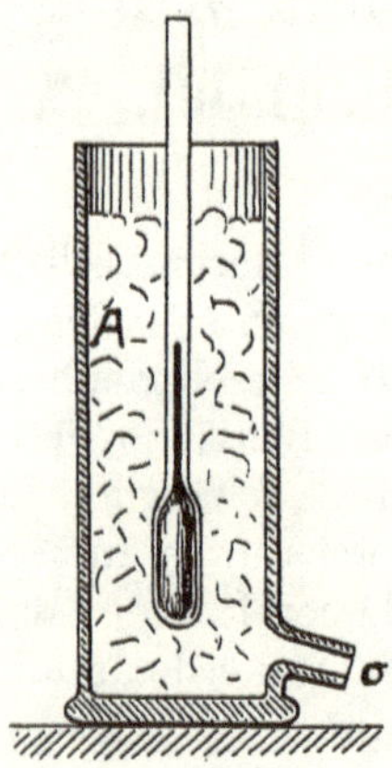

Fig. 91.

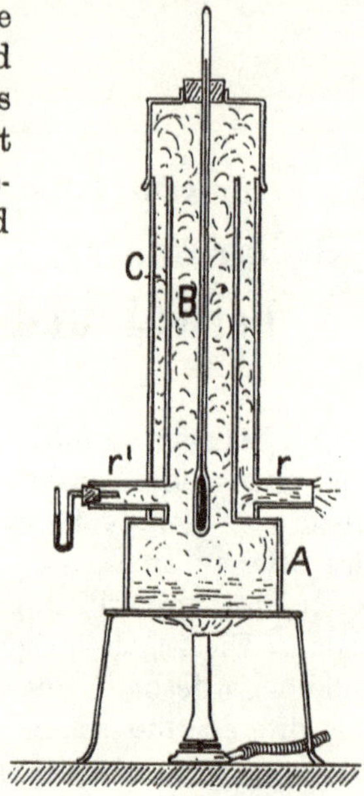

Fig. 92.

diejenige des Schmelzwassers, das mit ihm in Berührung ist, genau 0^0 beträgt. Die Öffnung *O* dient zum Abfliefsen des Schmelzwassers. Nach einiger Zeit liest man die Stellung der Quecksilbersäule t_0, den wahren Nullpunkt ab. Von allen Ablesungen ist t_0^0 abzuziehen, wobei auf das Vorzeichen von t_0 zu achten ist.

2. Bestimmung des Siedepunktes.

Apparat Fig. 92. Derselbe besteht aus einem Blechgefäfse *A* mit dem Blechrohre *B*. Letzteres ist von einem Mantel *C* umgeben, welcher bei *r* und r^1 und entsprechend vorn und hinten seitliche Röhren trägt, in deren einer, r^1, ein kleines Wassermanometer eingesetzt ist.

Man befestigt in dem Deckel des Gefäſses mittels eines Korkes das Thermometer, so daſs der dem Siedepunkt entsprechende Teilstrich nur wenig über denselben hervorragt.

Man gieſst so viel Wasser in A, daſs die Kugel des Thermometers nicht in dasselbe eintaucht, und erhitzt zum Sieden. Der Dampf umspült das Thermometer, geht zwischen B und C nach unten, strömt bei r aus und schützt den inneren Teil des Apparates B vor Abkühlung durch Strahlung.

Man liest, wenn der Dampf etwa fünf Minuten aus r ausgeströmt ist, ab:

den Stand T^0 des Thermometers,
die Höhe p^0 der Wassersäule in dem Manometer bei r^1,
den Barometerstand b.

Man reduziert b auf 0^0[1]), addiert $p^0/13{,}6$ zu b und entnimmt der untenstehenden Tabelle[2]) den Siedepunkt $T_1{}^0$ des Wassers bei $b + p/13{,}6$ mm Druck.

Man bringt das Thermometer nach dem Abkühlen abermals in Eis. Namentlich ältere Thermometer zeigen jetzt eine tiefere Temperatur t'_0, eine Nullpunktdepression

---

[1]) Reduktion des Barometerstandes:

Der abgelesene Barometerstand h wird in den sogenannten reduzierten Barometerstand bei Anwendung eines gläsernen Instrumentes nach folgender Formel umgerechnet:
h_0 (reduz. Barometerstand) $= h\,(1 - 0{,}000181\,t)\,(1 + 0{,}0000085)$.

[2]) Siedepunkte t des Wassers bei verschiedenen Barometerständen b (nach F. Kohlrausch, Leitfaden Tab. 13 b).

b.	t.	b.	t.
690	97,32°	745	99,44°
700	97,71°	750	99,63°
710	98,11°	755	99,81°
720	98,49°	760	100,00°
730	98,88°	765	100,18°
735	99,07°	770	100,37°
740	99,25°	775	100,55°

$\varDelta = t_0 - t'_0$, weil das Quecksilbergefäfs noch nicht auf das alte, der Schmelztemperatur des Eises entsprechende Volumen zurückgegangen ist.

Von diesen oft sehr störenden »thermischen Nachwirkungen« ist das durch einen roten eingeschmolzenen Glasfaden gekennzeichnete »Jenaer Normalglas« frei.

3. Korrektion der zwischenliegenden Grade.

Hat ein Thermometer den wahren Nullpunkt bei dem Skalenteile t_0 und dem Siedepunkt $T_1{}^0$ bei dem Skalenteil T^0, ist die Thermometerröhre cylindrisch und sind die Seitenteile überall gleich grofs, so entspricht einem Skalenteile eine Temperaturdifferenz von

$$\frac{T_1}{(T - t_0)} = c \text{ Grad.}$$

Zeigt das Thermometer eine Temperatur τ^1 an, so ist die wahre Temperatur τ:

$$\tau = (\tau^1 - t_0)\, c;$$

einer wahren Temperatur τ entspricht eine solche τ^1 am Thermometer:

$$\tau^1 = t_0 + \frac{\tau}{c}.$$

Der wahren Temperatur 100^0 entspricht am Thermometer:

$$T^1 = t_0 + 100\, c.$$

Beispiel:

Thermometer: $T = 101{,}6^0$ bei $b = 749{,}1$ und $\dfrac{h^0}{13{,}6} = 2{,}7$ mm. Für den Druck 751,8 mm ist der Siedepunkt: $T_1 = 99{,}70$; der wahre Nullpunkt lag bei $t_0 = +\,2{,}7$, also ist c berechnet aus der obigen Formel $\tau = (\tau^1 - t_0)\, c$, $c = \dfrac{98{,}9}{99{,}7} = 0{,}992$. Bei der Temperatur 100^0 zeigt das Thermometer also $T^1 = 2{,}7 + (100 \times 0{,}992) = 101{,}9^0$ an.

4. Vergleichung zweier Thermometer.

Man stellt die zu prüfenden und das Normalthermometer dicht nebeneinander, am besten so zusammengebunden, dafs ihre Kugeln in gleicher Höhe liegen, in einen mit Wasser resp. Öl gefüllten Topf, erwärmt langsam, rührt fortwährend um, und liest an beiden die Temperatur ab. Ist das erste Thermometer ein sog. »Normalthermometer«, so kann man die gefundenen Differenzen beider Instrumente dazu benutzen, um eine Korrektionstabelle für das Zweite zu entwerfen. Maximalthermometer dürfen nur bei aufsteigender, Minimalthermometer nur bei absteigender Temperatur verglichen werden. Gewöhnliche Thermometer werden auch bei allmählicher Abkühlung des Wasser- oder Ölbades verglichen.

Bei jeder Temperaturmessung wird vorausgesetzt, dafs das Thermometer stets bis zum Niveau des Quecksilbers in der Röhre in dem Raum sich befindet, dessen Temperatur gemessen wird. Ist dieses nicht der Fall, so hat der herausragende Faden nicht die Temperatur des Raumes, und das Thermometer zeigt eine niedrigere Temperatur an, als derselbe wirklich besitzt.

Um aus der beobachteten Temperatur die wahre zu finden, hängt man neben das Thermometer ein zweites, dessen Kugel etwa in der Mitte des herausragenden Fadens sich befindet und die mittlere Temperatur desselben angiebt. Ist T die an dem Thermometer abgelesene Temperatur, t die mittlere Fadentemperatur, so ist zu T noch die Korrektion $\gamma = K(T - t)\,l$ hinzuzufügen, wo l die Länge des herausragenden Fadens in Graden und k^1 der scheinbare cubische Ausdehnungskoëfficient des Quecksilbers im Glase ist; dabei ist

für gewöhnliches Glas . . . $k = 0{,}000156$,
für Jenaer Normalglas . . . . $k = 0{,}000165$.«

Für die Kontrolle

II. der Saccharometer

findet die von Ulsch[1]) angegebene Methode Anwendung. Die hierzu notwendige Versuchsanordnung geht aus der

[1]) Ulsch, Über Prüfung und Berichtigung der Saccharometer-Skala. Zeitschr. f. d. ges. Brauw., 1890, S. 369 ff.

untenstehenden, der zitierten Arbeit entnommenen Fig. 93 hervor. Hiernach besteht dieselbe darin, dafs das gut gereinigte, getrocknete und genau gewogene

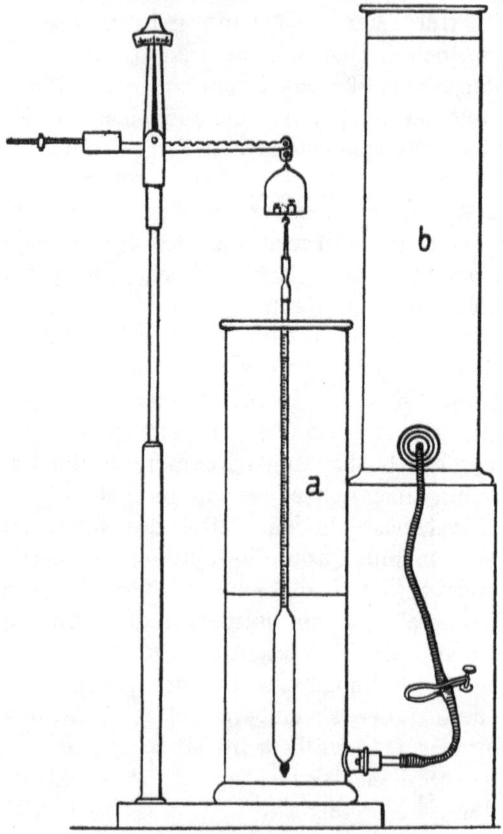

Fig. 93.

Saccharometer an dem längeren Arm einer Reimann'schen Wage mittels eines Stückchen Schlauchs und eines gläsernen Hakens befestigt wird. Hierbei taucht das Saccharometer in einen unten seitlich mit einem Tubus befindlichen Glascylinder von ca. 45 cm Höhe und 8 cm

Weite derart ein, dafs das untere Ende des Instrumentes einige Millimeter vom Boden entfernt bleibt. Der Cylinder steht durch einen Gummischlauch, welcher durch einen Quetschhahn geöffnet und geschlossen werden kann, mit einem zweiten gleichartig beschaffenen, höher gestellten Cylinder in Verbindung. Dieser, der Cylinder *a*, ist vollständig, der Cylinder *b* soweit mit Wasser, dessen Temperatur genau 17,5° C. beträgt, gefüllt, dafs das Saccharometer bis zu dem untersten Teilstrich der Skala in Wasser einsinkt. Durch Auflegen von Gewichten auf dem kleinen Teller der Reimann'schen Wage wird diese ins Gleichgewicht gebracht. Sobald dieses geschehen, wird der Skalenstand des Saccharometers notiert. Durch Hinzufügen eines Gewichtes von 0,2 g schlägt die Wage aus; um sie wieder ins Gleichgewicht zu bringen, wird der Quetschhahn geöffnet und soviel Wasser zugeführt, bis das Gleichgewicht wieder hergestellt ist. Diese Operationen des Auflegens von 0,2 g und das Zufliefsenlassen von Wasser bis zur Gleichgewichtsstellung wird so oft wiederholt, bis der Nullpunkt der Saccharometerskala erreicht ist. Hierauf wird das Saccharometer abgenommen und auf der Wage mit dem daran befindlichen Schlauchstück nebst Haken durch Auflegen von Gewichten der Gleichgewichtszustand herbeigeführt. Die Summe sämtlicher auf dem Wägeteller befindlichen Gewichte wird notiert. Aus den bisher ermittelten Daten wird für jeden Teilstrich des Saccharometers, bis zu welchem dasselbe bei einzelnen Gleichgewichtsstellungen eintauchte, das spezifische Gewicht berechnet nach der Formel:

$$s \cdot G = \frac{G}{G - g + \gamma}$$

Hierbei bedeutet:

G = Gewicht des Saccharometers.

g = Betrag derjenigen Gewichte, welche nach Abnahme des Saccharometers nötig waren, um das Gleichgewicht wieder herzustellen.

γ = der auf der Schale befindliche Betrag von Gewichten für jeden Fall; hiernach ist zu Anfang des Versuches $\gamma = 0$, zu Ende desselben $\gamma = g$.

Zu den auf diese Weise gefundenen spezifischen Gewichten werden in der Holzner'schen Tabelle[1]) die dazu gehörigen Saccharometeranzeigen ermittelt und mit denjenigen verglichen, welche das Saccharometer selbst angiebt, um hiernach eine Korrektionstabelle zu entwerfen. Zur Illustration des Gesagten diene folgendes von Ulsch angeführtes Beispiel:

γ	direkte Saccharometeranzeige	berechnetes spezifisches Gewicht	korrigierte Saccharometeranzeige	γ	direkte Saccharometeranzeige	berechnetes spezifisches Gewicht	korrigierte Saccharometeranzeige
0	18,75	1,0765	18,48	2,2	5,30	1,0202	5,05
0,2	17,55	1,0711	17,25	2,4	4,10	1,0154	3,85
0,4	16,25	1,0658	16,02	2,6	2,90	1,0106	2,65
0,6	15,10	1,0605	14,79	2,8	1,60	1,0059	1,48
0,8	13,85	1,0553	13,55	3,0	0,95	1,0012	0,30
1,0	12,60	1,0502	12,33	3,052	—	1,0000	—
1,2	11,30	1,0450	11,10				
1,4	10,10	1,0400	9,90				
1,6	8,90	1,0350	8,68				
1,8	7,65	1,0300	7,46				
2,0	6,45	1,0251	6,27				

Die Berechnung ist von Ulsch ferner noch durch folgendes Zahlenbeispiel für eine Horizontalreihe der obigen Tabelle illustriert:

»Der Betrag der auf der Schale befindlichen Gewichte sei γ = 1,8 g.

Man findet zu diesem spezifischen Gewicht in der Tabelle als zugehörige Extraktprozente die Zahl 7,46, während das Saccharometer direkt 7,65 zeigt.«

---

[1]) Holzner, Die Attenuationslehre, 1876, Tab. VII.

III. Laboratoriumsbericht und Wochentafel.

Über die Resultate, welche das Betriebslaboratorium bei der Ausführung der Betriebskontrolle erhalten hat und über die anderweitige Thätigkeit des Instituts hat der Vorsteher desselben der Betriebsleitung zweimal wöchentlich, und zwar am Mittwoch und Sonnabend, schriftlichen Bericht zu erstatten. Dieser Bericht wird von der Leitung mit den entsprechenden Bemerkungen, welche eine sofortige Abstellung eventueller, durch die Betriebskontrolle aufgedeckter Schäden bezwecken, versehen und dem Braumeister zur Kenntnisnahme und Aufbewahrung in einer groſsen, den Soennecken'schen Briefordnern nachgebildeten Mappe ausgeliefert. Im folgenden ist das Formular solcher Berichte, wie sie zur Ausfüllung gedruckt vorliegen, wiedergegeben. Diesem Berichtsformular folgt eine Wochentafel, wie sie im Laboratorium aushängt, um an der Hand derselben die regelmäſsigen Kontrollarbeiten auszuführen.

Aus diesen beiden Tabellen sind dieselben noch einmal in groben Umrissen erkenntlich. Mit ihnen ist jedoch die Verwendung des Betriebslaboratoriums im Interesse des Betriebes und der für diesen daraus erwachsende Nutzen bei weitem nicht erschöpft und dargelegt. Die selbständige Bearbeitung und Lösung plötzlich auftauchender Fragen, das Ausarbeiten neuer Untersuchungsmethoden, die Prüfung in der Litteratur neu entwickelter Ansichten, dieses und vieles andere mehr hat zum Teil eine Erwähnung überhaupt nicht gefunden, zum Teil konnte es nur leicht gestreift werden.

Eine ausführlichere Bearbeitung würde den für diese Arbeit gesteckten Rahmen überschritten haben.

Betriebskontrolle.

<table>
<tr><th>Montag</th><th>Dienstag</th><th>Mittwoch</th><th>Donnerstag</th><th>Freitag</th><th>Sonnabend</th><th>periodisch</th></tr>
<tr><td colspan="6">Darrkontrolle
Endvergärungsgradbestimmung
Haltbarkeit der Flaschenbiere
Kontrolle des Wasserreinigungsapparates
Kostprobe
Mälzereikontrolle
Revision der Thermostaten
Temperaturkontrolle der Haufen und Tennen</td><td rowspan="2">a) wöchentlich
Filtermasse
Härtebestimmung des gerein. Wassers
Kohlenverbrauch (Darre)
Späne
b) monatlich
Pechthermometerkontrolle
Spülwasser
Untersuchung d. Inhaltes d. Reinzuchtapparates
c) vierteljährlich
Biolog. Wasseranalyse
Entleerung u. Neubeschickung des Reinzuchtappar.
Konkurrenzbieranalyse
d) jährlich
Aichen d. Bierpfanne
Prüfung des Lauterbottichs
α) Sommer } Wasser-
β) Winter } analyse</td></tr>
<tr><td>Anstellhefe-Untersuchung
Bier mit Hefe anstellen
Haltbarkeit der Würze
Malzschrotsortierung
Reinzucht
Wasserbestimmung, (Malz d. oberen Horde)</td><td>Haltbarkeit d. Biere { helles / dunkles
Luftanalyse
Reinzucht
Sudkontrolle</td><td>Bieranalyse
Desinfektion d. Reinzuchtzimmers
Reinzucht
Schwefelung d. Fuhrfässer

Bericht</td><td>Anstellhefe-Untersuchung
Bier mit Hefe anstellen
Haltbarkeit der Würze
Malzschrotsortierung</td><td>Haltbarkeit d. Biere { helles / dunkles
Sudkontrolle</td><td>Desinfektion d. Kühlapparatraumes
Luftanalyse
Schwefelung d. Fuhrfässer

Bericht</td></tr>
</table>

L. Nachwort.

In den vorliegenden Blättern habe ich aus den in der Einleitung auseinandergesetzten Gründen zu zeigen versucht, in welcher Weise in dem vor einer ganzen Reihe von Jahren ins Leben gerufenen

Betriebslaboratorium

die Kontrolle des mir unterstellten Mälzerei- und Brauereibetriebes gehandhabt wird. Bei derselben habe ich stets das Bestreben gehabt, stetig auszubauen, insbesondere mir die Resultate der Arbeiten zu Nutze zu machen, welche die auf dem Gebiete dieser Specialforschung thätigen Gelehrten und Fachleute der Öffentlichkeit übergeben haben. Ich habe dieses durch möglichst viele, wortgetreue Citate mit genauer Quellenangabe auszudrücken mich bemüht.

Die bestehenden Verhältnisse habe ich mit ihren Fehlern und Vorzügen so geschildert, wie sie wirklich liegen; dabei bin ich mir wohl bewufst, dafs noch vieles zu bessern oder zu vervollständigen ist. Für Anregungen und Belehrungen nach dieser Richtung hin werde ich stets besonders dankbar sein. Auf der andern Seite aber bitte ich den kritischen Leser zu bedenken, dafs das in meinen Skizzen Niedergelegte in vielem für ganz specielle Verhältnisse zugeschnitten ist und dafs sehr wohl die Möglichkeit vorliegt, dafs an anderen Orten andere Aufgaben eine andere Art der Kontrolle und andere Untersuchungsmethoden erfordern können.

Deshalb soll auch diese Schrift, wie bereits gesagt, nur als eine Anregung nach aufsen hin aufgefafst werden, dabei aber denjenigen als Richtschnur dienen, welchen in meinem Laboratorium die Durchführung der Betriebskontrolle zufällt.

Von diesen Herren danke ich meinem Laboratoriumsvorstand Herrn Laurent und ferner den Herren Dr. Bauer, Jacob und Halder für ihre treuen Hilfeleistungen, welche sie mir bei Abfassung dieser Arbeit erwiesen haben.

Das Werkchen selbst betrachte ich von meiner Seite aus noch nicht als abgeschlossen, da ein wesentlicher Teil der Betriebskontrolle — der maschinentechnische und feuerungstechnische — keine Erwähnung gefunden hat. Es ist dieses absichtlich nicht geschehen, da die Durchbildung dieses Teiles noch nicht soweit fortgeschritten ist, dafs ich ihn der Öffentlichkeit schon heute übergeben könnte. Doch hoffe ich hierzu später in der Lage zu sein.

Der kaufmännisch-technische Teil der Betriebskontrolle ist nur stellenweise berührt, da derselbe sich zum grofsen Teile ohne die Mitwirkung eines Betriebslaboratoriums sehr wohl durchführen läfst.

Zum Schlusse danke ich meinem Herrn Verleger bestens für die liebenswürdige Bereitwilligkeit, mit der er meine im Laufe unserer Zusammenarbeit auftauchenden Wünsche berücksichtigt hat, sowie für die Ausstattung, welche er meinem Buche hat zu teil werden lassen.

Kiel im Mai 1901.

Dr. Schifferer.

M. ANHANG.

Betriebslaboratorium: Ansicht aus dem Vorderzimmer.

Auf dem Arbeitstische befinden sich von links nach rechts:

Pensky'scher Flammpunktsprüfer, Apparate zur Säurebestimmung im Öl, dahinter ein kleines Bierfilter, weiter rechts der Engler'sche Viskositätsmesser, Alkohol-Destillationsapparat, Stickstoffbestimmungs-Destillationsapparat, Presse zum Auspressen von Hefe, Trebern u. s. w. u. s. w.

Im Hintergrunde vor dem Fenster:

Arbeitstisch für mikroskopische und damit zusammenhängende Arbeiten; auf demselben diverse Gebrauchsgegenstände.

An der Seite:

Langer Seitentisch mit 2 analytischen Wagen, den dazu gehörigen Gewichtssätzen und 1 Tarierwage. Ferner 2 Exsiccatoren mit Nickelschalen zur Wasserbestimmung und einem Gestell mit Pyknometern.

Betriebslaboratorium: Ansicht aus dem Mittelzimmer.

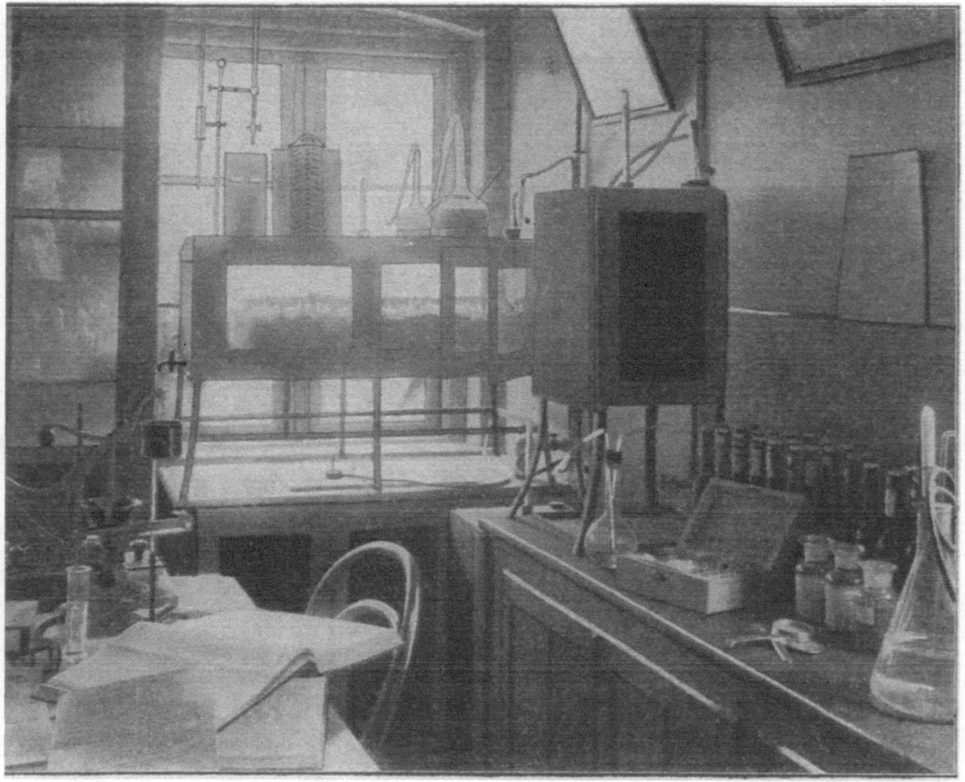

Im Hintergrunde links: Der Glasschrank, welcher zum Aufbewahren der Reinkulturen, Nährsubstrate, der sterilen Petrischalen, Gipsblöcke, Pipetten u. s. w. dient.

Im Hintergrunde rechts: Der »Haltbarkeitsthermostat«; auf demselben Lintner's Kolorimeter, Gefäfs zum Transportieren der Petrischalen, 2 Pasteurkolben.

Rechts davon: 2 Thermostaten, die Flaschen aus dem Flaschenkeller, diverse Gebrauchsgegenstände.

Im Vordergrund: Getreidewage und Westphal'sche Wage auf dem eine grofse Schiefertafel tragenden Tisch; die Platte wird zur Ausführung von Rechnungen benutzt.

Vor dem Fenster:

Der Sublimatkasten, es folgen eine Handmühle, ein Kästchen mit Kulturen, eine Korkbohrmaschine, die Centrifuge, die kleine ca. 150 Bände umfassende Laboratoriumsbibliothek, an der Wand ein Behälter für die neu erschienenen Fachzeitungen und ein Telephon, welches das Laboratorium mit dem Bureau des Betriebsleiters verbindet.

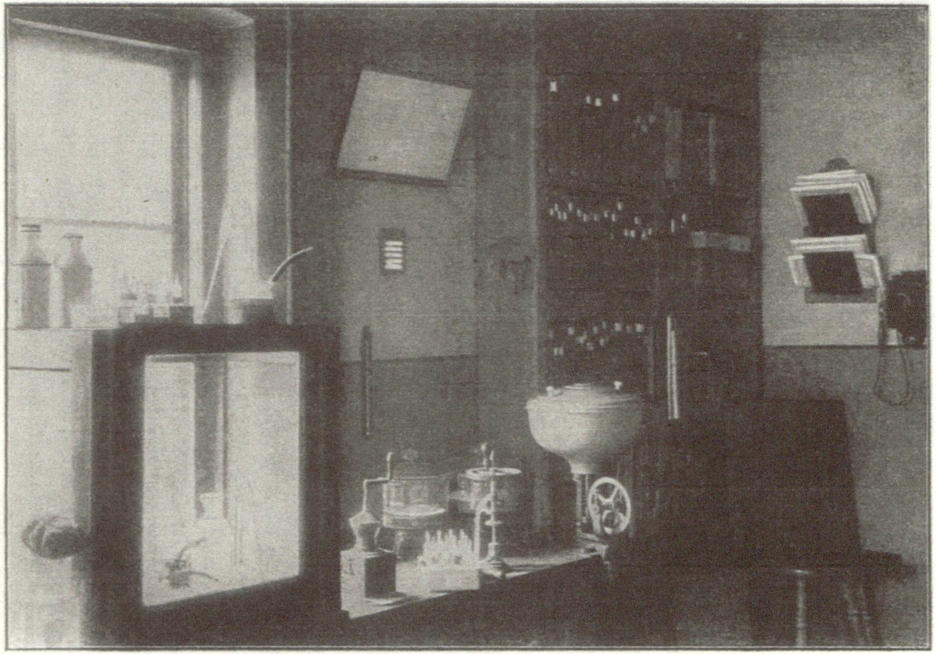

Betriebslaboratorium: Ansicht aus dem Mittelzimmer.

Erklärung der Tafeln I u. II.

Tafel I.

6 Petrischalen mit Würzegelatine, geimpft mit je $^1/_{10}$ ccm der Würze:

a) vom Kühlschiff, b) vom Berieselungskühler oben, c) vom Berieselungskühler unten, d) vom Hundskopf beim Anlauf, e) vom Hundskopf am Ende, f) von der Trubwürze.

Die Platten zeigen:

1) die tadellose Beschaffenheit der Würze von a und b,
2) die starke Infektion der Würze bei c und d infolge nicht genügender Reinigung der Berieselungskühler und der Leitung von diesen zum Hundskopf,
3) in welcher Weise die Keime, die sich auf dem Kühler und im Leitungssystem befanden, von der Würze aufgenommen werden, so dafs am Ende der Berieselung am Hundskopf (Platte e) nur noch eine schwache Infektion vorliegt,
4) dafs die Trubwürze (Platte f) durch einzelne Bakterien, in der Hauptsache durch aus dem Gärkeller stammende Hefen verunreinigt ist.

Die Kolonien auf den Platten c und d bestehen in der Hauptsache aus Kokken, kurzen und langen Stäbchen.

Schlufsfolgerungen:

1) Eine intensive Reinigung des Berieselungskühlers und des Leitungssystems von diesem zum Hundskopf ist unverzüglich vorzunehmen.
2) Die Luft im Raume der Berieselungskühler ist zu verbessern.

Tafel II.

6 Petrischalen mit Würzegelatine, benutzt zur Luftanalyse:

a) auf dem Dache, an der Stelle, wo die Luft für die Luftpumpen entnommen wird,

b) im Abziehraum, in dem während des ganzen Tages gearbeitet wurde und zu dem durch das Expedieren die Luft viel Zutritt hatte,

c) der Luft, welche dem Luftkessel entströmt, nachdem sie durch Filter gereinigt ist (vgl. a),

d) der Luft in Abteilung I } in denen nicht gearbeitet wird

e) der Luft in Abteilung II } und die Luft gereinigt wurde,

f) der Luft in Abteilung III, in der die Luft ebenfalls gereinigt wurde, aber infolge Schlauchens gearbeitet wurde.

N. Namen- und Sachregister.

C.

D.

E.

F.

G.

H.

J.

K.

L.

M.

N.

T.

Z.

Tafel I.

a *b* *c*

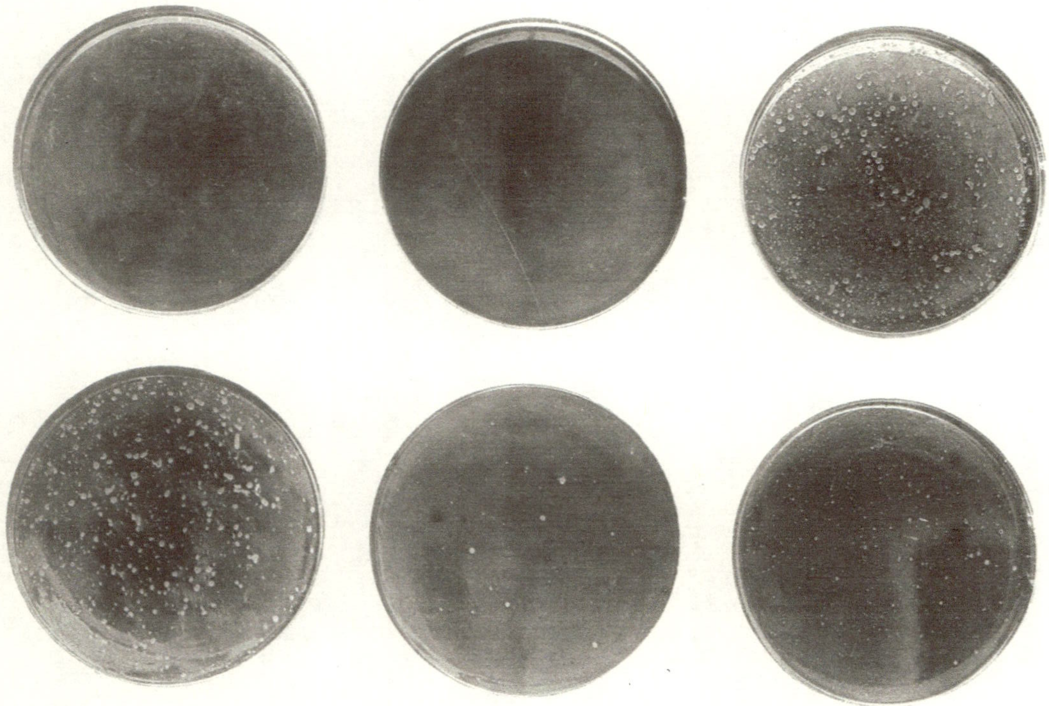

d *e* *f*

Tafel II.

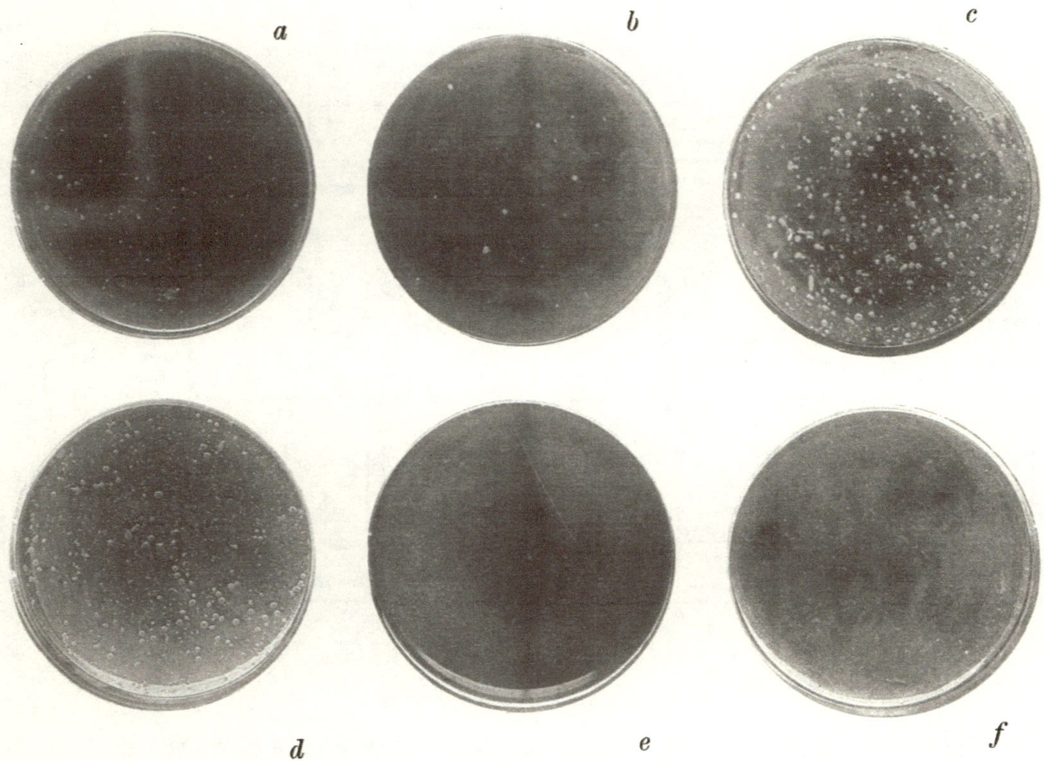

Lfd. Nr. ______ **Aufzubewahren.** Kiel, den ____________ 190

Bierbrauerei **A. Schifferer.**

Bericht des Betriebslaboratoriums für die Betriebsleitung und für den Braumeister.

Mälzerei.

Malzlieferung.

Lieferant	Datum	Quantum	Netto-gewicht der Säcke	Wasser	Durchleuchtung			Schnittprobe	
					glasig	1/2glasig	mehlig	braun	verbrannt

Gerstelieferung.

Lieferant	Datum	Quantum	Wasser	Schnittprobe			Beschaffenheit Vergleich mit der Probe
				glasig	1/2glasig	mehlig	

Höchste Temperatur vor dem Widern.

Datum	Temperatur ° R. im Haufen Nr.							
	1	2	3	4	5	6	7	8

Höchste Temperatur der Tennen.

Datum	Aufsen-temperatur		Temperatur ° R. in Tenne Nr.							
	niedrigste	höchste	1	2	3	4	5	6	7	8

Darrkontrolle

		Morgens	Abends	Morgens	Abends	Morgens	Abends	Morgens	Abends
Datum									
Zeit									
Durchleuchtung	glasig								
	1/2glasig								
	mehlig								
Schnittprobe	braun								
	verbrannt								
Steigen der Temperatur									

Darrkohlen-verbrauch

	-Darre		
Datum		Verbrauchtes Quantum	kg
Zeit des Verbrauches von		Wetter	
Zeit des Verbrauches bis		Mittlere Aufsentemperatur	° Celsius.
		Barometerstand	mm
		Windstärke	Meter pro Sek.
Abdarrtemperatur	° C.	Aufgetragen	Säcke

Sudhaus.

		Biersieder:		
Datum				
Sud Nr.				
Sorte des Bieres				
Wassergehalt des Malzes	%			
Verzuckerung				
Ausgeschlagen – Hektoliter				
Ausgeschlagen – % Balling				
Ausgeschlagen – Ausbeute – lufttrockenes Malz	%			
Ausgeschlagen – Ausbeute – Malztrockensubstanz	%			
Treber – Aufsen	%Bg			
Treber – Mitte	»			
Treber – Innen	»			
Treber – Durchschnitt	»			
Glattwasser	»			
Gärkeller % Balling	»			
Farbentiefe der Trubwürze in $\frac{N}{100}$ Jodlösung	ccm			

Malzschrotsortierung	Hülsen	%
	Gries	%
	Mehl	%
Ausbeuten – grob Schrot	lufttrockenes Malz	%
	Malztrockensubstanz	%
Ausbeuten – fein Schrot	lufttrockenes Malz	%
	Malztrockensubstanz	
100 g nasse Treber enthalten auswaschbaren Extrakt		g
100 g nasse Treber enthalten unverzuckerte Stärke		g
100 g Trebertrockensubstanz enthalten auswaschbaren Extrakt		g
100 g Trebertrockensubstanz enthalten unverzuckerte Stärke		g

Luftuntersuchung.

	Fleischgelatine	Würzegelatine
Kühlschiff		
Apparatsraum		
Gärkeller vorne		
Gärkeller hinten		
Reinzuchtzimmer		
Lagerkeller – Dach		
Lagerkeller – Abziehraum		
Lagerkeller – Abteilung I		
» II		
» III		
» IV		
» V		
Vorderer Korridor		
Hinterer Korridor		
Druckregler		
Luftkessel		

Haltbarkeit der Würze.

		Sud ...	...			vom	vom	Tag ...

Temperaturkontrolle.

Gärkeller.

Hefeuntersuchungen

Datum	Art der Hefe	Quantum	Empfänger	Beschaffenheit

Reinzucht
- Ausgabe an den Gärkeller . .
- Beschaffenheit (mikroskopisch)
- Platte . . . .

Hefenwasserzüchtung: a) neutrales; b) ammoniakalisches

Sporenkultur: a) ohne Weinsäure; b) mit Weinsäure

Bottichbier beim Schlauchen — Endvergärungsgrad

- Helles: Sud Nr. . . . . ; Anstellwürze % Bg; Endvergärung % Bg
- Dunkles: Sud Nr. . . . . ; Anstellwürze % Bg; Endvergärung % Bg

Lagerkeller.

Schlauchen
- Sud Nr. (Hell) geschlaucht in Abteilung
- Sud Nr. (Dunkel) » » »

Abziehen
- Vom bis (Hell) gezogen in Abteilung Alter in Tagen
- Vom bis (Dunkel) » » » » » »

Endvergärung (Bier mit Hefe angestellt)
- Helles vor % Bg nach % Bg
- Dunkles vor % Bg nach % Bg

Bier

Datum der Untersuchung	Art des Bieres	Abteilung	Herkunft	Sichtbarkeit des Bodensatzes in Tagen	Art des Bodensatzes	Sichtbarkeit der Trübung in Tagen	Art der Trübung

Retourbier
- Datum . . . .
- Sorte des Bieres . . . .
- Herkunft . . . .
- Faſsnummer . . . .
- Literzahl . . . .
- Quantum fehlend . . . . . .
- Im Faſs gefunden . . . . . .
- Geruch . . . .
- Geschmack . . . .
- Trübung . . . .
- Mikroskopisches Bild . . . . .
- Saccharometeranzeige . . . . .

Wasserkontrolle.

Sonstige für den Betrieb wichtige Untersuchungen.

Bemerkungen.

Für die Richtigkeit: ....

Dem Betriebsleiter vorgelegt am: ....

Dem Braumeister vorgelegt am: ....

www.ingramcontent.com/pod-product-compliance
Lightning Source LLC
LaVergne TN
LVHW091726021026
849161LV00003BB/328
* 9 7 8 3 4 8 6 7 3 0 2 9 6 *